C语言程序设计

主　编：孙向群　郑宁宁

副主编：高玉珍　武丽萍　刘毛毛　李慧芹

王　梅　石明珠　唐　田　李　凯

中国石油大学出版社

CHINA UNIVERSITY OF PETROLEUM PRESS

山东·青岛

图书在版编目(CIP)数据

C 语言程序设计 / 孙向群,郑宁宁主编 . -- 青岛:
中国石油大学出版社, 2021.1

ISBN 978-7-5636-7045-1

Ⅰ . ① C… Ⅱ . ①孙… ②郑… Ⅲ . ① C 语言－程序设
计－高等学校－教材 Ⅳ . ① TP312.8

中国版本图书馆 CIP 数据核字(2020)第 251830 号

书　　名: C 语言程序设计
　　　　C YUYAN CHENGXU SHEJI

主　　编: 孙向群　郑宁宁

责任编辑: 安　静(电话　0532 — 86981535)

封面设计: 蓝海设计工作室

出 版 者: 中国石油大学出版社
　　　　(地址:山东省青岛市黄岛区长江西路 66 号　邮编:266580)

网　　址: http://cbs.upc.edu.cn

电子邮箱: anjing8408@163.com

排 版 者: 青岛天舒常青文化传媒有限公司

印 刷 者: 沂南县汇丰印刷有限公司

发 行 者: 中国石油大学出版社(电话　0532 — 86983437)

开　　本: 787 mm×1 092 mm　1/16

印　　张: 19

字　　数: 498 千字

版 印 次: 2021 年 1 月第 1 版　2021 年 1 月第 1 次印刷

书　　号: ISBN 978-7-5636-7045-1

印　　数: 1—3 500 册

定　　价: 46.80 元

Preface

前言

C语言从诞生之日起，就铸就了它的不平凡。时至今日，C语言仍然是计算机领域的通用语言之一，在计算机发展史上，还没有哪一种程序设计语言像C语言这样应用如此广泛。但今天的C语言已经和当初大不相同了，在多种流行编程语言中，都可以看到C语言的影子，比如Java、C++等，被称之为“类C”语言。学习、掌握C语言是每一个计算机技术人员的基本功之一。

“C程序设计”课程是大多数高校学生学习编程的入门课程，通过对该课程的学习，不仅要掌握C语言的基本概念、语法规则、基本编程算法，更重要的是要通过大量的实践，真正能够利用所学知识，动手编写程序以解决实际问题，并在实践中逐步掌握程序设计的思想和方法，培养问题求解和程序语言的应用能力。

本教材适当增加了工程类的实例，减少了数学类的例子，为的是更好地让文、理科学生理解学习。希望能对初学者以及想比较全面而深入地学习C程序设计的人有所帮助。

本书注重理论联系实际，突出实用性，改正了以往教材过于注重语法的缺点；语言通俗易懂，做到在内容的编排上尽量符合初学者的要求；精选典型例题、习题，实例由易到难，并给出多种解题方法，对内容进行了扩展，有助于读者理解和消化那些难以理解的概念。本书紧密结合C99标准，补充了部分C99中的新特性。全书共分12章，主要内容包括：C语言概述、C语言程序设计基础、顺序结构程序设计、分支结构程序设计、循环结构程序设计、数组、函数、指针、结构体与共用体、文件、预处理命令及位运算。

本书编者均来自教学一线，具有丰富的教学经验，对不同层次的学生的学习基础和学习特点有着深刻的了解，所以本书适合作为普通高校各专业学生的学习教材，也可以作为从事计算机相关软硬件开发的技术人员的学习参考书。

本书建议使用Visual C++ 2010作为编辑、编译环境，这也与全国计算机等级考试要求的编译环境相一致。书中所有例题、习题均在Visual C++ 2010环境下编译通过。所有例题、习题所涉及的程序规范统一，有利于读者养成良好的编程风格和编程习惯。为方便学生自学，附录中配有常用库函数和计算机基础知识及软件工程基础知识等内容。本书另配有PPT课件和习题集，欢迎各位老师来函索取。

在教材编写过程中，得到了校企合作单位济南博赛网络技术有限公司和山东特亿宝互联网科技有限公司的董良、辇于杰、宁方明、张金涛、穆洋洋、代雪等老师的大力协助，他们具有丰富的企业行业工作经验，提出了很多富有价值的意见和建议，在此一并表示衷心感谢！

由于作者水平有限，书中错误和不足之处在所难免，热切期望各位同仁及使用和阅读本书的读者朋友不吝批评、指正，不胜感激！

教材编写组联系方式：邮箱 jsj88117990@163.com；电话 0531—88117990。

编　者

2020 年 11 月

Contents

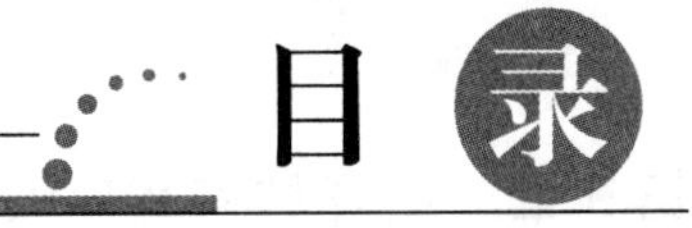

第1章 C语言概述

C语言是一种广为流行、功能强大的专业化编程语言，在各个领域应用广泛，深受广大专业程序员和业余编程爱好者的喜爱。本章主要介绍C语言的发展历史、特点、如何编写简单的C程序以及Visual C++ 2010集成开发环境的使用。

本章学习目标

✧ 掌握C语言程序的组成结构。

✧ 熟悉C语言程序的编辑、编译、连接和运行过程。

✧ 熟练使用Visual C++ 2010编写简单的C语言程序。

1.1 C语言概况

C语言是一种被广泛使用、非常流行的高级程序设计语言。它既具有高级语言的特点，又具有汇编语言的特点。C语言具备很强的数据处理能力，不仅适合开发软件，也应用于各类科研项目中，被越来越多的程序设计人员和广大编程爱好者所熟悉和接受。目前，C语言主要应用于嵌入式系统、低级操作系统及其应用程序、驱动程序等底层软件的开发，也可用于游戏软件开发等。最初的UNIX系统和LINUX系统都是用C语言开发的。

C语言诞生于1972年，它由美国电话电报公司（AT&T）贝尔实验室的D.M.Ritchie设计，并首先在一台运行UNIX操作系统的DEC PDP-11计算机上实现。C语言诞生至今已有40多年的历史，其发展经历了以下几个阶段：

ALGOL 60→CPL→BCPL→B→C→标准C→ANSI C→ISO C

（1）ALGOL 60：一种面向问题的高级语言。ALGOL 60距离硬件较远，不适合编写系统程序。

（2）CPL（Combined Programming Language，组合编程语言）：一种在ALGOL 60基础上更接近硬件的语言，但规模大，实现困难。

（3）BCPL（Basic Combined Programming Language，基本的组合编程语言）：是对CPL进行简化后的一种语言。

（4）B语言：是对BCPL进一步简化所得到的一种简单且接近硬件的语言。B取自BCPL的第一个字母，B语言精练、接近硬件，但过于简单，无数据类型。B语言诞生后，UNIX开始用B语言改写。

（5）C语言：是在B语言的基础上为增加数据类型而设计的一种语言。C取自BCPL的第二个字母，C语言诞生后，UNIX很快用C语言改写。

从C语言的发展历史可以看出，它是一种既具有一般高级语言的特性（ALGOL 60带来的高级语言特性），又具有低级语言的特性（BCPL带来的接近硬件的低级语言特性）的程序设计语言，因此，有人称C语言是“高级语言中的低级语言”，也有人称C语言是“中级语言”，意为兼具高级语言和低级语言的特点。

很多编程语言都深受C语言的影响，比如C++（原先是C语言的一个扩展）、C#、Java、PHP、Perl、LPC和UNIX的C Shell等。也正因为C语言的影响力，熟练掌握C语言的人再学习其他编程语言时大多能快速上手，很多高校将C语言作为计算机教学的入门语言。

1.2 C语言的特点

C语言之所以能够迅速从实验室走向世界，并在高级语言中的地位日趋上升，是因为它具有一些优于其他语言的特点，主要表现在：

（1）C语言程序书写自由，简洁灵活，使用方便。

C语言程序书写形式自由，程序简洁，源程序短。C语言共有37个关键字（其中有32个是常用关键字）、9种控制语句（详见附录）。

（2）C语言拥有丰富的数据类型。

C语言提供的数据类型有整型、实型、字符型、布尔型、数组类型、指针类型、结构体类型、共用体类型以及枚举类型等，可以用它们来实现各种复杂数据结构的运算。

（3）C语言的运算符丰富，表达能力强。

C语言共有34种运算符，而且把括号、赋值、强制类型转换等都作为运算符来处理，使其表达式类型更加多样化。灵活使用各种运算符可以实现其他高级语言难以实现的运算。

（4）C语言是结构化的程序设计语言。

C语言具有结构化的控制语句（if()…else，switch()/case，for()，while()，do…while()等），并以函数作为程序模块，这种设计理念可以使用户轻松地完成自顶向下的规划、结构化编程和模块化设计。因此，用C语言编写的程序更易懂、更可靠。

（5）C语言对语法限制不严格，程序设计灵活。

C语言放宽了语法检查，允许编程人员有较大的自由度。例如：对数组下标不做越界检查，由程序编写者自己保证其正确性。另外，C语言对变量的类型使用也比较灵活，比如，整型数据、字符型数据以及布尔型数据在某些情况下可以通用。

（6）用C语言编写的程序具有良好的可移植性。

用C语言编制的程序基本不需要修改或只需少量修改，就可以方便地移植到其他计算机系统中。

（7）C语言可以实现汇编语言的大部分功能。

C语言可以直接操作计算机硬件，如CPU内部的寄存器、各种外设I/O端口等。C语言的指针可以直接访问内存物理地址。C语言类似汇编语言的位操作，可以方便地检查系统硬件的状态。

（8）C 语言适合用于编写系统软件。

C 语言编译后生成的目标代码小，质量高，程序执行效率高，所以目前很多系统软件是基于 C 语言编写的。

综上所述，C 语言是一种简洁明了、功能强大、可移植性好的结构化程序设计语言。当然，C 语言也有不足之处，如运算符多，难用难记；类型转换比较灵活，容易混淆；语法检查不严格，容易出现算法错误，等等。

1.3　C 语言程序简介

学习 C 语言的目的就是通过设计 C 语言程序来解决实际问题，那么 C 语言程序是什么样子的？怎样构成的？有什么特点呢？下面我们通过几个简单的 C 语言程序来分析其特点及组成，为学习编写 C 语言程序打好基础。

1.3.1　简单的 C 程序介绍

【例 1.1】编写一个简单程序，输出显示如下字符串：

This is a C_Language Program.

程序内容如下：

```
#include <stdio.h>
 int main()                                      // 函数说明
 {                                               // 函数体开始
   printf("This is a C_Language Program.\n");    // 函数体内容
   return 0;
 }                                               // 函数体结束
```

运行该程序后，输出如下结果：

    This is a C_Language Program.

【说明】

（1）main() 函数称作“主函数”，是程序执行的入口。每一个 C 语言程序都必须有且只有一个 main() 函数，一个 C 程序总是从 main() 函数开始执行的。

（2）用 /*……*/ 括起来的部分称为注释。注释内容只是为了增强程序的可读性，在编译、运行时不起作用（事实上，C 语言编译器在编译时会跳过注释，目标代码中不会包含注释）。注释可以放在程序中的任何位置，并允许占用多行，只是需要注意“/*”和“*/”的匹配。一般不要嵌套注释。在 C++ 编译器中，允许使用“//”进行单行注释，C99 标准中增加了该注释形式。

（3）用“{}”括起来的是主函数 main() 的函数体。main() 函数中的所有操作（或语句）都在这一对“{}”之间。也就是说，main() 函数的所有操作都位于 main() 函数体内。

（4）该程序中，主函数 main() 中有两条语句，即“printf("This is a C_Language Program.\n");”和“return 0;”。printf() 函数是 C 语言的库函数，其功能是程序的输出（显示在屏幕上），此处用于将字符串“This is a C_Language Program.”输出，即在屏幕上显示：

    This is a C_Language Program.

其中,"\n"是换行符,其作用是使光标移到下一行首列。return 语句的作用是在程序结束后返回调用的位置。此处的 return 语句不可以省略。

(5) 每条语句必须以";"(英文半角的分号)结束。

(6) main() 函数的返回值是 int 类型,在本书后面的程序中,统一采用 int main() 的形式,返回值为 0。尽量不要使用 void main() 这种形式,虽然有些编译器允许这种形式,但是还没有任何标准考虑接受它。C++ 之父 Bjarne Stroustrup 表示:void main() 的定义从来就不存在于 C++ 或者 C 中。所以,编译器不必接受这种形式,并且很多编译器也不允许这么写。

int main(void) 的写法也是允许的,void 表示 main() 不接受任何参数。

【注】 坚持使用标准的意义在于:当把程序从一个编译器移到另一个编译器时,照样能正常运行。

(7) 第一行中的"stdio.h"是 C 编译系统提供的一个头文件名(stdio 是"Standard Input & Output"的缩写),该头文件中包含一些标准输入输出的函数声明(例如 scanf() 和 printf() 等),通过对头文件的包含(#include <stdio.h>),用户可以调用其中声明的一系列函数。添加头文件有两种形式:"#include <stdio.h>"和"#include "stdio.h""。区别在于查找方式不同:用"" ""表示的是包含的文件首先在当前目录寻找,如果失败就返回系统目录寻找,适合程序员用;用"< >"表示的是在系统指定的子目录下寻找包含的文件,适合一般用户用。

【例 1.2】求两个数之和。

```
#include <stdio.h>
int main()
{
  int a,b,sum;
  a=123;b=456;
  sum=a+b;
  printf("sum=%d\n",sum);
  return 0;
}
```

运行该程序后,输出结果为:

```
sum=579
```

【说明】

(1) 同样,该程序也以一个 main() 函数作为程序执行的起点。"{}"之间为 main() 函数的函数体,main() 函数的所有操作均在 main() 函数体中进行。

(2)"int a,b,sum;"是变量定义语句,它定义了三个整型变量 a、b 和 sum。C 语言的变量遵循"先定义,后使用"的原则。

(3)"a=123;b=456;"是两条赋值语句,表示将整数 123 赋给整型变量 a,将整数 456 赋给整型变量 b。注意:这是两条赋值语句,每条语句均用";"(英文半角)结束。

也可以将这两条语句写成两行,即:

```
a=123;
b=456;
```

由此可见，C 语言程序的书写可以很随意，但为了便于阅读，要遵循一定的规范。

（4）“sum=a+b;”是将 a、b 两变量相加，然后将结果赋值给整型变量 sum。此时 sum 的值为 579。

（5）“printf("sum=%d\n",sum);”是调用库函数 printf() 输出 sum 的结果，其中“%d”为格式控制符，表示变量 sum 的值以十进制整数形式输出。

【例 1.3】找出两个数中的较大者。

```
#include <stdio.h>
int main()
{
   int x,y,z;
   int max(int a,int b);
   scanf("%d,%d",&x,&y);
   z=max(x,y);
   printf("max=%d\n",z);
   return 0;
}
int max(int a,int b)
{
   int c;
   if(a>=b)
      c=a;
   else
      c=b;
   return(c);
}
```

该程序运行时要求输入两个整数，它会据此求出两者中较大的数并输出。如：

```
12,34
max=34
```

【说明】

（1）该程序包括两个函数，其中，主函数 main() 仍然是整个程序执行的起点，函数 max() 的功能则是求出两个数中的较大者。

（2）主函数 main() 调用 scanf() 函数获得两个整数，分别赋给 x、y 两个变量，然后调用函数 max() 获得两个整数中较大的数，并赋给变量 z，最后输出变量 z 的值（结果）。

（3）“int max(int a,int b)”是 max() 函数的首部，该函数首部表明此函数有两个整数型入口参数，并返回一个整数。

（4）函数 max() 同样用“{}”将函数体括起来。max() 的函数体是函数功能的具体实现，从输入参数表获得数据，处理后得到结果 c，然后将 c 返回调用函数 main()。

该程序表明，函数除了调用库函数外，还可以调用用户自己定义的函数。

1.3.2 C 程序结构

综合上述三个例子，我们对 C 程序的程序结构有了一个初步的了解。

1. C 程序的构成

C 程序是由一个或多个函数组成的，函数是构成 C 程序的基本单位，故有人称 C 语言是函数式语言。所谓函数，是具有一定功能的独立的程序段，程序的功能由不同功能的函数来实现。构成 C 程序的函数中有且只有一个 main() 函数，作为程序执行的入口，其他函数通过调用来执行。被调用的函数可以是库函数，也可以是自定义函数，函数位置的前后顺序没有限制，一般不影响程序的执行。

由此可见，C 程序设计的关键在于函数的设计和定义。

2. 函数的构成

用户定义的函数由函数说明和函数体两部分组成。函数说明包括函数名、函数类型、形式参数及其类型的定义和说明；函数体是由一对“{}”括起来的内容，它包括变量定义部分和执行部分，其中执行部分由一系列语句组成。当然，在某种情况下，也可以没有变量定义部分或执行部分，甚至可以两部分都没有，这样的函数称为空函数，执行时不进行任何操作。

函数的一般形式如下：

```
函数说明
{
  变量定义部分
  执行部分
}
```

3. 程序的执行

程序的执行总是从 main() 函数开始的，不管它在程序中的什么位置。因此，每个程序“有且只有一个 main() 函数”，其他函数都是通过调用执行的。

4. 程序的书写

（1）程序中的大小写英文字母是不等效的，含义不同，关键字必须小写，表示各种名称的标识符可以使用大写，但一般使用小写。

（2）一个程序行内可以写一条语句，也可以写多条语句，一条语句也可以写在多行内。例如，以下两种写法都是允许的：

```
a=10;b=20;c=30;
printf("%d,%d,%d\n",
a,b,c,);
```

（3）每条语句的最后都必须有一个“;”，表示语句结束。

（4）在程序中的任何位置都可以插入注释内容，以增强程序的可读性。

（5）C 语言源程序的结构采用缩进格式（或称锯齿、犬齿格式）是很必要的，这样会使程序更加清晰、易读。一般情况下，函数体、循环体、if 内嵌语句、switch 内嵌语句等都要缩进。请读者参考本书中的例子编排程序，养成良好的程序设计习惯。

1.4　C 语言程序的运行

用 C 语言编写的源程序是文本类型的文件，不能由计算机直接识别并执行，因此，需要将源程序编译成二进制形式的目标文件，并进一步连接生成可执行文件。

C 程序的执行过程如下：

源程序 —编辑→ 源程序文件（*.c） —编译→ 目标文件（*.obj） —连接→ 可执行文件（*.exe） —运行→ 结果

（1）编辑（生成源文件 *.c）。

将程序代码通过文本编辑器输入计算机。

（2）编译（生成目标程序文件 *.obj）。

编译就是把高级语言变成计算机可以识别的二进制语言。编译程序把一个源程序翻译成目标程序的工作过程分为五个阶段：词法分析、语法分析、语义检查和中间代码生成、代码优化、目标代码生成。分析过程中如果发现有语法错误，将给出提示信息。

（3）连接（生成可执行程序文件 *.exe）。

连接是将编译产生的 *.obj 文件和其他相关的目标文件以及所需的库文件等连接装配成一个可以执行的程序。

（4）运行（运行可执行程序文件 *.exe）。

在计算机中需要有对应的语言开发环境对 C 语言编写的源程序进行编辑、编译、连接和运行，而该开发环境又依赖于操作系统和计算机硬件，它们共同构成了 C 语言的运行环境。

针对不同的系统平台有相应的集成开发环境：Turbo C 是在 DOS 和 Windows 系统平台上学习 C 语言的常用开发工具，现在依然有大量初学者在使用；Visual Studio 中的 Visual C++ 是以 Windows 为平台开发的一个主流的可视化 C/C++ 语言开发环境，现在已经升级到 .net 版本；GCC 是 UNIX 平台上主要使用的 C 语言开发工具，嵌入式系统的开发常用 GCC 的交叉编译器来完成。本书以 Visual C++ 2010 集成开发环境作为 C 语言开发工具。

编写并运行一个简单 C 语言程序的步骤如下：

1. 项目及解决方案

在使用 Visual C++ 2010 开发环境开始编程之前，必须首先了解项目（Project）的概念。项目具有两种含义：一种是指最终生成的应用程序；另一种则是创建这个应用程序所需的全部文件的集合，包括各种源文件、资源文件和头文件等。绝大多数较新的开发工具都通过项目来对软件开发过程进行管理。Visual C++ 2010 关于项目的详细信息存储在一个扩展名为 vcproj 的 xml 文件中，该文件同样存储在相应的项目文件夹中。

解决方案（Solution）是一种将相关的项目和其他资源聚集到一起的机制。例如，用于企业经营的分布式订单录入系统可能由若干个不同的程序组成，而各个程序是作为同一个解决方案内的项目开发的，因此，解决方案就是存储与一个或多个项目有关的所有信息的文件夹，这样就有一个或多个项目文件夹是解决方案文件夹的子文件夹。与解决方案中项目有关的信息存储在扩展名为 sln 和 suo 的两个文件中。当创建某个项目时，如果没有选择在现有的解决方案中添加该项目，那么系统将自动创建一个新的解决方案。

2. Visual C++ 2010 集成开发环境

Visual C++ 2010 集成开发环境提供了多项人性化的功能，给程序设计人员带来了极大的方便。其窗口包括工作区窗口、工具箱、解决方案资源管理器和属性窗口等。启动并运行 Visual C++ 2010，打开它的集成开发环境窗口，如图 1–1 所示。

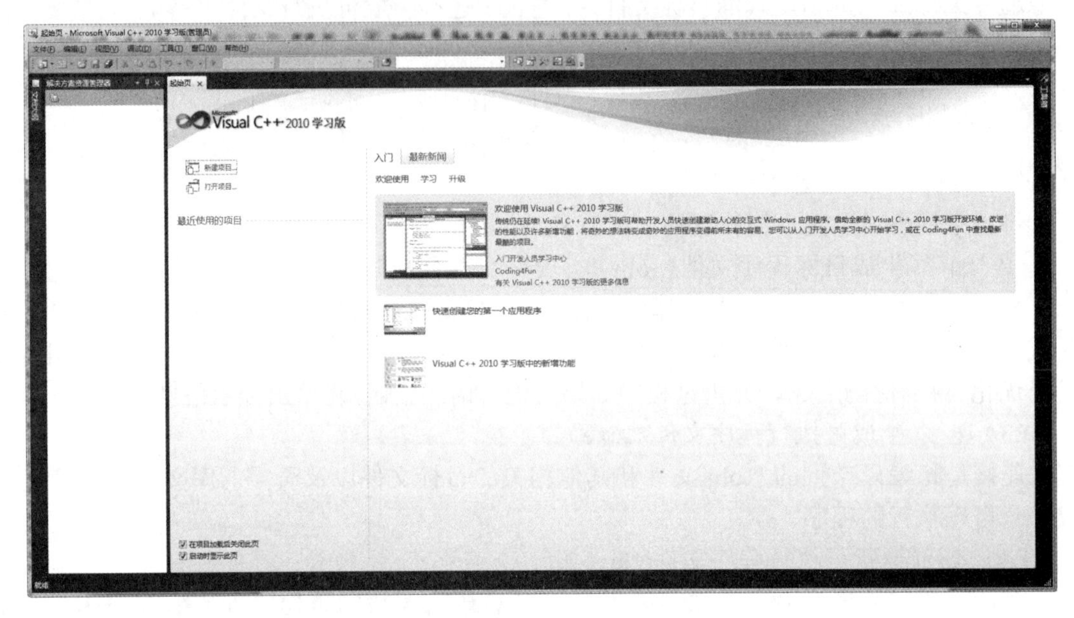

图 1–1　Visual C++ 2010 集成开发环境窗口

3. 创建项目并输入源程序代码

下面介绍如何利用 Visual C++ 2010 实现项目的创建，并编写第一个 C 程序。

（1）新建一个 Win32 Console Application 项目。

启动 Visual C++ 2010，选择“文件”菜单下的“新建项目”命令，或者单击图 1–1 中的“新建项目”，弹出“新建项目”对话框，如图 1–2 所示。

图 1–2　新建项目

在“新建项目”对话框中列出了 Visual C++ 2010 所支持的项目模板，按照类型分为“CLR”“Win32”和“常规”三种。其中，“CLR”用于创建在其他应用程序中使用的类的项目，“Win32”用于创建 Win32 控制台应用程序的项目，“常规”用于创建本地应用程序的空项目。选择“Win32”模板，如图 1-3 所示，会看到里面包含两种 Win32 项目，选择其中较简单的“Win32 控制台应用程序”，在“名称”文本框中输入项目名称，在“位置”组合框中选择项目存放的位置（目录或文件夹的位置），解决方案名称默认和项目名称相同，也可以修改成其他名称。

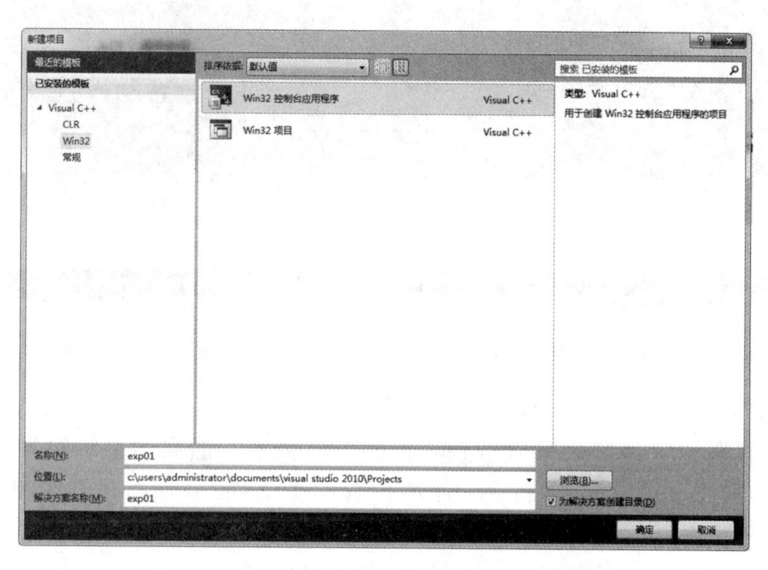

图 1-3 “Win32”模板

单击“确定”按钮，进入 Win32 应用程序向导欢迎界面。该界面主要引导用户对创建的项目进行进一步的设置，如图 1-4 所示。单击“下一步”按钮，进入图 1-5 所示的应用程序设置界面。

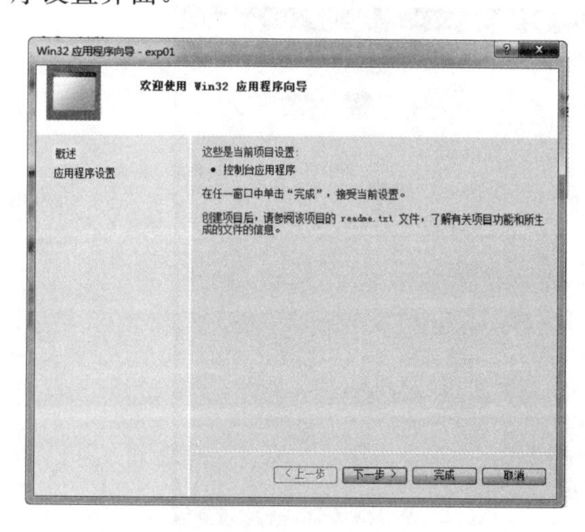

图 1-4 Win32 应用程序向导欢迎界面

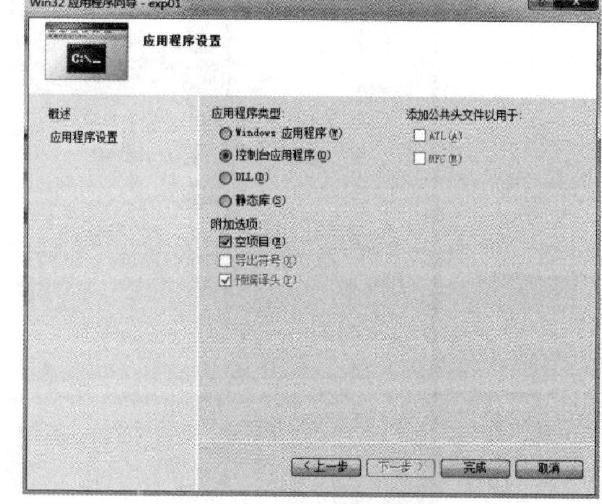

图 1-5 应用程序设置界面

在图 1-5 的附加选项中，选择“空项目”，单击“完成”按钮，即会生成一个空项目，如图 1-6 所示。

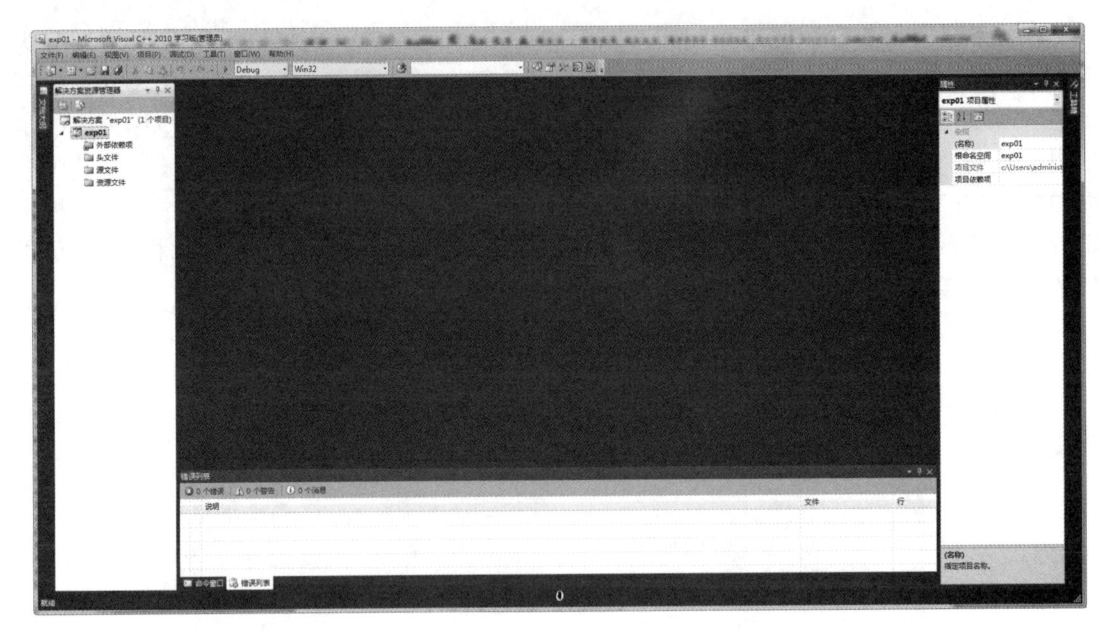

图 1-6　项目 exp01 创建完成的 Visual C++ 2010 集成开发环境窗口

（2）在工作区窗口中查看工程的逻辑架构。

从解决方案资源管理器中可以看到项目的层次关系。最高层是解决方案 exp01，它里面仅包含一个项目 exp01。在项目 exp01 中包含四类文件，分别是外部依赖项、头文件、源文件和资源文件。

（3）在项目中新建 C 源程序文件，并输入源程序代码。

右击图 1-6 中的“源文件”，在出现的快捷菜单中选择“添加”下的“新建项”命令，在出现的“添加新项”对话框的模板中选择“C++ 文件(.cpp)”选项，在“名称”文本框中为将要生成的文件命名(此处为源程序命名为“circle.c”)，如图 1-7 所示。

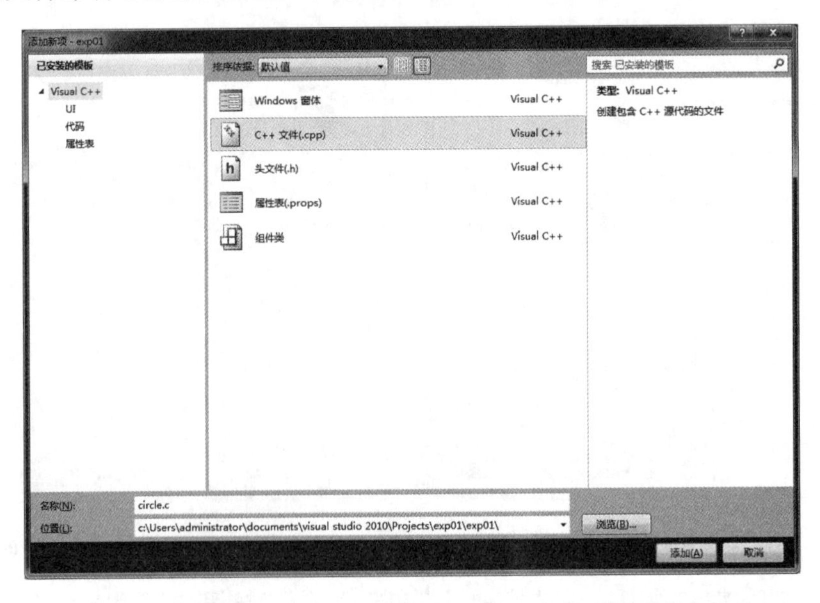

图 1-7　在项目 exp01 中新建名为“circle.c”的 C 源程序文件

【注意】为源程序命名时也可以省略扩展名，若此处输入的是“circle”，则在“Source Files”文件夹下包含的是文件“circle.cpp”，而不再是“circle.c”。

单击“添加”按钮，进入输入源程序的编辑窗口，通过键盘输入如下源程序代码：

```
#include <stdio.h>
int main()
{
  printf("Hello,World!\n");
  return 0;
}
```

可通过资源管理器窗口看到“源文件”下的文件“circle.c”已经被添加到工程文件中了，此时的界面如图 1-8 所示。

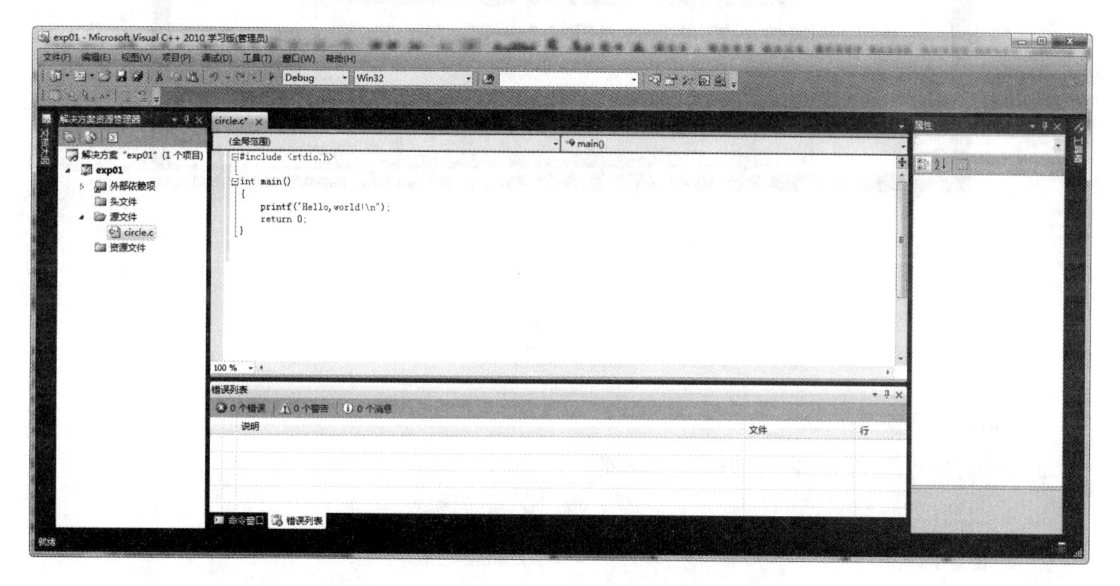

图 1-8　在 circle.c 中输入 C 程序源代码

4. 编译并运行程序

在对程序进行编译和运行前，最好先保存所创建的项目(使用“文件”→“保存”菜单项)，以避免程序运行时系统发生意外而使自己之前的工作付之东流。应让这种做法成为自己的编程习惯。

选择“调试”菜单中的“开始执行”命令或者按快捷键 Ctrl+F5，对程序进行编译、连接和运行。若编译过程中发现错误(error)或警告(warning)，将在“输出”窗口中显示其所在的行以及具体的错误信息或警告信息，可以通过这些信息的提示来纠正程序中的错误或警告。

如果没有错误，则运行结果如图 1-9 所示。其中，“请按任意键继续”是由系统产生的，用户可以浏览输出结果，直到按下任意一个键盘按键。

关于 Visual C++ 2010 集成开发环境的具体介绍和使用，可以参照《C 语言程序设计实验与学习辅导》中的 Visual C++ 2010 使用手册。

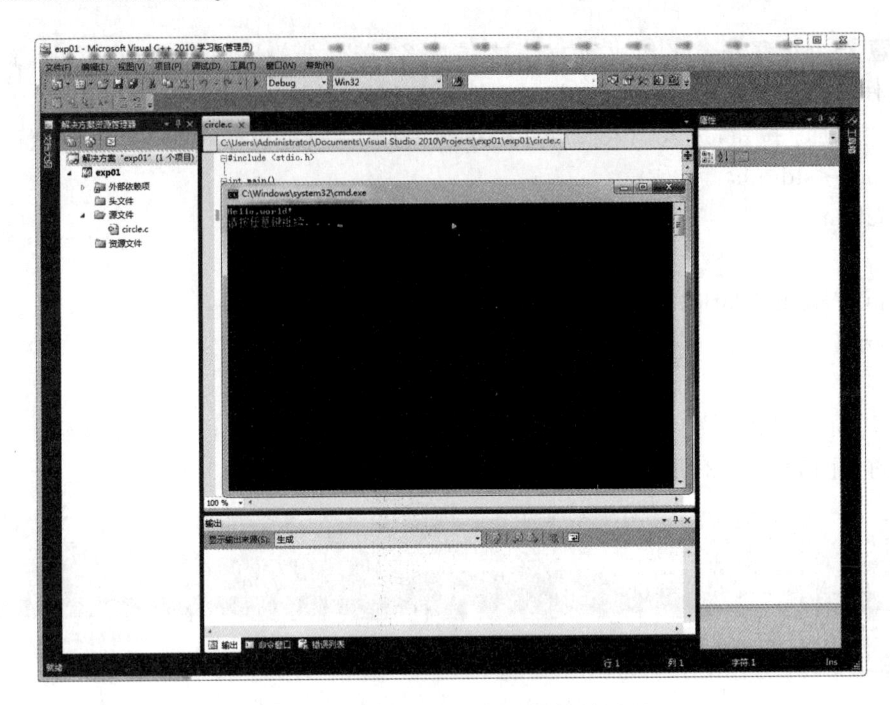

图 1-9　程序 circle.c 的运行结果界面

习　题

1. C 语言的特点是什么？

2. 下列计算机语言中，CPU 能直接识别的是______。

A. 自然语言　　B. 高级语言

C. 汇编语言　　D. 机器语言

3. C 语言源程序文件的扩展名是______。

A. c　　B. exe　　C. obj　　D. db

4. 以下______不是二进制代码文件。

A. 标准库文件　　B. 目标文件

C. 源程序文件　　D. 可执行文件

5. 以下不属于流程控制语句的是______。

A. 表达式语句　　B. 选择语句　　C. 循环语句　　D. 转移语句

6. C 语言的注释形式是______。

A. * … *　　B. (…)　　C. { … }　　D. /* … */

7. 以下叙述中正确的是______。

A. C 语言比其他语言高级

B. C 语言可以不用编译就被计算机识别、执行

C. C 语言以接近英语国家的自然语言和数学语言作为语言的表达形式

D. C 语言出现得最晚，具有其他语言的一切优点

8. 下面的描述中，正确的是______。

   A. 主函数中的花括号必须有，而子函数中的花括号是可有可无的

   B. 一个 C 程序行只能写一条语句

   C. 主函数是程序启动时的唯一入口

   D. 函数体包含了函数头

9. 以下说法正确的是______。

   A. C 语言程序总是从第一个函数开始执行

   B. 在 C 语言程序中，要调用函数必须在 main() 函数中定义

   C. C 语言程序总是从 main() 函数开始执行

   D. C 语言程序中的 main() 函数必须放在程序的开始部分

10. 函数体以符号______开始，以符号______结束。

11. 一个完整的 C 程序至少要有一个______函数。

12. 标准库函数不是 C 语言本身的组成部分，它是由______提供的功能函数。

13. C 程序以______为基本单位，整个程序由______组成。

14. 每条语句最后都有一个______，表示语句______。

15. C 语言程序开发的四个步骤是：编辑、______、______、运行。

16. 因为源程序是______类型的文件，所以它可以用具有文本编辑功能的任何编辑程序完成编辑。

17. 编程输出如下字符串。

```
*******************
       very good!
*******************
```

第2章 C语言程序设计基础

程序设计是给出解决特定问题程序的过程，是软件构造活动中的重要组成部分。C语言程序设计就是以C语言为工具，给出C语言下的程序。本章主要介绍C语言程序设计基础，包括程序设计中的数据名称、数据类型以及多种数据运算符的概念及用法。

本章学习目标

- ✧ 了解算法的概念和程序的设计步骤。
- ✧ 掌握常量和变量的区别。
- ✧ 掌握三种基本数据类型的常量与变量表示方法。
- ✧ 掌握C语言常用运算符的含义、优先顺序。
- ✧ 掌握数据类型的转换和不同表达式的值的计算。

2.1 算法与程序设计步骤

著名计算机科学家尼古拉斯·沃斯（Niklaus Wirth）提出一个公式：程序 = 数据结构 + 算法。这里说的数据结构是对数据的描述，主要是指数据的类型和数据的组织形式。而算法是对操作的描述，指的是求解某问题的具体操作步骤。实际上，一个程序除了数据结构和算法外，还必须使用一种计算机语言来描述算法。对于初学者来说，根据实际问题确定一个科学的算法是设计程序的第一步，也是比较重要的一步。

2.1.1 算法的概念

做任何事情都有一个或多个方法、步骤，解决一个实际问题的方法和步骤就称为算法。

【例2.1】求1+2+3+4+5的和。

可采用下列方法：

步骤1：先求1+2，得到结果3。

步骤2：将步骤1得到的结果3加上3，得到结果6。

步骤3：将6再加上4，得到结果10。

步骤4：将10再加上5，得到结果15。

这样的算法虽然正确，但不科学，可改进算法如下：

设s表示和，i表示每个被加的数，则

步骤1：使s=0。

步骤2：使i=1。

步骤 3：求 s+i，和仍然放在变量 s 中，可表示为 s+i → s。

步骤 4：使 i 的值增加 1，即 i+1 → i。

步骤 5：如果 i<=5，返回重新执行步骤 3 以及其后的步骤 4 和步骤 5；否则，算法结束。

该算法看起来并不是很简单，但很科学，是比较适合编程的算法，读者通过后面的学习会体会到这一点。

算法的描述可以使用自然语言，其优点是简单、容易理解，但语句往往比较冗长，在描述上容易出现歧义。此外，在使用自然语言描述计算机程序中的分支和多重循环等算法时，容易出现错误，描述不清。因此，描述算法常使用传统流程图、N–S 图、PAD 图等。本书主要介绍传统流程图，对于 N–S 图的使用，请参照《C 语言程序设计实验与学习辅导》中的描述。

传统流程图又称框图，就是用各种图形及文字说明表示算法的图式。用框图表示算法，直观形象，易于理解，不会产生“二义性”。美国国家标准化协会（American National Standard Institute，ANSI）规定了一些常用的流程图符号，如图 2–1 所示。一个流程图由三部分组成：表示相应操作的框，带箭头的流程线，框内外必要的文字说明。

图 2–1　常用传统流程图符号

算法描述有三种基本结构：顺序结构、分支结构和循环结构。它们可以分别用图 2–2~图 2–4 所示的传统流程图表示。

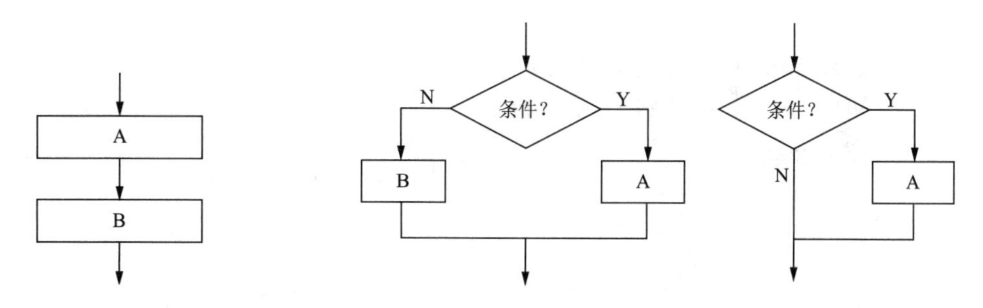

图 2–2　顺序结构的传统流程图　　　　图 2–3　分支结构的传统流程图

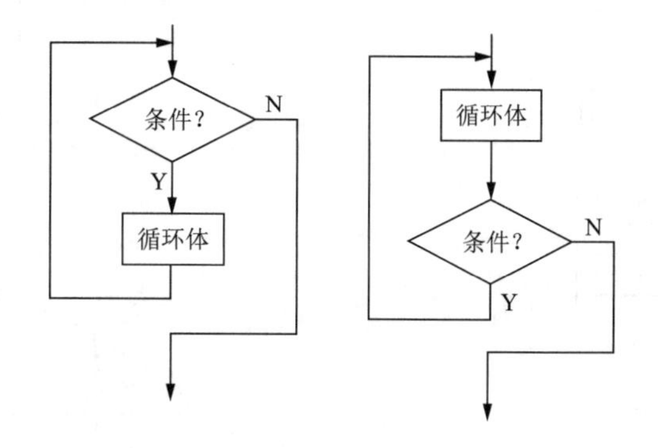

图 2–4　循环结构的传统流程图

通过分析以下问题，了解如何使用传统流程图来描述算法。

【例 2.2】求一个正数 x 的平方、立方和平方根，用传统流程图表示其算法，如图 2-5 所示。

【例 2.3】求 x 的绝对值，用传统流程图表示其算法，如图 2-6 所示。

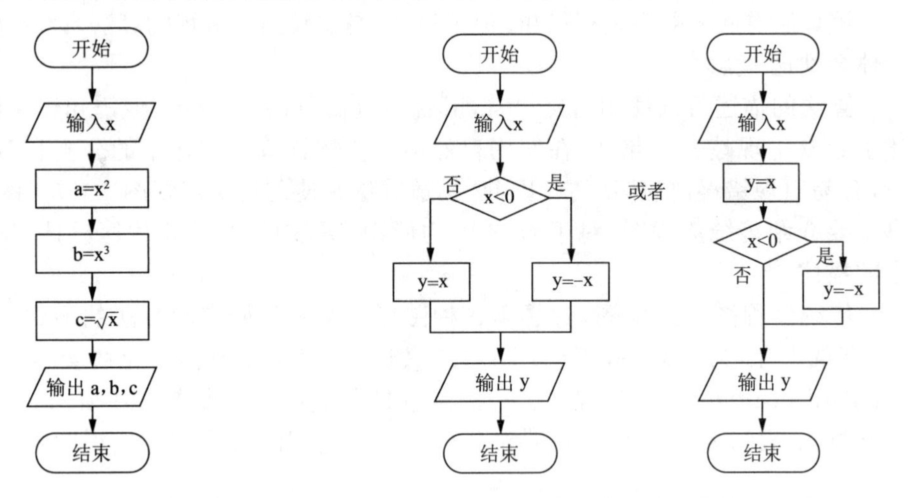

图 2-5　例 2.2 的算法传统流程图　　　图 2-6　例 2.3 的算法传统流程图

【例 2.4】求 n!，用传统流程图表示其算法，如图 2-7 所示。

【例 2.5】找出 a、b、c 中的最大数，用传统流程图表示其算法，如图 2-8 所示。

算法：

（1）输入 a,b,c；

（2）max=a；

（3）如果 b>max，那么将 b 赋给 max；

（4）如果 c>max，那么将 c 赋给 max；

（5）输出 max。

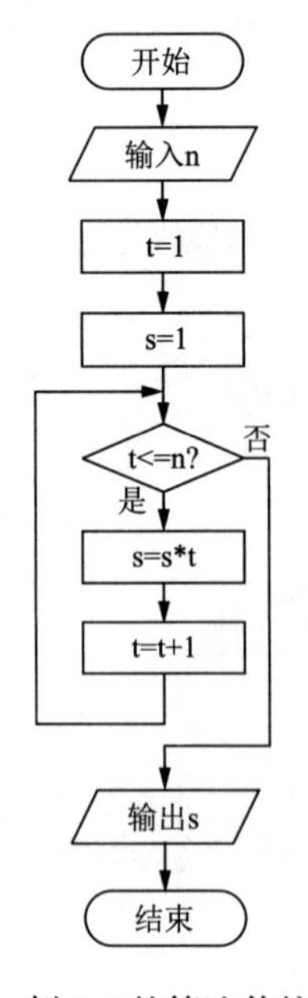

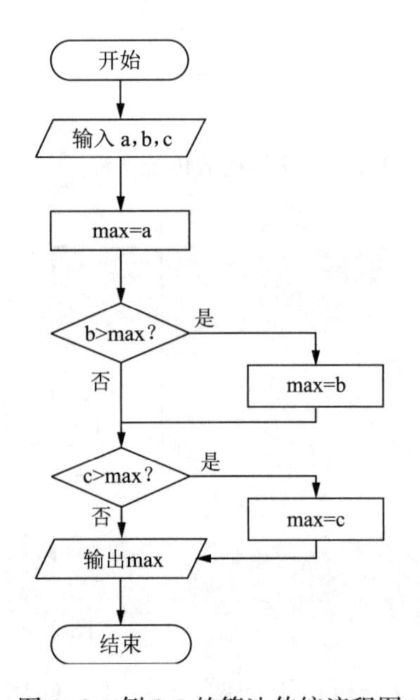

图 2-7　例 2.4 的算法传统流程图　　　图 2-8　例 2.5 的算法传统流程图

2.1.2 程序设计步骤

根据一个实际问题设计应用程序大致经过以下几个步骤：

（1）分析问题。针对实际问题做深入细致的分析，搞清楚已知数据和要求的结果，并设置好变量；搞清楚问题求解的方法，弄清楚解决问题的步骤，选择一种简单、易于理解、适合编程的算法。

（2）画传统流程图。根据上一步的分析，用传统流程图表示出求解问题的算法。

（3）编写程序。根据传统流程图，利用某种计算机语言（如C语言）编写程序。

（4）调试并测试程序。选择一种开发环境（如Visual C++ 2010），调试该程序，排除语法错误和算法错误，并进一步优化程序。另外，选择已知结果的实验数据，测试程序的正确性。

（5）运行程序，得出结果。

【例2.6】解一元二次方程（假设有实数解）。

（1）分析问题。设实型变量a、b、c表示一元二次方程的系数，实型变量x1、x2表示一元二次方程的两个根，选择求根公式法求解，求解步骤如下：

① 确定一元二次方程（给出系数a、b、c）；

② 计算判别式 $d=b^2-4ac$；

③ 计算 $x1=-b/(2a)+\sqrt{d}/(2a)$；

④ 计算 $x2=-b/(2a)-\sqrt{d}/(2a)$；

⑤ 输出x1、x2两个根；

⑥ 结束。

（2）画传统流程图，如图2-9所示。

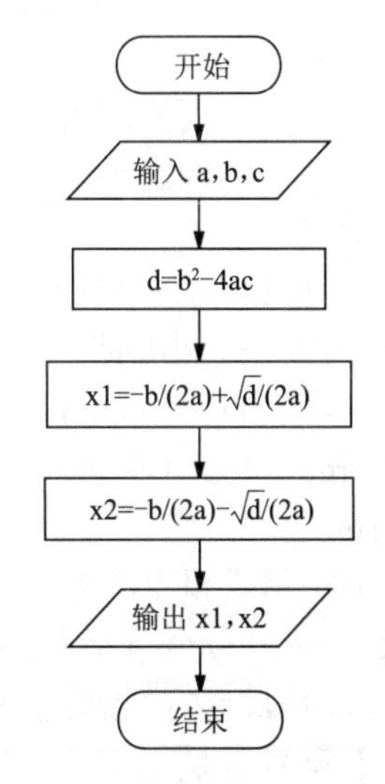

图2-9 例2.6的算法传统流程图

（3）编写程序。

参考程序如下：

```
#include <math.h>
#include <stdio.h>
 int main()
{
  float a,b,c,d,x1,x2;
  printf("a,b,c=");
  scanf("%f,%f,%f",&a,&b,&c);
  d=b*b-4*a*c;
  x1=(-b+sqrt(d))/(2*a);
  x2=(-b-sqrt(d))/(2*a);
  printf("x1=%f,x2=%f\n",x1,x2);
  return 0;
}
```

2.2 常量与变量

2.2.1 标识符

在程序中使用的变量名、函数名、标号等统称为标识符。C 语言规定，标识符只能是字母(A~Z，a~z)、数字(0~9)、下划线(_)组成的字符串，并且其第一个字符必须是字母或下划线。

在使用标识符时应注意以下几点：

(1) 标准 C 不限制标识符的长度，但它受 C 语言编译系统版本与具体机器的限制。例如，在某版本 C 中规定标识符前八位有效，当两个标识符前八位相同时，则被认为是同一个标识符。

(2) 在标识符中，大小写是有区别的。例如，PROGRAM、program 以及 Program 是不同的标识符。

(3) 标识符虽然可由程序员随意定义，但标识符是用于标识某个量的符号，因此，命名应尽量有相应的意义，以便阅读理解，做到“见名知意”。

(4) 标识符的定义不能和 C 语言的关键字重名。关于 C 语言中的常用关键字，详见附录Ⅰ。

2.2.2 常量

所谓常量，是指在程序运行过程中其值不变的量，C 语言中有两种常量。

1. 直接常量

字面形式表示了其值的大小与多少的量称为常量或直接常量。如 -12、3.14 等就是直接常量。常量有不同的类型，如 -12、30 为整型常量，3.14、-1.23 为实型常量，等等。

2. 符号常量

C 语言中，可以用一个标识符来表示一个常量，称之为符号常量。使用符号常量的优点是便于程序的修改和阅读。数学中定义的圆周率 π、自然数 e 等，在 C 程序中不能直接使用，但可以定义为符号常量进行引用。符号常量的定义形式如下：

    #define 符号常量名 常量表达式

如:#define PI 3.14

即定义了一个符号常量 PI，从此定义点之后，PI 将一直代表 3.14。

【注意】使用符号常量的好处：一是含义清楚，见名知意；二是修改方便，一改全改。

实际上，符号常量定义就是不带参数宏的定义(详见第 11 章)。

【例 2.7】符号常量的应用。

```
#include <stdio.h>
#define PI 3.14
int main()
{
   float area;
   area=10*10*PI;
   printf("area=%f\n",area);
   return 0;
```

}

输出结果为：

area=314.000000

【注意】

（1）在程序中不能再次给符号常量赋值。

（2）习惯上，符号常量名用大写，变量名用小写。

2.2.3　变量

在程序的运行过程中，其值可以改变的量称为变量。

1. 变量的定义

变量代表计算机内存中的某一存储空间，该存储空间中存放的数据就是变量的值。C 语言中的变量要"先定义，后使用"。也就是说，C 语言要求对所有用到的变量做强制定义。

变量的定义形式：

类型标识符　变量名 1[, 变量名 2, 变量名 3,…];

【说明】

（1）类型标识符说明了变量所表示数据的类型，也就确定了存储空间的大小。

（2）变量定义时，可以声明多个相同类型的变量，各个变量用","分隔。类型说明与变量名之间至少有一个空格间隔。

（3）最后一个变量名之后必须用";"结尾。

（4）变量名的命名遵守标识符的命名规则。

（5）只有声明过的变量才可以在程序中使用，这使得变量名的拼写错误容易被发现。

（6）声明的变量属于确定的类型，编译系统可方便地检查变量所进行运算的合法性。

（7）在编译时，编译器可以根据变量类型为变量确定存储空间，"先定义，后使用"使程序调试效率提高。

（8）变量名在程序运行过程中不会改变，但变量的值是可以改变的。

2. 变量初始化

变量定义时给变量赋予初值，称为变量初始化，也就是在分配存储空间的同时存入数据。例如：

```
int i=1;            // 定义 i 为整型变量，初值为 1
float f=2.25;       // 定义 f 为单精度变量，初值为 2.25
char c='a';         // 定义 c 为字符型变量，初值为 a
```

也可将被定义变量的一部分初始化，如：

```
int a,b,c=1;
```

该声明语句定义了三个整型变量 a、b、c，并将 c 初始化为 1。

变量初始化与变量赋值效果相同，如：

```
int i=1;
```

等效于

```
int i;
i=1;
```

但实质上两者是不同的：初始化在数据声明部分，而赋值在执行语句部分；赋值操作是一种运算，并且有相应的值，而初始化操作则不是。例如，语句"a=b=c=3;"是正确的，而

“int a=b=c=3;”则是错误的。

如果几个变量用同一值初始化，正确的写法为：

int a=3,b=3,c=3;

【注意】没有初始化的变量其初始值是不确定的。

2.3 C语言的数据类型

数据是程序处理的对象，它总是以某种特定的形式存在(如整数、实数、字符)，而且不同的数据还存在某些联系(如由若干整数构成的整型数组)。数据结构就是指数据的组织形式。C语言的数据结构是以数据类型的形式来体现的。

C语言中数据是有类型的，数据的类型简称数据类型。C语言提供了丰富的数据类型，例如整型数据、实型数据、整型数组类型、字符数组类型等。不同的语言，数据的组织形式是不同的，数据类型也不相同。C语言提供的数据类型如图2-10所示。

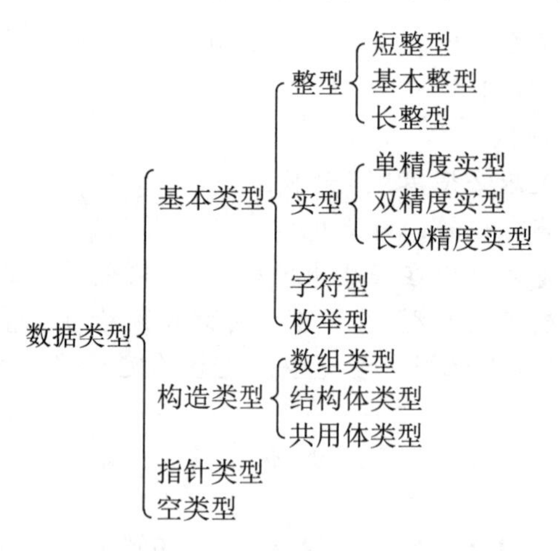

图2-10 C语言的数据类型

其中，基本类型可认为是不可再分割的类型；构造类型是由基本类型组成的更为复杂的类型；空类型主要用于特殊指针变量和无返回值函数的说明。另外，C99标准中，新增加了逻辑类型(或称布尔类型)。

2.3.1 整型数据

1. 整型常量

整型常量就是平时所说的整数。在C语言中，整数可以用3种形式表示：

(1)用十进制表示，与数学上的写法一样，如321、100等。

(2)用八进制表示，以0开头表示八进制的整数，如0321表示八进制的321，即$(321)_8$，转换成十进制为$3\times8^2+2\times8^1+1\times8^0=209$。

(3)用十六进制表示，以0x开头表示十六进制数，如0x321表示十六进制的321，即$(321)_{16}$，转换成十进制为$3\times16^2+2\times16^1+1\times16^0=801$。

整型常量后可以用u、U和l、L后缀，具体含义如下：

（1）u或U明确说明整型常量为无符号整型数。

（2）l或L明确说明整型常量为长整型数。

2. 整型变量

用来保存整数的变量为整型变量。一般用类型说明符int定义和说明整型变量。

如：int sum, total;

或写成：int sum;

　　　　int total;

（1）整型数据在内存中的存放形式。

数据在内存中以二进制形式存放，事实上以数据的补码形式存放。

例如：定义一个整型变量i=10，则其在内存中的存放形式如图2-11所示。

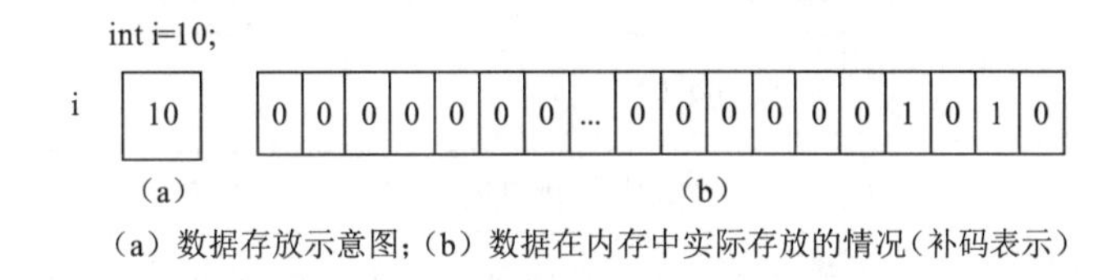

（a）数据存放示意图；（b）数据在内存中实际存放的情况（补码表示）

图2-11　数据在内存中的存放形式

（2）整型变量的分类。

C语言中用int来定义整型变量。通过加上修饰符，可定义更多的整型数据类型。

① 根据表示范围可以分为基本整型（int）、短整型（short int）、长整型（long int）。用long型可以获得大范围的整数，但同时会降低运算速度。

② 根据是否有符号可以分为带符号（或有符号）（signed，默认，可省略）和无符号（unsigned）两类。带符号整型数的存储单元的最高位是符号位（0表示正，1表示负），其余为数值位。无符号整型数的存储单元的全部二进制位用于存放数值本身而不包含符号。

归纳起来有6种整型变量，见表2-1。

表2-1　C语言的整型变量类型

类型标识符	存储空间（字节数）	表示的整数范围
[signed] int	2	-32 768~32 767，即 -2^{15}~$(2^{15}-1)$
	4	-2 147 483 648~2 147 483 647，即 -2^{31}~$(2^{31}-1)$
unsigned int	2	0~65 535，即 0~$(2^{16}-1)$
	4	0~4 294 967 295，即 0~$(2^{32}-1)$
[signed] short [int]	2	-32 768~32 767，即 -2^{15}~$(2^{15}-1)$
unsigned short [int]	2	0~65 535，即 0~$(2^{16}-1)$
[signed] long [int]	4	-2 147 483 648~2 147 483 647，即 -2^{31}~$(2^{31}-1)$
unsigned long [int]	4	0~4 294 967 295，即 0~$(2^{32}-1)$

可见，C语言将整型变量分成了6种类型，类型不同其所能表示的数值范围也不同，

在 Visual C++ 2010 中，有符号整型数取值范围为 -2 147 483 648~2 147 483 647。C 标准没有具体规定各种数据类型所占用的字节数，只要求 long 型数据长度不短于 int 型，short 型数据长度不长于 int 型。具体如何实现，由各 C 编译系统自行决定。如 Turbo C 中，short 型、int 型都占 2 字节，而 long 型占 4 字节；Visual C++ 2010 中，short 型占 2 字节，int 型和 long 型都占 4 字节。

以 Visual C++ 2010 编译系统为例，保存整数 13 的各种整型数据类型如图 2-12 所示。

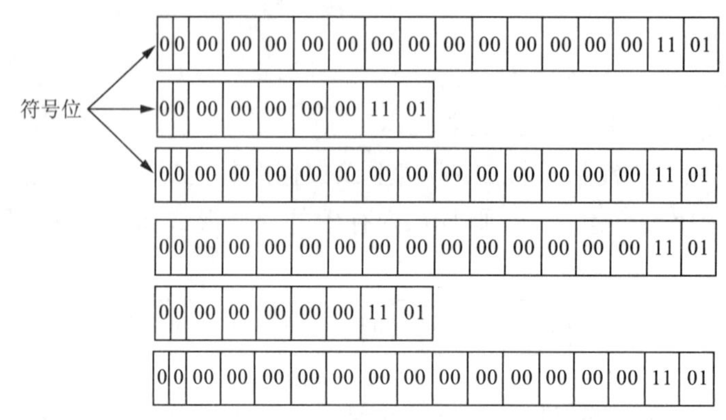

从上到下数据类型依次为：int 型、short 型、long 型、unsigned int 型、unsigned short 型、unsigned long 型

图 2-12　保存整数 13 的各种整型数据类型

（3）整型数据的溢出。

在 Visual C++ 2010 编译系统中，如果将整型数的最大允许值加 1，即 2 147 483 647+1；最小允许值减 1，即 -2 147 483 648-1；会出现什么情况呢？

【例 2.8】整型数据的溢出。

```
#include <stdio.h>
int main()
{
   int a,b;
   a=2147483647;
   b=a+1;
   printf("\na=%d,\ta+1=%d\n",a,b);
   return 0;
}
```

输出结果为：

```
a=2147483647,    a+1=-2147483648
请按任意键继续. . .
```

出现这种结果的原因就是超出了整型数表示的范围。超出范围就发生溢出，但程序运行时并没有报错，所以编程时要注意数据溢出的情况。

2.3.2　实型数据

1. 实型常量

实型常量有两种表示形式。

（1）十进制小数形式：1.2，2.，.12，0.0。

（2）指数形式：123e3，0.123e6，123.e3，1.23e5。

用指数形式表示实数时，e 前一定要有数字（尾数），e 后一定要有整数（指数），尾数和 e 之间不能有任何分隔符。以上指数形式的实数都表示同一个实数 123×10^3，这四种指数形式尽管都是正确的，但把最后一种指数形式，即 1.23e5，称为规范化的指数形式。

在用指数形式表示实数时要注意以下几点：

（1）字母 e 或 E 之前必须有数字，e 后面的指数必须为整数。

例如：e3、2.1e3.5、.e3、e 都不是合法的指数形式。

（2）规范化的指数形式。在字母 e 或 E 之前的小数部分，小数点左边应当有且只能有一位非 0 数字。用指数形式输出实数时，将按规范化的指数形式输出。

例如：2.3478e2、-3.0999E5、6.46832e12 都属于规范化的指数形式。

（3）实型常量都是双精度类型的，如果要指定它为单精度类型，可以加后缀 f（实型数据类型参考实型变量部分说明）。

2. 实型变量

（1）实型数据在内存中的存放形式。

一个实型数据（float 类型）一般在内存中占 4 个字节（32 位）。与整数存储方式不同，实型数据是按照指数形式存储的。系统将实型数据分为小数部分和指数部分，分别存放。实型数据在内存中的存放如图 2-13 所示。

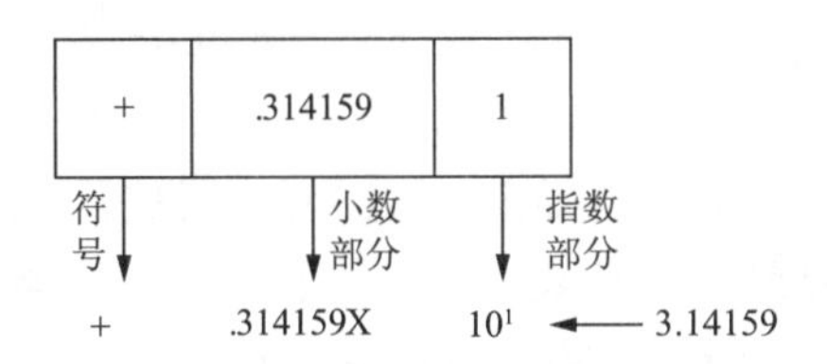

图 2-13　实型数据在内存中的存放

标准 C 语言没有规定用多少位表示小数部分，多少位表示指数部分，由 C 编译系统自定。例如，很多编译系统以 24 位表示小数部分，8 位表示指数部分。小数部分占的位数多，则实型数据的有效数字就多，精度也高；指数部分占的位数多，则表示的数值范围就大。

（2）实型变量的分类。

C 语言中，将实型即浮点型分为单精度实型（float）、双精度实型（double）和长双精度实型（long double）三类，但是 ANSI C 并没有规定每种数据类型的长度、精度和数值范围。表 2-2 列出了 Visual C++ 2010 中实型数据的长度、精度和数值范围，不同的系统可能会有差异。

表 2-2　C 语言的实型变量类型

类型标识符	存储空间(字节数)	精度(有效数字)	表示的实数范围
float	4	6~7	-3.4×10^{38}~3.4×10^{38}
double	8	15~16	-1.7×10^{308}~1.7×10^{308}
long double	16	18~19	-1.2×10^{4932}~1.2×10^{4932}

(3) 实型数据的舍入误差(注意和整型数据的溢出进行对比)。

实型数据是用有限的存储单元存储的,因此,提供的有效数字是有限的,在有效位以外的数字将被舍去,由此可能会产生一些误差。

【例 2.9】实型数据的舍入误差(实型变量有效数字后面的数字无意义)。

```
#include <stdio.h>
int main()
{
  float a,b;
  a=123456.789e5;
  b=a+20;
  printf("a=%f,b=%f\n",a,b);        // 以实数形式输出
  printf("a=%e,b=%e\n",a,b);        // 以指数形式输出
  return 0;
}
```

输出结果为:

```
a=12345678848.000000,b=12345678848.000000
a=1.23457e+10,b=1.23457e+10
```

由此可见,由于实型数据存在舍入误差,所以使用时要注意:

① 不要试图用一个实型数据精确表示一个大整数(记住:浮点型数是不精确的)。

② 实型数据一般不判断"相等",而是判断接近或近似。

③ 避免直接将一个数值很大的实数与一个很小的实数相加、相减,否则会"丢失"数值小的实数。

④ 根据具体要求选择使用单精度还是双精度。

2.3.3　字符型数据

1. 字符常量

字符常量是用单引号括起的单个字符。如 'A'、'a'、'$'、' ' (空格符)等。字符常量在保存时是通过保存其相应的 ASCII 码实现的。

字符常量有两种表示方法:一是一般表示形式,如 'B'、'b'、'$'、' ' (空格符)等;二是转义字符表示形式,可以用"\"加数字来表示。C 语言中定义了一些字母前加"\"来表示常见的、不能显示的 ASCII 字符,如 \0、\t、\n 等,就称为转义字符。转义字符有以下 3 种用法:

（1）表示控制字符，如：

'\n'：换行　　'\t'：水平制表　　'\b'：退格　　'\r'：回车

（2）表示特殊字符，如：

'\''：单引号　　'\"'：双引号　　'\\'：反斜杠

（3）表示所有字符，只需提供要表示字符的 ASCII 码。

'\ddd'：ddd 指要表示字符的 ASCII 码的 1~3 位八进制数，如 '\012' 表示 '\n'，'\101' 表示 'A'。

'\xhh'：hh 指要表示字符的 ASCII 码的 1~2 位十六进制数，如 '\x0A' 表示 '\n'，'\x41' 表示 'A'。

2. 字符变量

字符变量是用来存放字符数据的，每个字符变量只能存放一个字符。所有编译系统都规定以一个字节来存放一个字符，或者说，一个字符变量在内存中占一个字节。

字符变量的定义使用关键字 char 来声明，例如“char c;”定义了一个字符变量 c。

字符数据在内存中是将字符的 ASCII 码以二进制形式存储的，占用 1 个字节，如图 2-14 所示。

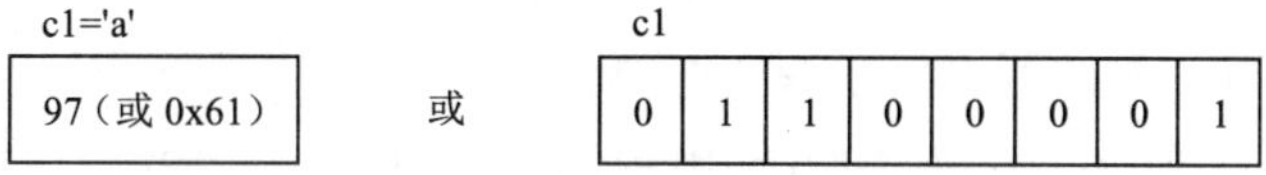

图 2-14　字符数据在内存中的存储

可见，字符数据以 ASCII 码存储的形式与整数的存储形式类似，这使得字符型数据和整型数据在一定数值范围内可以通用，具体表现为：

（1）可以将整型变量赋值给字符变量，也可以将字符变量赋值给整型变量。

（2）可以对字符数据进行算术运算，相当于对它们的 ASCII 码进行算术运算。

（3）一个字符数据既可以以字符形式输出（ASCII 码对应的字符），也可以以整数形式输出（直接输出 ASCII 码）。

【注意】尽管字符型数据和整型数据之间可以通用，但是字符型数据只占 1 个字节，即如果作为整数，则使用范围为 0~255（无符号）或 -128~127（有符号）。

【例 2.10】给字符变量赋以整数（字符型、整型数据通用）。

```
#include <stdio.h>
int main()                      // 字符 'a' 的各种表达方法
{
  char c1='a';
  char c2='\x61';               // 注意：'\x..', '\...'
  char c3='\141';
  char c4=97;
  char c5=0x61;                 // 注意：0x.., 0...
  char c6=0141;
  printf("c1=%c,c2=%c,c3=%c,c4=%c,c5=%c,c6=%c\n",c1,c2,c3,c4,c5,c6);
  printf("c1=%d,c2=%d,c3=%d,c4=%d,c5=%d,c6=%d\n",c1,c2,c3,c4,c5,c6);
  getchar();
```

```
    return 0;
}
```

输出结果为：

```
c1=a, c2=a, c3=a, c4=a, c5=a, c6=a
c1=97, c2=97, c3=97, c4=97, c5=97, c6=97
```

整型数转换为字符数据的过程：整型数→机内表示（两个字节）→取低 8 位赋值给字符变量。

综上所述，学习 C 语言中的数据类型时，须注意以下几点：

（1）不同的数据类型有不同的取值范围。

如有符号的整型数取值范围为 -2 147 483 648~2 147 483 647，即 $-2^{31}\sim(2^{31}-1)$，单精度实型数的取值范围为 -3.4e38~3.4e38。

（2）不同的数据类型有不同的操作。

如整型数据可以有取余操作，实型数据却没有；整型、字符型数据可以进行判断相等与不相等的运算，而实型数据则不行。

（3）不同的数据类型即使有相同的操作有时含义也不同。

如指针数据自增 1 与整数自增 1 含义是不同的。

（4）不同的数据类型在计算机中可能出现的错误不同。

如整型数的溢出错误，单精度实型数的精度丢失（有效数字位数不够）等。

（5）C 语言的数据类型可以构造复杂的数据结构。

如使用结构体数组可以构造顺序表，使用指针类型、结构体类型可以构造线性链表（栈、队列）、树和图。

（6）C 语言中的数据有变量与常量，它们分别属于上述类型。

2.4 数据类型的混合运算

2.4.1 自动类型转换

对于每一种算术运算，一般要求参与运算的操作数的数据类型完全一致，经过运算后，其值也具有相同的数据类型。

如果操作数的数据类型不一致，必须先将其中一种数据类型转化为另一种数据类型，使其一致，再进行运算，得到相应类型的值。这种转换是由系统自动进行的，即数据类型的自动转换。

自动转换遵循以下规则：

（1）若参与运算量的类型不同，则先转换成同一类型，再进行运算。

（2）转换按数据长度增加的方向进行，以保证精度不降低。如 int 型和 long 型运算时，先把 int 型转换成 long 型后再进行运算。

若两种类型的字节数不同，转换成字节数多的类型；若两种类型的字节数相同，且一种有符号，一种无符号，则转换成无符号类型。

（3）所有的实型运算都是以双精度进行的，即使仅含 float 单精度量运算的表达式，也

要先转换成 double 型，再做运算。

（4）char 型和 short 型参与运算时，必须先转换成 int 型。

（5）在赋值运算中，赋值号两边量的数据类型不同时，赋值号右边量的类型将转换为左边量的类型。如果右边量的数据类型长度比左边长，将丢失一部分数据，这样会降低精度，丢失的部分按四舍五入向前舍入。

类型转换规则图参见《C 语言程序设计实验与学习辅导》相应章节内容。

如有表达式 32767+2L，32767 为 short int 型，2 为 long int 型，则系统将根据 32767 得到一个等值的长整型值与 2 做加法运算，从而得到一个长整型的结果 32769。

如果在某运算中出现 float 型数据，不管另外一个操作数是什么类型，float 型必先转换为 double 型，然后同另外的操作数进行运算；以此类推，如有 char 或 short 型，必先转换为 int 型，然后再进行运算。

2.4.2　强制类型转换

强制类型转换指将某一数据的数据类型转换为指定的另一种数据类型。这里的转换同数据类型的自动转换不同，表达式中数据类型的自动转换是根据转换规则自动进行的，而强制转换是转换为用户指定的类型。强制转换是用强制转换运算符进行的，组成的对应运算表达式的一般形式为：

(类型名)(表达式)

强制转换运算符优先级比算术运算符高。例如：

```
(double)a            // 将 a 转换成 double 类型
(int)(x+y)           // 将 x+y 的值转换成整型，即取整数部分
(float)x+y           // 将 x 转换成单精度型
```

同表达式中数据类型的自动转换一样，强制类型转换也是临时转换，对原始运算对象的类型没有影响。

2.5　算术运算

C 语言提供了非常丰富的运算符，用以对所有类型的数据进行不同的运算，进而得到结果。这些运算符大致分为以下几类：

（1）算术运算符　　（+　-　*　/　%）

（2）关系运算符　　（>　<　==　>=　<=　!=）

（3）逻辑运算符　　（!　&&　||）

（4）位运算符　　（<<　>>　~　|　^　&）

（5）赋值运算符　　（= 及其扩展赋值运算符）

（6）自增、自减运算符　　（++　--）

（7）条件运算符　　（?　:）

（8）逗号运算符　　（，）

（9）指针运算符　　（*　&）

(10)求字节数运算符　　(sizeof)
(11)强制类型转换运算符　　((类型))
(12)分量运算符　　(. →)
(13)下标运算符　　([])
(14)其他　　(如函数调用运算符 ())

2.5.1 算术运算符

基本算术运算符共有以下 5 种:

(1)+:取正值运算,或做加法运算。如 +3,5+3。

(2)-:取负值运算,或做减法运算。如 -3,5-3。

(3)*:乘法运算。如 5*3。

(4)/:除法运算。如 5/3。

(5)%:模运算,又称求余数运算。如 5%3 的值为 2。

其中,+、- 运算符做正负运算时为单目运算(只有一个操作对象),做加减运算时为双目运算(有两个操作对象)。

算术运算符的运算优先级如下:

(1)+(取正) -(取负)

(2)* / %

(3)+ -

【注意】

(1)关于除法运算。

除法运算符"/"为双目运算符。参与运算的两个操作对象均为整型数据时,其结果为整型数据,舍去小数,例如, 5/2=2。如果参与运算的两个操作对象中有一个为实型数据,其结果为双精度实型数据,如 5/2.0=2.500000。

(2)关于求余数运算。

求余运算符"%"为双目运算符。参与运算的两个操作对象均为整型,否则会出错。求余运算的结果等于两个数相除后的余数。

(3)除号的正负取舍和一般的算术一样,符号相同为正,相异为负;求余符号的正负取舍和被除数符号相同。例如,-3/16=0,-16/-3=5, 16/-3=-5,-3%16=-3, 16%-3=1。

2.5.2 算术表达式

用算术运算符和括号将运算对象(即操作数)连接起来的符合 C 语言语法规则的式子称为算术表达式。运算对象可以是常量、变量、函数等。

例如,a*b/c-1.5+'a' 是一个合法的 C 语言算术表达式。

【注意】C 语言算术表达式的书写形式与数学表达式的书写形式有以下区别:

(1)C 语言算术表达式的乘号(*)不能省略。例如,数学表达式 b^2-4ac,相应的 C 表达式应该写成 b*b-4*a*c。

(2)C 语言表达式中只能出现字符集允许的字符。例如,数学表达式 πr^2,相应的 C 表达式应该写成 PI*r*r (其中 PI 是已经定义的符号常量)。

(3)C 语言算术表达式只能使用圆括号改变运算的优先顺序(不能使用 {}、[])。可以

使用多层圆括号，此时左右括号必须配对，运算时从内层括号开始，由内向外依次计算表达式的值。

所谓表达式求值，就是按表达式中各运算符的运算规则和相应的运算优先级来获取运算结果的过程。对于表达式求值，一般要遵循的规则是：

（1）按运算符的优先级高低次序执行。例如，先乘除后加减，如果有括号，则先计算括号内的部分。

（2）如果一个运算对象（或称操作数）两侧运算符的优先级相同，则按C语言规定的结合方向（结合性）进行。例如，算术运算符的结合方向是“自左向右”，即：在执行“a-b+c”时，变量b先与减号结合，执行“a-b”，再执行加c的运算。在其他类的运算符中，除赋值运算符外，绝大部分双目运算符的结合方向是“自左向右”，即左结合性，而绝大部分单目运算符的结合方向是“自右向左”，即右结合性。

如求算术常量表达式“9%(5-4)*10+1”的值，求值顺序为：先计算5-4得1，再计算9%1得0，然后计算0*10得0，最后计算0+1得1，所以，表达式的值为1。

2.5.3 自增自减运算

++ 为自增运算符，使变量的值增1，如i++，使变量i的值增加1，即i=i+1。

-- 为自减运算符，使变量的值减1，如i--，使变量i的值减去1，即i=i-1。

需要说明的是，自增和自减运算符的运算对象都为变量，不能是常量或表达式，且在书写时中间不能有空格。自增、自减运算分别有以下两种形式。

（1）前置运算：++i，--i。

（2）后置运算：i++，i--。

两个运算符均为单目运算符，优先级高于一般的双目算术运算符，与求负运算符同级，结合性同大多数单目运算符一样具有右结合性（即“自右向左”）。

以自增运算为例，前置运算++i及后置运算i++对于变量i而言，所起的作用是一致的，都相当于表达式i=i+1，但变量i的值并不能代表表达式++i或i++的值。

【例2.11】举例说明前置运算++i及后置运算i++对于变量i的影响。

```
#include <stdio.h>
int main()
{
   int i=1,j;
   j=++i;
   printf("i=%d, j=%d\n",i, j);
   return 0;
}
```

运行结果为：

```
i=2,j=2
```

再将其中的++i改为i++：

```
#include <stdio.h>
int main()
{
```

```
    int i=1,j;
    j=i++;
    printf ("i=%d, j=%d\n",i, j);
    return 0;
}
```

运行结果为：

    i=2,j=1

可见，前置运算表达式的值是指变量增加或减少 1 之后的值即为表达式的值，即先改变变量的值，后由变量的值得到表达式的值；而后置运算表达式的值是指变量改变前的原值即为表达式的值，即先由变量的值得到表达式的值，后改变变量的值。

使用自增自减运算符，还要注意以下几点：

（1）自增自减运算的运算对象只能是变量，不能为常量或表达式，如“5++”和“(a+b)--”为非法表达式。

（2）C 语言编译系统在处理表达式时一般先从左向右扫描，将尽可能多的字符组成一个合法运算符，如“a+++b”等效于“(a++)+b”，为合法表达式；而“a+++++b”等效于“((a++)++)+b”，则为非法表达式（因为操作对象不能为表达式）。

（3）自减运算与取负同处于一个优先级，结合性为“从右向左”，如表达式“-i--”等效于“-(i--)”，是一个合法表达式。

一般来说，在书写表达式时，为增强程序的可读性，应根据实际情况，可以加括号的地方应尽量加上括号。

2.6 赋值运算

2.6.1 赋值运算符

所谓赋值，就是将某一个表达式的值传送给指定变量的操作。在 C 语言中，赋值不仅仅是一种操作，还是一种运算，这是同其他语言明显不同的地方。C 语言中的赋值符号“=”就是赋值运算符。

2.6.2 赋值表达式

用赋值运算符连接起来的表达式，称为赋值表达式。赋值表达式的一般形式为：

    变量=表达式

表达式左边只能是变量，不能为常量或表达式；右边可以是变量、常量或任意表达式。

例如：x=5;

    y=(float)5/2;

任何一个表达式都有一个值，赋值表达式也不例外。被赋值变量的值，就是赋值表达式的值。例如，“a=5”这个赋值表达式，变量 a 的值 5 就是表达式的值。

在混合运算表达式中，赋值运算的优先级低于算术运算；其结合性为“从右向左”，这同算术运算相反，与大部分单目运算相同。

例如，对于表达式“x=y=z=5”，根据赋值运算符结合性可知，其等效于“x=(y=(z=5))”，

即，整个赋值表达式的值为5，同时变量x、y、z被赋值为5。

赋值运算可将一个表达式的值赋给另外一个变量，但是，如果赋值运算符两侧的数据类型不一致，则在赋值时要进行数据类型转换。当然，这种转换一般是在整型、实型或字符型之间进行的。

赋值转换是指给变量赋值之前，将赋值符号右边表达式的类型临时转换为左边变量所需要的数据类型。具体措施如下：

（1）将实型数据赋值给整型变量，舍弃小数部分。

例如，i为整型变量，则赋值运算i=3.14的值为3，同时也使得i的值为3，3以整数形式保存在变量i中。

（2）将整型数据赋值给实型变量，数值不变，但将以实数形式存放到实型变量中，即增加小数部分（小数部分的值为0）。

例如，f为单精度float型变量，则赋值运算f=25的含义是：先将25转换成25.00000（7位有效数字），然后将其存放于f中。如果将其赋值给double型变量，情况类似。

（3）将一个double型数据赋值给float型变量，如果没有超出float型数据的表示范围，则截取double型数据的前面7位有效数字，存放到float型变量中。如：

```
float f;
double d;
d=12.3456789;
f=d;
```

则f被赋值为12.345679。但如果有：

```
d=12.345e10;
f=d;
```

则f的值用指数形式表示为1.234500e+11。

（4）将一个float型数据赋值给double型变量，数值不变，有效位数扩展到16位，然后赋值。

（5）将整型、长整型或无符号整型、无符号长整型数据赋值给存储单元较小的整型（包括有符号和无符号的2字节短整型及字符型）变量时，只是简单地取出整型、长整型（包括无符号）的低字节，然后赋值，所以数据极可能超出存储范围而溢出。

【例2.12】将长整型数据赋值给基本整型变量。

```
#include <stdio.h>
int main()
{
    int a;
    short int i;
    a=32769;
    i=a;
    printf ("i=%d\n", i);
    return 0;
}
```

运行结果为：

```
i=-32767
```

很明显，32769 已超过 short int 所能表示的最大整数 32767，导致结果溢出。

（6）将所占存储空间较小的整型数据赋值给所占存储空间较大的整型变量，这时变量足以保存所赋数据，所以不会造成数据丢失。只是在将有符号的负整数赋值给无符号的整型变量时，无符号的整型变量将对最高位的 1 做不同的解释（即原来当符号，现在当实际数据的一部分），最终表现出的十进制值不一样。除此之外，此情形下赋值转换的结果在数据表现上没有变化，是安全的（不溢出）。

2.6.3 复合赋值运算

复合赋值运算符是由赋值运算符之前再加一个双目运算符构成的。复合赋值运算的一般形式为：

变量 双目运算符 = 表达式

复合赋值运算符在书写时，双目运算符与“=”之间不能加空格。如：“a+=3”读作“a 加赋值 3”，等价于“a=a+3”。以此类推，“x%=3”等价于“x=x%3”；“x*=y+8”等价于“x=x*(y+8)”。

可以与“=”一起组成复合赋值运算的运算符为双目算术运算符和双目位逻辑运算符。复合赋值运算符共有 10 种：+=, -=, *=, /=, %=, <<=, >>=, &=, |=, ^=。

表达式中，所有的复合赋值运算具有同简单赋值运算一样的优先级与结合性。复合赋值运算表达式的值即为最终赋给变量的值。如：“a+=3”的值为“a+3”；“x%=3”的值为“x%3”；“x*=y+8”的值为“x*(y+8)”。

对于初学者来说，复合赋值运算符这种写法可能不习惯，但十分有利于编译处理，能提高编译效率并产生质量较高的目标代码。

2.7 逗号运算

C 语言提供了一种特殊的运算符——逗号运算符（顺序求值运算符）。其运算符是“,”，用逗号将两个或多个表达式连接起来，表示顺序求值（顺序处理），称为逗号表达式。

逗号表达式的一般形式：

表达式 1, 表达式 2,…, 表达式 n

逗号表达式的求解过程是：自左向右，求解表达式 1，求解表达式 2，…，求解表达式 n。整个逗号表达式的值是表达式 n 的值。

例如：逗号表达式“3+5,6+8”的值为 14；逗号表达式“a=3*5,a*4”，根据运算符优先级表可知，“=”运算符优先级高于“,”运算符（事实上，逗号运算符级别最低），所以上面的表达式等价于“(a=3*5),(a*4)”，故整个表达式计算后值为 60（其中 a=15）。

【例 2.13】写出下列程序的运行结果。

```
#include <stdio.h>
int main()
{
  int x,a;
  x=(a=3,6*3);              // a=3,x=18
```

```
    printf("%d,%d\n",a,x);
    x=a=3,6*a;                    // a=3,x=3
    printf("%d,%d\n",a,x);
    return 0;
}
```

运行结果为：

3,18

3,3

逗号表达式主要用于将若干表达式“串联”起来，表示一个顺序的操作（计算），在许多情况下，使用逗号表达式的目的只是想分别得到各个表达式的值，而并非一定需要得到或使用整个逗号表达式的值。

习 题

1. 什么是变量？什么是常量？符号常量与符号变量的区别是什么？

2. 算法的三种基本结构是什么？如何用传统流程图表示？

3. 在 C 语言中，要求运算的数必须是整数的运算符是______。

A. /　　B. !　　C. %　　D. ==

4. 假设所有变量均为整型，则表达式“(a=2,b=5,a+b++,a+b)”的值是______。

A. 7　　B. 8　　C. 5　　D. 2

5. 设 a 和 b 均为 double 型变量，且 a=5.5，b=2.5，则表达式“(int)a+b/b”的值是______。

A. 6.500000　　B. 6　　C. 5.500000　　D. 6.000000

6. 指出下列标识符中不合法的用户标识符。

_abc　If　5ab　a1　#2　sum-1　shift_1　void

7. 将表中 3 个整数分别赋给不同类型的变量，请给出赋值后数据在内存中的存储形式。

类型 \ 变量	25	-2	32769
int 型（16 位）			
char 型（8 位）			
unsigned 型（16 位）			
unsigned char（8 位）			

8. 下列哪些数值表示形式是不合法的？

.0　01　oxff　0xabc　028　1*e-2　0x19　e-2.0　12.　2e2

9. 写出下面程序的运行结果。

```
#include <stdio.h>
int main()
{
    char c1='a',c2='b',c3='c',c4='\101',c5='\116';
    printf("a%cb%c\tc%c\tabc\n",c1,c2,c3);
```

```
    printf("\t\b%c%c",c4,c5);
    return 0;
}
```

10. 写出下面程序的运行结果。

```
#include <stdio.h>
int main()
{
    char c='A';
    c=c+1;
    printf("%c \t %d",c,c);
    return 0;
}
```

11. 设 a=1，b=2，c=3，求下列赋值表达式的值。

（1）a=b=c=5

（2）a*=5+(c=6)

（3）a=(b+=4)+(c-=6)

（4）a%=(c%=2)

（5）a+=a-=a*=a

12. 写出下面程序的运行结果。

```
#include <stdio.h>
int main()
{
    int i=8,j=9,m,n;
    m=++i;
    n=j++;
    printf("%d,%d,%d,%d\n",i,j,m,n );
    return 0;
}
```

13. 写出下面程序的运行结果。

```
#include <stdio.h>
int main()
{
    int a=2;
    a%=4-1;
    printf("%d",a);
    a+=a*=a-=a*=3;
    printf("%d",a);
    return 0;
}
```

第3章　顺序结构程序设计

有了前两章的基础，现在可以开始由浅入深地学习最简单的C程序设计了。

从程序流程的角度来看，程序可以分为三种基本结构，即顺序结构、分支结构、循环结构，这三种基本结构可以构成各种复杂的程序。C语言提供了多种语句来实现这些程序结构。本章主要介绍C语言的一些基本语句以及怎样利用它们编写简单的程序，使读者对C程序设计有一个初步的认识，了解程序设计的方法，为后面各章的学习打下基础。

本章学习目标

- ✧ 了解C程序的组成及C语句。
- ✧ 掌握基本的输入、输出函数的用法。
- ✧ 理解顺序结构程序的执行流程并能编写顺序结构的程序。

3.1　C语句

前面的内容已经介绍，一个C程序可以由若干个源程序文件构成。一个源程序文件可以由预处理命令、全局变量声明和若干个函数组成，如图3-1所示。其中每个函数都包括函数首部和函数体两部分，而函数的主要功能是通过函数体来实现的，函数体由数据声明部分和执行语句构成（函数部分的内容详见课本第7章）。

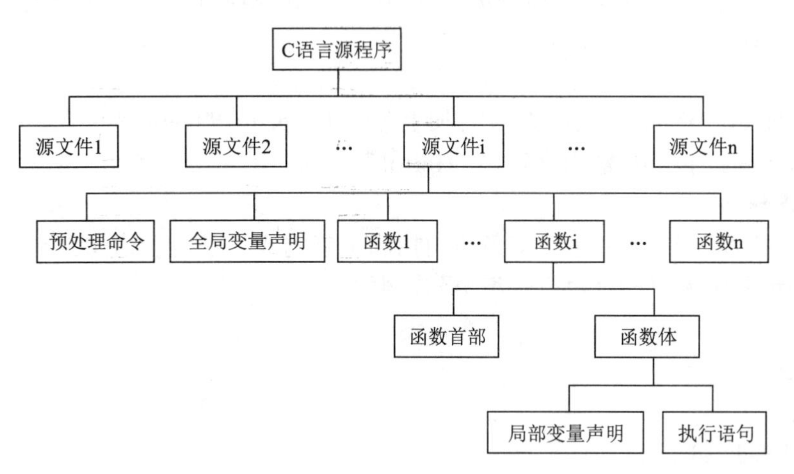

图3-1　C语言源程序的构成

C 语言中提供了多种语句，可以将其分为 5 类：控制语句、表达式语句、函数调用语句、复合语句和空语句。

1. 控制语句

控制语句是由关键字构成的、具有一定控制功能的语句，共有 9 种。分别是：

（1）分支语句：if() … else …;

（2）多分支语句：switch() {…};

（3）循环语句：for() …;

（4）循环语句：while() …;

（5）循环语句：do {…} while();

（6）结束本次循环语句：continue;

（7）结束循环语句或结束 switch 语句的语句：break;

（8）转向语句：goto …;

（9）返回语句：return();

2. 表达式语句

表达式语句是在一个表达式后面加上一个“;”。其一般形式为：

表达式;

表达式语句中最典型的是赋值语句，它是由赋值表达式加分号构成的。例如：

（1）“x=5”是一个赋值表达式，加上分号的“x=5;”是一条赋值语句。

（2）“s=x+y”是一个赋值表达式，加上分号的“s=x+y;”是一条赋值语句。

（3）“a++”是一个表达式，加上分号的“a++;”是一条自增语句，作用是使变量 a 的值加 1。

（4）“a+b;”是加法运算语句，作用是完成 a+b 的操作，它是合法的，但是求和的结果并没有赋值给另一个变量，导致计算结果无法保留，因此这类语句并无实际意义。

由此可见，任何一个表达式后加上一个“;”就构成了表达式语句，但有的有意义，如赋值语句，有的没有实际意义。

3. 函数调用语句

函数调用语句是在函数调用后面加上“;”。其一般形式为：

函数名(实参表);

例如：

“printf("Hello!")”是一个函数调用，加上分号的“printf("Hello!");”是一条函数调用语句，表示调用库函数 printf，输出字符串“Hello!”。

4. 复合语句

用一对大括号“{}”把一条或多条语句括起来就构成一条复合语句。常用在 if 语句或循环体中，表示程序需要连续执行一组语句，例如：

```
{
  x=y+z;
  a=b+c;
  printf("%d,%d",x,a);
}
```

是一条复合语句。

【注意】复合语句的内嵌语句都应以“;”结束，而复合语句本身没有必要再加分号。

5. 空语句

只由一个“;”组成的语句称为空语句。例如：

```
;
```

空语句不执行任何操作，只是形式上的语句，但也有存在的意义，比如作为循环语句中的循环体等。例如：

```
while(getchar()!='\n')
    ;
```

表示只要从键盘输入的字符不是回车符，就可以继续输入。

3.2　赋值语句

赋值语句是 C 程序中最基本的语句，几乎每个有价值的程序都会用到它。赋值语句是由赋值表达式加上分号构成的，其一般形式为：

<变量>=<表达式>;

在使用赋值语句时，要注意以下几点：

（1）C 语言中赋值运算符为“=”。

（2）赋值运算符“=”右边的表达式还可以是一个赋值表达式，因此下面的形式是合法的：

变量=(变量=表达式);

其展开后的一般形式为：变量=变量=…=表达式；

例如：“a=b=c=3;”是合法的，等价于“a=3;b=3;c=3;”。

（3）在变量声明中，不允许连续将多个变量初始化。因此下面的声明形式是不合法的：

```
int a=b=c=3;
```

必须写为：

int a=3,b=3,c=3;　或　int a,b,c;a=b=c=3;

此处注意赋值和初始化形式的区别。

（4）注意赋值表达式和赋值语句的区别。赋值表达式是表达式的一种，它可以出现在任何允许表达式出现的地方，而赋值语句则不能。

下述语句是合法的：

```
if((x=3)>0)
    z=x;
```

该语句的功能是：若表达式 x=3 大于 0，则 z=x。

下述语句是非法的：

```
if((x=3;)>0)
    z=x;
```

因为“x=3;”是语句，不能出现在表达式中。

3.3 数据的输入与输出

从前面学习过的程序可以看到，几乎每一个 C 程序都包括数据的输入和输出。这里的输入/输出都是以计算机为主体而言的，所有程序中数据的输入和输出都需要通过输入/输出设备来完成。C 语言本身不提供输入和输出语句，数据的输入和输出操作是由 C 标准函数库中的函数来实现的，如 scanf() 函数和 printf() 函数。当然，用户也可以自定义实现输入、输出功能的函数。

C 语言函数库中有一些标准的输入输出函数，它是以标准的输入/输出设备为输入/输出对象，比如 getchar、putchar、scanf、printf、gets、puts 等，本章先介绍前面 4 个最基本的输入输出函数。

在使用 C 语言库函数时，要在程序开头用预处理命令“#include”引入相关头文件。比如在使用标准输入输出库函数时要用到 "stdio.h" 文件，那么，在源文件开头就需要使用以下预处理命令：

#include <stdio.h>　或　#include "stdio.h"

【注】 stdio 是 Standard Input & Output 的缩写。

以上两种 #include 指令形式的区别在于：用 <stdio.h> 时，编译系统从存放 C 编译系统的子目录中去找所要包含的文件(如 stdio.h)，这种称为标准方式。如果使用 "stdio.h"，在编译时，编译系统先在用户的当前目录(一般是用户存放源程序文件的子目录)中寻找要包含的文件，若找不到，再按标准方式查找。如果用 #include 指令包含系统提供的相应头文件，则以用标准方式为宜，以提高效率。如果用户想包含的头文件不是系统提供的，而是用户自己编写的文件(这种文件一般都存放在用户当前目录中)，这时应当用 " " 的形式，否则会找不到所需的文件。

3.3.1 格式输入输出函数

在 C 程序中用来实现格式化输入、输出的是 scanf() 函数和 printf() 函数。使用时，必须根据指定的格式来输入输出数据。

1. 格式输入函数——scanf()

(1) scanf() 函数的一般形式。

scanf("格式控制", 地址列表);

功能：按照用户指定的格式，从系统隐含的输入设备(如键盘)输入若干个指定类型的数据。

【说明】 格式控制字符串的作用与 printf() 函数中的相同，但不能显示非格式字符串，也就是不能显示提示字符串。地址列表中给出各变量的地址，地址是由地址运算符“&”后跟变量名组成的。例如，&a、&b 分别表示变量 a 和变量 b 的地址。这个地址就是编译系统在内存中给变量 a、b 分配的地址。

在 C 语言中使用了地址这个概念，这是与其他语言不同的，在编程过程中应该把变量的值和变量的地址这两个不同的概念区别开来。变量的地址是 C 编译系统分配的，用户不必关心具体的地址是什么。在赋值表达式中给变量赋值，如 a=567，在赋值运算符左边是变量名，不能写地址，而 scanf() 函数在本质上也是给变量赋值，但要求写变量的地址，如 &a，这两者在形式上是不同的。

【例 3.1】用 scanf() 函数输入数据。

```
#include <stdio.h>
int main()
{
   int a,b,c;
   printf("input a,b,c\n");
   scanf("%d%d%d",&a,&b,&c);
   printf("a=%d,b=%d,c=%d",a,b,c);
   return 0;
}
```

在本例中，由于 scanf() 函数本身不能显示提示字符串，故先用 printf 语句在屏幕上输出提示，请用户输入 a、b、c 的值。用户输入"7 8 9"后按下回车键，此时系统将结果显示在屏幕上。在 scanf() 函数的格式字符串中，由于没有非格式字符在"%d%d%d"之间作输入时的间隔，因此在输入时要用一个或一个以上的空格、Tab 制表符或回车键作为每两个输入数之间的间隔。

例如用户输入 7、8、9 三个数据的方法：

输入：7 8 9↙

或

7↙

8↙

9↙

输出结果为：a=7,b=8,c=9

对于此程序的详细解析参见《C 语言程序设计实验与学习辅导》相应章节内容。

（2）格式字符。

对于不同类型的数据，进行输入时，应当使用不同的格式字符。

格式字符的一般形式为：

%[*][输入数据宽度][长度] 类型

【说明】

各项格式字符的功能介绍如下：

◆ 类型：类型字符用以表示输入数据的类型，其格式字符和功能见表 3-1。

表 3-1 类型格式输入字符

格式字符	格式字符功能
d，i	输入有符号的十进制整数
o	输入无符号的八进制整数
x，X	输入无符号的十六进制整数
u	输入无符号的十进制整数
f	输入实数（用小数形式或指数形式）

续表

格式字符	格式字符功能
e, E	以指数形式输入单、双精度实数
g, G	以 %f%e 中较短的输入宽度输出单、双精度实数
c	输入单个字符
s	输入字符串

◆“*”：用以表示该输入项读入后不赋予相应的变量，即跳过该输入值。如“scanf("%d%*d%d",&a,&b);”，当输入为“123”时，把 1 赋予 a，2 被跳过，3 赋予 b。

◆ 宽度：用十进制整数来表示输入宽度（即字符数）。如“scanf("%5d",&a);”当输入“12345678”时，把 12345 赋予 a，其余部分被截去。

◆ 长度：长度格式字符有 h、l 两种（与 printf 中相同）。

使用 scanf() 函数还必须注意以下几点：

① scanf() 函数中没有精度控制，如“scanf("%5.2f",&a);”是非法的。不能试图用此语句输入小数部分为两位的实数。

② scanf() 函数地址列表中要求给出的是变量的地址，若给出变量名则会出错。如“scanf("%d",a);”是非法的，应改为“scanf("%d",&a);”才是合法的。

③ 在输入多个数值数据时，若“格式控制字符串”中没有非格式字符作输入数据之间的间隔，则可用空格、Tab 或回车作间隔。C 编译在碰到空格、Tab、回车或非法数据（如：对“%d”输入“12A”时，A 即为非法数据）时，即认为该数据输入的结束。

④ 在输入字符数据时，若“格式控制字符串”中没有非格式字符，则认为所有输入的字符均为有效字符。如：

scanf("%c%c%c",&a,&b,&c);

输入为“d e f”，则把“d”赋予 a，“ ”赋予 b，“e”赋予 c。

只有当输入为“def”时，才能把“d”赋予 a，“e”赋予 b，“f”赋予 c。

如果在格式控制中加入空格作为间隔，如“scanf("%c %c %c",&a,&b,&c);”，则输入时各数据之间可加空格。

⑤ 如果在“格式控制字符串”中有非格式字符，则在输入数据时在对应位置上应输入与这些字符相同的字符。如“scanf("%d,%d,%d",&a,&b,&c);”，输入时应用形式“1,2,3”。

【注意】 1 和 2 之间要用逗号（在 scanf() 函数中的格式控制字符串中，它属于非格式字符），要与 scanf() 函数中的“格式控制字符串”中的逗号对应。

再如“scanf("a=%d,b=%d",&a,&b);”，输入时应用如下形式“a=1,b=2”。

同样，在 scanf() 函数中的格式控制字符串中“a=,b=”也是非格式字符，也要与 scanf() 函数中的格式控制字符串中的“a=,b=”对应。

【例 3.2】输入三角形的三个边长，求三角形周长和面积。公式：area= $\sqrt{s(s-a)(s-b)(s-c)}$，其中 s=(a+b+c)/2。

```
#include <stdio.h>
#include <math.h>
int main()
```

```
{
    float a,b,c,s,area;
    printf("Please input a,b,c:");
    scanf("%f,%f,%f",&a,&b,&c);
    s=(a+b+c)/2;
    area=sqrt(s*(s-a)*(s-b)*(s-c));
    printf("a=%7.2f,b=%7.2f,c=%7.2f\n",a,b,c);
    printf("s=%7.2f\n",s);
    printf("area=%7.2f\n",area);
    return 0;
}
```

对于此程序的详细解析参见《C语言程序设计实验与学习辅导》相应章节内容。

2. 格式输出函数——printf()

(1) printf() 函数的一般形式。

printf("格式控制", 输出列表);

功能：按照用户指定的格式，向系统隐含的输出设备（终端显示器）输出若干个任意类型的数据。

【说明】函数参数包括如下两部分：

"格式控制"是用双引号括起来的字符串，称为"格式控制字符串"，它指定输出数据项的类型和格式。

格式控制字符串由格式字符串和非格式字符串组成。格式字符串是以%开头的字符串，在%后面跟有各种格式字符，以说明输出数据的类型、形式、长度、小数位数等。如"%d"表示按十进制整型输出，"%ld"表示按十进制长整型输出，"%c"表示按字符型输出等。后面将专门给予讨论。非格式字符串在输出时原样输出，一般在显示中起提示说明或注释的作用。

输出列表中给出了各个输出项，要求格式字符串和各输出项在数量和类型上一一对应。"输出列表"是需要输出的一些参数，可以是表达式，其个数必须与格式控制字符串所说明的输出参数个数一样多，各个参数之间用","分开，且顺序要一一对应，否则将会出现意想不到的错误。

例如，假设 a=3，b=4，那么"printf("a=%d b=%d",a,b);"输出"a=3 b=4"。其中两个"%d"是格式说明，表示输出两个整数，分别对应变量 a、b，"a=""b="是普通字符，原样输出。

(2) 格式字符。

对于不同类型的数据进行输出时应当使用不同的格式字符。

格式字符的一般形式为：

[标志][输出最小宽度][.精度][长度] 类型

其中方括号"[]"中的项为可选项。

【说明】各项格式字符功能介绍如下：

◆ 类型：类型字符用来表示输出数据的类型，其格式字符和功能见表3-2。

表 3-2　类型格式输出字符

格式字符	格式字符功能
d, i	以十进制形式输出有符号整数(正数不输出符号)
o	以八进制形式输出无符号整数(不输出前缀 0)
x, X	以十六进制形式输出无符号整数(不输出前缀 0X 或 0x)
u	以十进制形式输出无符号整数
f	以小数形式输出单、双精度实数
e, E	以指数形式输出单、双精度实数
g, G	以 %f%e 中较短的输出宽度输出单、双精度实数
c	输出单个字符
s	输出字符串

◆ 标志:标志字符为 -、+、空格、# 四种,其功能见表 3-3。

表 3-3　标志格式字符

格式字符	标志功能
-	结果左对齐,右边填空格
+	输出符号(正号或负号)
空格	输出值为正时冠以空格,为负时冠以负号
#	对 c、s、d、u 类无影响;对 o 类,在输出时加前缀 0;对 x 类,在输出时加前缀 0x;对 e、g、f 类,当结果有小数时才给出小数点

◆ 输出最小宽度:用十进制整数来表示输出的最少位数。若实际位数多于定义的宽度,则按实际位数输出;若实际位数少于定义的宽度,则补以空格或 0。

◆ 精度:精度格式字符以“.”开头,后跟十进制整数。如果输出的是数字,精度表示小数的位数;如果输出的是字符串,则表示输出字符的个数;如果实际位数大于所定义的精度数,则截去超出的部分。

◆ 长度:长度格式字符为 h、l 两种。

在格式字符的一般形式中,类型格式字符是必不可少的,也是输出数据时经常用到的,下面我们来详细介绍一下表 3-2 中的格式字符。

①“d”格式符。用来输出十进制整数。有以下几种用法:

➢ %d,按照数据的实际长度输出。

➢ %md,m 指定输出字段的宽度(整数)。如果数据的位数小于 m,则左端补以空格(右对齐);若大于 m,则按照实际位数输出。例如:

```
x=123;y=45678;
printf("%4d,%4d",x,y);
```

输出结果是:123,45678

➢ %-md,m 指定输出字段的宽度(整数)。如果数据的位数小于 m,则右端补以空格(左对齐);若大于 m,则按照实际位数输出。例如:

```
x=123;y=45678;
```

printf("%-4d,%4d",x,y);

输出结果是：123 ,45678

➢ %ld，输出长整型数据，也可以指定宽度 %mld。例如：

long x=1234567;

printf("%ld,%9ld",x,x);

输出结果是：1234567　, 1234567

②“o”格式符。以八进制形式输出整数。注意是将内存单元中各位的值按八进制形式输出，输出的数据不带符号，即将符号位也一起作为八进制的一部分输出。例如：

int x=-1; printf("%d,%o",x,x);

-1 的原码：10000000 00000000 00000000 00000001

-1 在内存中以补码的形式存放为（此时的最高位为符号位）：

1 1 1 1 1 1 1 1	1 1 1 1 1 1 1 1	1 1 1 1 1 1 1 1	1 1 1 1 1 1 1 1

用 %d 输出时，得到 -1，按 %o 输出时，按内存中实际的二进制数 3 位一组构成八进制形式，因为八进制整数是不带负号的，所以此时最高位不是符号位，而是数值本身，转换形式如下：

$(11,111,111,111,111,111,111,111,111,111,111)_2=(37777777777)_8=(ffffffff)_{16}$

输出结果是：-1,37777777777

“o”格式符与“d”格式符一样，也有 %mo、%lo 等输出方法。

③“x”格式符。以十六进制形式输出整数。与“o”格式一样，不出现符号。

例如，上例中 -1 以“x”格式输出：

int x=-1;

printf("%x",x);

输出结果是：ffffffff

“x”格式符同样与“o”格式符、“d”格式符一样，也有 %mo，%lo 等输出方法。

④“u”格式符。用来以十进制形式输出 unsigned 型数据，即无符号数。

一个有符号整数可以用“%u”形式输出；反之，一个 unsigned 型数据也可以用“%d”格式输出。例如：

int x=-1;

printf("%u",x);

输出结果是：4294967295

⑤“c”格式符。用来输出一个字符。一个整数只要它的值在 0~255 范围内，也可以用字符形式输出；反之，一个字符数据也可以用整数形式输出。

【例 3.3】字符数据的输出。

```
#include <stdio.h>
int main()
{
   char c='A';
   int i=65;
```

```
    printf("%c,%d\n",c,c);
    printf("%c,%d\n",i,i);
    printf("%3c",c);
    return 0;
}
```

运行结果为：

```
A,65
A,65
  A
```

“c”格式符也可以指定字段宽度，如 %mc。

⑥“s”格式符。用来输出一个字符串。有以下几种用法：

➢ %s，输出字符串。

➢ %ms，输出的字符串占 m 列。如果字符串长度大于 m，则字符串全部输出；如果字符串长度小于 m，则左端补以空格（右对齐）。

➢ %-ms，输出的字符串占 m 列。如果字符串长度大于 m，则字符串全部输出；如果字符串长度小于 m，则右端补以空格（左对齐）。

➢ %m.ns，输出占 m 列，但只取字符串左端 n 个字符，左端补空格（右对齐）。

➢ %-m.ns，输出占 m 列，但只取字符串左端 n 个字符，右端补空格（左对齐）。

⑦“f”格式符。用来输出实数（包括单、双精度，单双精度格式符相同），以小数形式输出。有以下几种用法：

➢ %f，不指定宽度，使整数部分全部输出，并输出 6 位小数。需要注意的是，并非全部数字都是有效数字，单精度实数的有效位数一般为 7 位（双精度 16 位）。

➢ %m.nf，指定数据占 m 列，其中有 n 位小数。如果数值长度小于 m，左端补空格（右对齐）。

➢ %-m.nf，指定数据占 m 列，其中有 n 位小数。如果数值长度小于 m，右端补空格（左对齐）。

⑧“e”格式符，以指数形式输出实数。可用以下形式：

➢ %e，不指定输出数据所占的宽度和小数位数，由系统自动指定，如 6 位小数，指数占 5 位，其中 e 占 1 位，指数符号占 1 位，指数占 3 位。数值按照规格化指数形式输出（小数点前必须有且只有 1 位非 0 数字）。例如：1.234567e+002（双精度）。

➢ %m.ne 和 %-m.ne，m 为总的宽度，n 为小数位数。

⑨“g”格式符。用来输出实数，它根据数值的大小，自动选 f 格式或 e 格式（选择输出时占宽度较小的一种），且不输出无意义的 0（小数末尾 0）。

【例 3.4】用 printf 输出各种数据。

```
#include <stdio.h>
int main()
{
```

```
    char c,s[20]="Hello,Comrade";
    int a=1234,i;
    float f=3.141592653589;
    double x=0.12345678987654321;
    i=12;
    c='\x41';
    printf("a=%d\n",a);             // 结果输出十进制整数 a=1234
    printf("a=%6d\n",a);            // 结果输出 6 位十进制数 a=  1234
    printf("a=%2d\n",a);            // a 超过 2 位,按实际值输出 a=1234
    printf("i=%4d\n",i);            // 输出 4 位十进制整数 i=  12
    printf("i=%-4d\n",i);           // 输出左对齐 4 位十进制整数 i=12
    printf("f=%f\n",f);             // 输出浮点数 f=3.141593
    printf("f=%6.4f\n",f);          // 输出 6 位,其中小数点后 4 位的浮点数 f=3.1416
    printf("x=%lf\n",x);            // 输出长浮点数 x=0.123457
    printf("x=%18.16lf\n",x);       /* 输出 18 位,其中小数点后 16 位的长浮点数
                                       x=0.1234567898765432 */
    printf("c=%c\n",c);             // 输出字符 c=A
    printf("c=%x\n",c);             // 输出字符的 ASCII 码值 c=41
    printf("s[]=%s\n",s);           // 输出数组字符串 s[]=Hello,Comrade
    printf("s[]=%6.9s\n",s);        // 输出最多 9 个字符的字符串 s[]=Hello,Com
    return 0;
}
```

对本程序的详细解释参见《C 语言程序设计实验与学习辅导》相应章节内容。上述程序输出的地址值在不同计算机上可能不同,下面是 Visual C++ 2010 编译输出结果:

```
C:\Windows\system32\cmd.exe
a=1234
a=  1234
a=1234
i=  12
i=12
f=3.141593
f=3.1416
x=0.123457
x=0.1234567898765432
c=A
c=41
s[]=Hello,Comrade
s[]=Hello,Com
请按任意键继续. . .
```

3.3.2 字符输入输出函数

除了格式输入输出函数外,C 函数库还提供了专门用于输入输出字符的函数。

1. 字符型数据输入函数——getchar()

getchar() 函数的一般形式为：

getchar();

功能：从终端（键盘）输入一个字符，以回车键确认。getchar() 函数没有参数，函数的返回值就是输入的字符。执行时，等待用户输入一个或多个字符并显示在屏幕上（回显），按回车键后读取一个字符，多余的字符由其后的 getchar() 函数读取。

【例 3.5】输入一个字符，显示该字符。

```
#include <stdio.h>
int main()
{
   char ch;
   printf("Input a character\n");
   ch=getchar();
   putchar(ch);
   return 0;
}
```

在运行时，首先在屏幕上会出现“Input a character”，此时可从键盘输入一个字符，比如字符“a”，然后按回车键，就会在屏幕上看到输出的字符“a”。

使用 getchar() 函数应注意几个问题：

① getchar() 函数只能接收单个字符，输入数字也按字符处理。输入多于一个字符时，只接收第一个字符。

② 使用本函数前必须包含头文件“stdio.h”。

③ 在 Visual C++ 2010 屏幕下运行含本函数的程序时，将进入 cmd 窗口，等待用户输入，输入完毕按回车键，将显示输出结果，并出现提示“Press any key to continue”，按任意键后，退出 cmd 窗口。

④ 程序最后两行可用下面两行的任意一行代替：

```
putchar(getchar());
printf("%c",getchar());
```

2. 字符型数据输出函数——putchar()

putchar() 函数的一般形式为：

putchar(字符型表达式);

功能：向终端（显示器）输出一个字符（可以是可显示的字符，也可以是控制字符或其他转义字符）。

例如：

“putchar('y');”输出小写字母 y。

“putchar('\n');”换行。对控制字符则执行控制功能，不在屏幕上显示。

“putchar('\101');”输出大写字母 A，“\101”是转义字符，代表 ASCII 码为 101（八进制数）的字符“A”。

“putchar(x);”输出字符变量 x 的值。

3.4 顺序结构程序举例

顺序结构是程序设计中最常见最基本的结构，就是按照语句出现的顺序，由上而下依次执行，不需要专门的语句来控制。顺序结构的程序流程图如图 3-2 所示，先执行程序段 A 后，继续执行相邻的程序段 B。程序段可以由一条或多条语句组成。

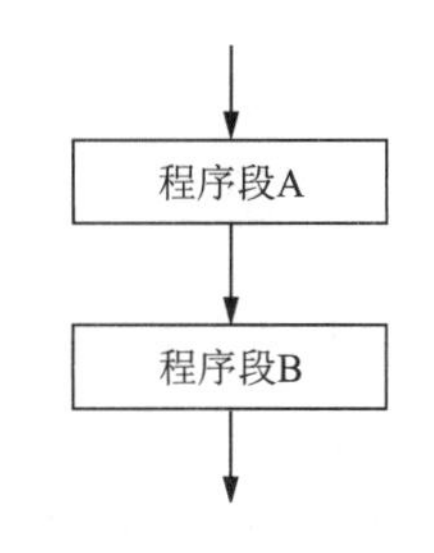

图 3-2　顺序结构程序流程图

我们日常生活中最常见的实际问题往往都可以归结为顺序结构。例如，在数学中，我们有大量的问题是：给定某公式，根据已知量来求未知量。下面来介绍几个顺序结构程序设计的例子。

【例 3.6】交换两个变量的值。

分析：定义 a、b 两个变量，但不可以简单地用“a=b;b=a;”两条赋值语句来实现。语句“a=b;”把变量 b 的值赋给变量 a，此时 a、b 的值相同且 a 原来的值已丢失。所以为了不丢失数据，在交换两个变量的时候要借助第 3 个变量 t 来实现，也就是给 a 赋值之前，先将其值保存到 t 中。

参考程序：

```
#include<stdio.h>
void main()
{
   int a,b,t;
   printf("enter a and b:");
   scanf("%d%d",&a,&b);
   printf(" 交换前 a=%d,b=%d\n",a,b);
   t=a;
   a=b;
   b=t;
   printf(" 交换后 a=%d,b=%d\n",a,b);
}
```

程序运行结果如下：

```
C:\Windows\system32\cmd.exe
enter a and b:20 18
交换前a=20,b=18
交换后a=18,b=20
请按任意键继续. . .
```

【注意】“t=a; a=b; b=t;”三条语句要注意先后顺序，如果顺序乱了，则得不到正确的结果。读者可以试一下。

【例 3.7】鸡兔同笼问题。

“鸡兔同笼”是我国古代的著名趣题之一。大约在 1500 年前，《孙子算经》中就记载了这个有趣的问题。书中是这样叙述的：“今有雉兔同笼，上有三十五头，下有九十四足，问雉兔各几何？”这四句话的意思是：有若干只鸡、兔同在一个笼子里，从上面数，有35个头；从下面数，有94只脚。求笼中鸡和兔各有几只？现有n个头和m个脚，要写一个程序计算到底有多少只鸡和兔。如何编程？

分析：设有鸡x只，兔y只。先根据题目给定的条件，列出二元一次方程组。

$$\begin{cases} x+y=n \\ 2*x+4*y=m \end{cases}$$

解得：x=(4*n-m)/2　y=n-x

参考程序：

```
#include<stdio.h>
void main()
{
   int n,m,x,y;
   printf("请输入头的数量和脚的数量 :");
   scanf("%d%d",&n,&m);
   x=(4*n-m)/2;
   y=n-x;
   printf("有鸡 %d 只,有兔 %d 只 \n",x,y);
}
```

程序运行结果如下：

```
C:\Windows\system32\cmd.exe
请输入头的数量和脚的数量:35 94
有鸡23只, 有兔12只
请按任意键继续. . .
```

习　题

1. 构成C语言程序的基本结构有哪几种？
2. 怎样区分表达式和表达式语句？C语言为什么要设表达式语句？
3. 已知“double a;”，使用scanf()函数输入一个数值给变量a，正确的函数调用是______。
   A. scanf("%ld",&a);　　B. scanf("%d",&a);
   C. scanf("%7.2f",&a);　　D. scanf("%lf",&a);
4. putchar()函数的功能是向终端输出______。
   A. 多个字符　　B. 一个字符
   C. 一个实型变量值　　D. 一个整型变量表达式
5. getchar()函数的功能是从终端输入______。
   A. 一个整型变量值　　B. 一个实型变量值
   C. 多个字符　　D. 一个字符

6. 已知“int a,b;”,用语句“scanf("%d%d",&a,&b);”输入 a、b 的值时,不能作为输入数据分隔符的是______。

A. ,　　B. 空格　　C. 回车　　D. Tab

7. 写出下面程序的运行结果。

```
#include <stdio.h>
int main()
{
    char ch1='N', ch2='E', ch3='W';
    putchar(ch1); putchar(ch2); putchar(ch3);
    putchar('\n');
    putchar(ch1); putchar('\n');
    putchar('E'); putchar('\n');
    putchar(ch3); putchar('\n');
    return 0;
}
```

8. 写出下面程序的运行结果。

```
#include <stdio.h>
int main()
{
    int a=15;
    float b=138.3576278;
    double c=35648256.3645687;
    char d='p';
    printf("a=%d,%5d,%o,%x\n",a,a,a,a);
    printf("b=%f,%lf,%5.4lf,%e\n",b,b,b,b);
    printf("c=%lf,%f,%8.4lf\n",c,c,c);
    printf("d=%c,%8c\n",d,d);
    printf("%s,%5.3s\n","COMPUTER","COMPUTER");
    return 0;
}
```

9. 下面程序中用 scanf() 函数输入数据,使 a=3,b=7,x=8.5,y=71.82,请写出键盘上的输入内容。

```
#include <stdio.h>
int main()
{
    int a,b;
    float x,y;
    scanf("a=%d,b=%d",&a,&b);
    scanf("%f %e",&x,&y);
    return 0;
}
```

10. 用下面的 scanf() 函数输入数据，使 a=10，b=20，c1='A'，c2='a'，x=1.5，y=-3.75，z=67.8，请问在键盘上如何输入数据？

```
scanf("%5d%5d%c%c%f%f%*f,%f",&a,&b,&c1,&c2,&x,&y,&z);
```

11. 已知圆柱体的底半径 r=1.5，高 h=2.0，求其表面积、体积。用 scanf() 函数输入数据，输出计算结果，取小数点后两位数字。

12. 输入任意三个整数，求它们的和及平均值。

13. 从键盘输入一个小写字母，要求用大写字母形式输出该字母及对应的 ASCII 码值，同时，输出其前一个和后一个大写字母及对应的 ASCII 码值。

14. 输入一个华氏温度，要求输出摄氏温度。公式为 c=5/9(F-32)。输出要有文字说明，取两位小数。

第 4 章　分支结构程序设计

在上一章中介绍了三种基本程序控制结构中的顺序结构，它是一种由上而下顺序执行各行语句的结构，特点是无须进行任何判断，程序的执行过程固定不变。然而在实际程序设计中，经常需要根据不同的条件执行不同的操作，或从给定的多种操作中选择其中一种来执行。这就需要使用另一种程序控制结构——分支结构。

本章学习目标

- ✧ 熟练掌握关系运算符和逻辑运算符的使用。
- ✧ 掌握 if 语句和 switch 语句的语法结构和使用方法。
- ✧ 熟练运用 if 语句和 switch 语句解决常见分支问题。

4.1　关系运算符和关系表达式

关系运算又称比较大小运算，其实就是日常生活中的比较运算。在关系运算中用到的运算符称为关系运算符。

4.1.1　关系运算符

C 语言中提供了以下 6 种关系运算符，见表 4-1。

表 4-1　关系运算符

关系运算符	说　明	优先级	功　能
<	小于	优先级相同（高）	左边运算量小于右边运算量为“真”，否则为“假”
<=	小于或等于		左边运算量小于或等于右边运算量为“真”，否则为“假”
>	大于		左边运算量大于右边运算量为“真”，否则为“假”
>=	大于或等于		左边运算量大于或等于右边运算量为“真”，否则为“假”
==	等于	优先级相同（低）	两侧运算量相等为“真”，否则为“假”
!=	不等于		两侧运算量不等为“真”，否则为“假”

【说明】

（1）关系运算符运算的结合顺序都是从左向右。

（2）与其他运算符的优先级关系：

关系运算符的优先级低于算术运算符，但高于赋值运算符。即：

算术运算符→关系运算符→赋值运算符

（3）C 语言中用“1”（或非 0）代表关系成立，即“真”；用“0”代表关系不成立，即“假”。

（4）特别注意，关系运算中表示相等关系的运算符是“==”而不是“=”（C 语言中此符号为赋值运算符），二者的含义完全不同。

4.1.2 关系表达式

用关系运算符将两个或两个以上的运算量连接起来的式子，称为关系表达式。这里的运算量可以是常量、变量、函数或表达式。

例如，a>b+c、x>3、a==b、(a>b)<(c>d) 都是合法的关系表达式。

关系表达式的值为逻辑值，即逻辑“真”和逻辑“假”。表示比较的结果时，用“1”代表逻辑“真”，“0”代表逻辑“假”。

例如，已知 x=1，y=2，z=3，则：

（1）表达式“x>=y”比较的结果为“假”，即表达式的值为 0。

（2）表达式“y<z==x”的值为“1”，因为“<”的优先级高于“==”，所以该表达式等价于“(y<z)==x”，先求得“y<z”的值为 1，再与“==”右边的 x 比较，值相同，最后结果为“真”（即 1）。

（3）关系表达式的值还可以参与其他种类的运算，如算术运算、逻辑运算等。例如，表达式“(x<y)+z”的值为 4，因为 x<y 的值为 1，1+3=4。

（4）若（3）中表达式改为“s=x<y+z”，则根据不同表达式间运算的优先顺序应先计算“y+z”的值为 5，然后再计算表达式“x<5”的值为真，所以最后得到 s=1（即先算术运算，再关系运算，最后赋值运算）。

当一个关系表达式中出现两个关系运算符时，要注意与数学表达式的区别。

例如，关系表达式“0<=x<=8”并不代表通常意义下的数学表达式“0≤x≤8”。因为根据关系运算符从左向右的结合性，先计算“0<=x”，其结果只能为 0 或 1，然后再计算 0 或 1 是否小于或等于 8，显然不论 x 取值如何，关系表达式的值均为 1。所以，不能用这种关系表达式来表示 x 的取值是否在 0 到 8 之间。那么要判断 x 的取值是否在 0 到 8 之间应该如何来表示呢？这里就需要用到接下来要学习的逻辑表达式。

4.2 逻辑运算符和逻辑表达式

在实际应用中，经常会遇到多个条件的复杂情况。例如，判定某一年是否为闰年的条件应符合以下二者之一：

（1）能被 4 整除，但不能被 100 整除；

（2）能被 400 整除。

要表达这样的条件，利用前面介绍的关系表达式就会很麻烦。因此，在 C 语言中，可以使用逻辑运算符和逻辑表达式来表达复杂的条件。

4.2.1 逻辑运算符

C 语言提供了三种逻辑运算符。

（1）&&：逻辑与（相当于 AND、与）

（2）||：逻辑或（相当于 OR、或）

（3）!：逻辑非（相当于 NOT、非）

其中，“&&”和“||”为双目运算符，“!”为单目运算符。

1. 逻辑运算规则

逻辑运算符连接逻辑量（0 为“假”和非 0 为“真”），运算的结果也是逻辑量，即 0（表示“假”）或 1（表示“真”）。因此，逻辑运算规则比较简单，见表 4-2。

表 4-2　逻辑运算规则

x	y	x&&y	x||y	!x	!y
0（假）	0（假）	0（假）	0（假）	1（真）	1（真）
0（假）	1（真）	0（假）	1（真）	1（真）	0（假）
1（真）	0（假）	0（假）	1（真）	0（假）	1（真）
1（真）	1（真）	1（真）	1（真）	0（假）	0（假）

由表 4-2 可知：

（1）&&：当且仅当两个运算量的值都为“真”时，运算结果为“真”，否则为“假”。

（2）||：当且仅当两个运算量的值都为“假”时，运算结果为“假”，否则为“真”。

（3）!：当运算量的值为“真”时，运算结果为“假”；当运算量的值为“假”时，运算结果为“真”。

例如，假定 x=5，则表达式“(x>=0) && (x<10)”的值为“真”，表达式“(x<−1) || (x>6)”的值为“假”。

2. 逻辑运算符的优先级和结合性

（1）逻辑非的优先级最高，逻辑与次之，逻辑或最低，即：!（非）→ &&（与）→ ||（或）。

（2）它们的结合顺序不同，“!”的结合顺序为从右向左，“&&”和“||”的结合顺序为从左向右。

3. 与其他运算符的优先关系

!→算术运算符→关系运算符→ && → || →赋值运算符→逗号运算符

4.2.2　逻辑表达式

用逻辑运算符将运算量连接起来的式子叫逻辑表达式。运算量可以是常量、变量或表达式，一般是关系表达式。例如，下面的表达式都是逻辑表达式：

(x>=0)&&(x<10)，(x<1)||(x>5)，!(x==0)

C 语言中，可用逻辑表达式表示多个条件的组合。例如：

(year%4==0)&&(year%100!=0)||(year%400==0)

就是判断一个年份是否是闰年的逻辑表达式。又如，若要判断变量 ch 是否是字母，可用下面的表达式表示：

ch>='A'&&ch<='Z'||ch>='a'&&ch<='z'

逻辑表达式的值是一个逻辑量“真”或“假”。C 语言编译系统在表示逻辑运算结果时，用数值 0 表示逻辑“假”，1 表示逻辑“真”。

但在判断一个量是否为“真”时，却是以 0 代表逻辑“假”；非 0 代表逻辑“真”。例如：

（1）若 x=5，则 !x 的值为 0。因为 x 的值 5 表示非 0，代表 1（逻辑“真”），对它进行“非”运算后，即“非 1”，所以结果为 0。

（2）若 x=10，则表达式“x>=1&&x<=31”的值为 1。因为当 x 取值 10 时，表达式“x>=1”和“x<=31”的值均为 1，此时该表达式相当于“1&&1”，所以最后结果为 1。

（3）若 x=4，y=5，则表达式“x||y>3”的值为 1。因为由给定的条件可知，该表达式相当于“1||1”，所以结果为 1。

【注意】

（1）逻辑运算符两侧的运算量，除了可以是 0 和非 0 的整数外，还可以是其他任何类型的数据，如实型、字符型等。系统最终按照 0 和非 0 来断定它们属于“真”或“假”。例如，表达式“'a'&&'b'”的值为 1。

（2）在计算逻辑表达式时，有一条特殊原则，我们称之为“短路原则”。所谓的“短路原则”是指在逻辑表达式的求解过程中，并不是所有的表达式都被执行，只是在必须执行下一个逻辑表达式才能求出整个表达式的解时，才执行该表达式。例如：

① 在计算形如

(表达式 1)&&(表达式 2)&&(表达式 3)&&……

的逻辑表达式时，先计算表达式 1，如果其值为逻辑“真”或非 0，就继续计算表达式 2；如果表达式 1 的值为逻辑“假”，就可以判定整个表达式的值为逻辑“假”，其后的表达式不再被计算，以此类推。如：下面一段程序要求输出变量 b 的值。

```
#include <stdio.h>
int main()
{
   int a=5,b=6,c=1,x=2,y=3,z=4;
   (a=c>x)&&(b=y>z);
   printf("%d",b);
   return 0;
}
```

程序的第 4 行是由逻辑表达式构成的语句，执行时，按照表达式从左向右的扫描过程，先计算表达式“a=c>x”的值为 0，根据短路原则，运算符“&&”后面的表达式将不被执行，所以变量 b 的值没有改变，仍为初始值 6，整个表达式的值为 0。

② 在计算形如

(表达式 1)||(表达式 2)||(表达式 3)||……

的逻辑表达式时，先计算表达式 1，如果其值为逻辑“假”或 0，则继续计算表达式 2；如果表达式 1 的值为逻辑“真”，则可以判定整个表达式的值为逻辑“真”，运算符“||”后面的表达式不再被计算，以此类推。

4.3 if 语句

在现实生活中，需要进行判断和选择的情况很多，比如：周末下雨，就待在家看书；不下雨，就去爬山，等等。遇到此类问题，就需要用到分支结构(也称为选择结构)。C 语言提供了两种选择语句：一是 if 语句，用来实现两个分支的选择结构；二是 switch 语句，用来实现多分支的选择结构。本节先来介绍 if 语句的使用 。

4.3.1　if 语句的一般形式

if 语句使用频繁，嵌套方式多种多样，但一般形式如下：

```
if(表达式)
   语句 1
[else
   语句 2]
```

例如：

```
if(x<0)
    y=-x;
else
    y=x;
```

又如：

```
if(max<x)
    max=x;
```

【说明】

(1) if 语句中的“表达式”，即选择的条件，两边的括号不能省略；方括号内的 else 子句部分为可选项，可以省略。

(2) 因为关系表达式和逻辑表达式的值是 0 和 1，而且在判断一个量是否为“真”时，以 0 代表“假”，以非 0 代表“真”。所以 if 语句中的表达式就可以是任何数值表达式。例如：

```
if(a!=0) 语句 1           // 表达式是关系表达式，如果 a 不等于 0，执行语句 1
if(a>0 && b>0) 语句 2     // 表达式是逻辑表达式，如果 a 和 b 都大于 0，执行语句 2
if(a) 语句 3              /* 表达式是变量，如果 a 不等于 0，则条件判断结果为“真”，
                             执行语句 3 */
if(3) 语句 4              // 表达式是非 0 整数，条件判断结果为“真”，执行语句 4
if(0) 语句 5              /* 表达式是整数 0，条件判断结果为“假”，不执行语句 5，接着
                             执行下一语句 */
if(a+3) 语句 6            /* 表达式是算术表达式，若 a+3 不等于 0 (即 a 不等于 -3)，
                             则条件判断结果为“真”，执行语句 6 */
```

(3) 语句 1 和语句 2 可以是一条简单的语句，也可以是一条复合语句，还可以是另一条 if 语句(形成 if 语句嵌套)。

另外，在书写、编排程序时，也要按照 if 语句的结构，将程序行写成“锯齿”状，即将内嵌语句(语句 1 和语句 2)往后错位 2 到 3 个空格，清晰地展示程序的结构，与注释一起，增强了程序的可读性。请读者留意本书中的程序书写格式，养成良好的程序设计习惯。

例如：

```
if(b*b-4*a*c>=0)                          // 判别式
    if(b*b-4*a*c==0)
        x1=x2=-b/(2*a);
else
  { x1=(-b+sqrt(b*b-4*a*c))/(2*a);        // 求根公式
```

```
        x2=(-b-sqrt(b*b-4*a*c))/(2*a);
    }
```

这是所谓的 if 语句嵌套结构。

(4) else 子句是 if 语句的一部分，必须与 if 配对使用，不能单独使用，但可以省略，形成单向选择的 if 语句。这是最简单，也是最常用的一种形式。

例如：y=x;

```
    if(x<0)  y=-x;
```

另外还要注意，if 语句中的内嵌语句都必须是完整的语句，表示语句结束的";"不能漏掉。

4.3.2 if 语句的执行过程

当执行 if 语句时，首先判断条件是不是成立，如果条件成立，则执行语句 1，否则执行语句 2，然后向下执行，如图 4-1 所示。

例如：找出 a、b 两个数中的最大数。

```
#include <stdio.h>
int main()
{
  int a,b;
  printf("a,b=");
  scanf("%d,%d",&a,&b);
  if(a>b)
    printf("max=%d\n",a);
  else
    printf("max=%d\n",b);
  return 0;
}
```

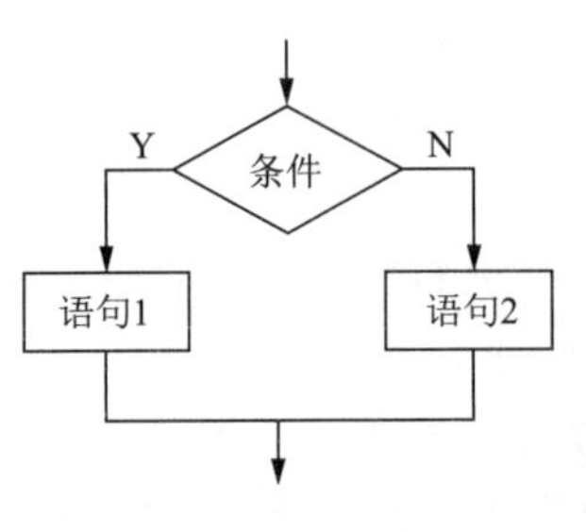

图 4-1　if 语句

程序中 if 语句执行时，如果条件(a>b)成立，则执行函数调用语句"printf("max=%d\n",a);"，否则执行"printf("max=%d\n",b);"。

如果没有 else 子句，当条件成立时，则执行语句 1，否则直接向下执行。其执行过程如图 4-2 所示。

例如：求 x 的绝对值 y。

```
#include <stdio.h>
int main()
{
  int x,y;
  printf("x=");
  scanf("%d",&x);
  y=x;
  if(x<0)
    y=-x;
```

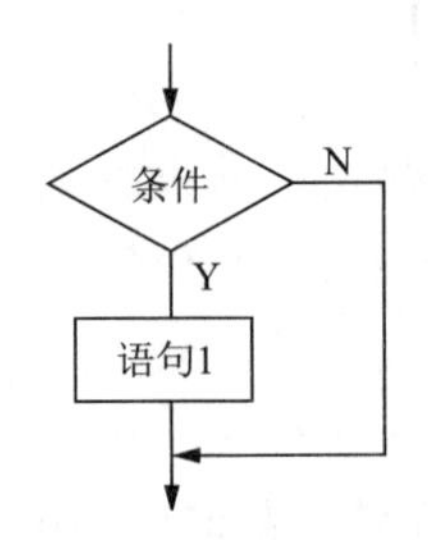

图 4-2　没有 else 子句的 if 语句

```
  printf("y=%d\n",y);
  return 0;
}
```

程序中“if(x<0) y=-x;”,执行时若条件(x<0)成立,则执行赋值语句“y=-x;”,否则不执行。

4.3.3 if 语句的使用

【例 4.1】随意输入两个整数 x、y,编写程序将较大的数存入 x,较小的数存入 y,并输出结果。

分析:先从键盘输入 x、y,然后比较变量 x 和 y 的值,若 x<y,将 x、y 中的数进行交换,否则不变,最后输出 x 和 y。这个程序中,两数交换的语句为核心语句,而编写这一语句关键要定义一个中间变量,如定义三个整数 x、y、t（中间变量),则实现 x 和 y 交换的语句为“{t=x; x=y; y=t;}”,也可以用“{ x=x+y; y=x-y; x=x-y;}”。

参考程序如下:

```
#include <stdio.h>
int main()
{
  int x,y,t;
  printf("Please input x,y:");
  scanf("%d,%d",&x,&y);
  if(x<y)                         // 如果 x 小于 y,则将 x 和 y 交换
  {
    t=x;
    x=y;
    y=t;
  }
  printf("The result is:%d,%d\n",x,y);
  return 0;
}
```

运行结果为:

```
    Please input x,y:3,5
    The result is:5,3
```

对于此程序的详细解析参见《C 语言程序设计实验与学习辅导》相应章节内容。

【例 4.2】输入一个整数,判别它是否能被 5 整除。若能被 5 整除,输出 Yes;否则,输出 No。

程序如下:

```
#include <stdio.h>
int main()
{
  int n;
  printf("Please input n:");
```

```
    scanf("%d",&n);
    if (n%5==0)                   // 判断 n 能否被 5 整除
        printf("n=%d  Yes\n",n);
    else
        printf("n=%d  No\n",n);
    return 0;
}
```

对于此程序的详细解析参见《C语言程序设计实验与学习辅导》相应章节内容。

【注意】前面我们讲过 if 语句中的条件可以是任意表达式，这里有两种容易产生混淆的情况要特别注意。

①“x=5”和“x==5”都是合法的表达式，前者是赋值表达式，后者是关系表达式。如果将“x=5”作为条件，由于该表达式的值为 5，因此，表达式的值恒为“真”；如果将“x==5”作为表达式，则只有当 x 等于 5 时，表达式的值才为“真”，否则为“假”。

② 在 C 程序设计中，还经常用逻辑表达式“!x”代替关系表达式“x==0”，用算术表达式“x”代替关系表达式“x!=0”等，使用时要特别注意。

【例 4.3】解一元二次方程 $ax^2+bx+c=0$。

分析：设 a、b、c 表示一元二次方程的系数，d 表示判别式的值，x1、x2 表示根，采用求根公式求解的方法。大致的算法如下：① 输入系数 a、b、c；② 求判别式 d 的值；③ 若 d>0，则求两个不相等的实数解并输出；④ 若 d=0，则求两个相等的实数解并输出；⑤ 若 d<0，则无实数解并输出无解的信息；⑥ 结束。

参考程序：

```
#include <stdio.h>
#include <math.h>
int main()
{
    float a,b,c,d,x1,x2;
    printf("a,b,c=");
    scanf("%f,%f,%f",&a,&b,&c);
    d=b*b-4*a*c;
    if(d>0)
    {
        x1=(-b+sqrt(d))/(2*a);
        x2=(-b-sqrt(d))/(2*a);
        printf("x1=%f,x2=%f\n",x1,x2);
    }
    if(d==0)
    {
        x1=x2=-b/(2*a);
        printf("x1=%f,x2=%f\n",x1,x2);
    }
```

```
    if(d<0)
      printf("No solution!\n");
    return 0;
}
```

对于此程序的详细解析参见《C 语言程序设计实验与学习辅导》相应章节内容。

解一元二次方程可采用多种编程方法，本程序采用了三个独立的 if 语句来设计程序，这虽然不是最好的，但容易理解。请读者考虑：若将“if(d<0)”部分改为“else”，语法结构是正确的，但结果会是怎样呢？

4.3.4 if 语句的嵌套

if 语句的嵌套是指在 if 语句中又包含一条或多条 if 语句。内嵌的 if 语句既可以嵌套在 if 子句中，也可以嵌套在 else 子句中，因而可以有不同形式的嵌套。

例如：if 子句中内嵌 if 语句形成的嵌套。

```
if()
    if()  语句 1
    else  语句 2
else
    语句 3
```

再如：esle 子句中内嵌 if 语句形成的嵌套。

```
if()
    语句 1
else
    if()  语句 2
    else  语句 3
```

也可以在 if 子句和 else 子句中同时内嵌 if 语句，等等。if 语句的嵌套结构主要用来解决多分支选择的问题。

另外，在 if 子句和 else 子句中也可以嵌套不含 else 子句的 if 语句。

例如：

```
if()
{
  if()
     语句 1
}
else
   语句 2
```

【**注意**】C 语言规定，if 和 else 不成对时，else 子句总是与其前面最近的不带 else 子句的 if 子句相结合，与书写格式无关，但书写格式可以清楚地表示出其成对关系。因此，该例中，若省略构成复合语句的“{}”，则 else 将与第二个 if 成对。

【例 4.4】求一个不多于 5 位数的整数的位数。

分析：x 表示该数，n 表示其位数，可按下列算法求解。

若 x>9999，则 n=5；

否则若 x>999，则 n=4；
否则若 x>99，则 n=3；
否则若 x>9，则 n=2；
否则 n=1；

参考程序：

```
#include <stdio.h>
int main()
{
   unsigned int x;
   int n;
   printf("x=");
   scanf("%d",&x);
   if(x>9999) n=5;
      else if(x>999) n=4;
           else if(x>99) n=3;
                else if(x>9) n=2;
                     else n=1;
   printf("n=%d\n",n);
   return 0;
}
```

对于此程序的详细解析参见《C 语言程序设计实验与学习辅导》相应章节内容。

【例 4.5】读入 x，当 x 介于 6 和 10 之间时，在屏幕上显示“有效数值”，否则显示“数值无效”。

程序如下：

```
#include <stdio.h>
int main()
{
   int x;
   printf("Input x:");
   scanf("%d",&x);
   if(x>=6&&x<=10)
      printf(" 有效数值 \n");
   else
      printf(" 数值无效 \n");
   return 0;
}
```

对于此程序的详细解析参见《C 语言程序设计实验与学习辅导》相应章节内容。

【例 4.6】输入 x、y 两个整数的值，比较大小并输出结果。

程序如下：

```
#include <stdio.h>
```

```
int main()
{
  int x,y;
  printf("Please input x,y:");
  scanf("%d%d",&x,&y);
  if(x>y)
    printf("x>y\n");
    else
    if(x<y)
      printf("x<y\n");
    else
      printf("x=y\n");
  return 0;
 }
```

运行结果为：

```
    Please input x,y: 4 5
    x<y
```

当执行以上程序时，首先从键盘输入两个数并存入变量 x、y 中，然后比较 x 和 y 的大小，即先执行第一个 if 语句，如果 x 大于 y，则输出“x>y”，否则执行第一个 else 后面的语句，即判断 x 是否小于等于 y，如果 x 小于 y，则输出“x<y”，否则为 x 等于 y 的情况，执行最后一个 else 语句，输出“x=y”。

对于此程序的详细解析参见《C 语言程序设计实验与学习辅导》相应章节内容。

【例 4.7】编写程序，根据输入的学生成绩，给出相应的等级。90 分以上的等级为 A，60 分以下的等级为 E，其余的每 10 分为一个等级。

程序如下：

```
#include <stdio.h>
int main()
{
  int g;
  printf("Input g:");
  scanf("%d",&g);
  if(g>=90)
    printf("A\n");
  else if(g>=80)
          printf("B\n");
      else if(g>=70)
              printf("C\n");
          else if(g>=60)
                  printf("D\n");
              else printf("E\n");
```

```
    return 0;
}
```

当执行以上程序时，首先从键盘输入学生成绩，然后执行 if 语句，if 语句中的表达式将根据输入的成绩进行判断，若能使某 if 语句后的表达式的值为“真”，则执行后面的输出语句，接着退出整个 if 结构。

例如，若输入的成绩为 85 分，则程序首先从第一个 if 语句开始检查，条件不满足，当执行第 2 个 if 语句时，表达式“g>=80”的值为“真”，所以执行后面的输出语句，屏幕上显示 B，而下面的语句都不再被执行，退出整个程序。

对于此程序的详细解析参见《C 语言程序设计实验与学习辅导》相应章节内容。

4.4 条件运算符和条件表达式

有一种 if 语句，不管要判断的表达式的值为“真”还是“假”，都会执行一个赋值语句且向同一个变量赋值。例如求 x、y 两个数中的较小数 min 的程序段如下：

```
if(x<y) min=x;
else   min=y;
```

也可以用如下条件表达式来代替：

```
min=x<y?x:y
```

这就是所谓的条件运算符构成的条件表达式，用它代替 if 语句实现双分支选择结构（如图 4-3 所示），可以使程序更简洁，同时也可以提高程序的运行效率。

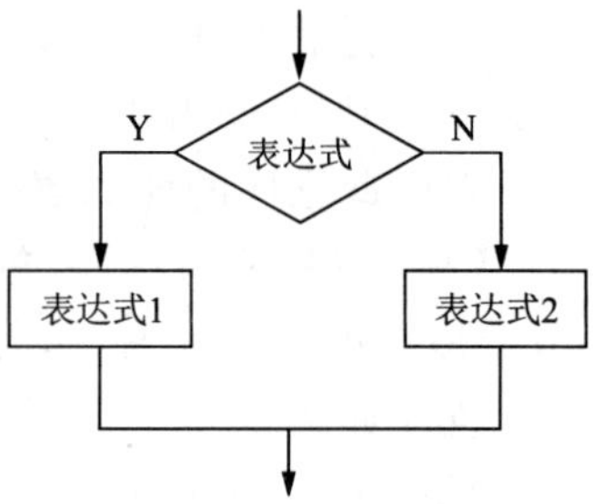

图 4-3　双分支选择结构

1. 条件运算符

（1）条件运算符是由“?”和“:”两个符号组成的，因此要求有三个运算量，是 C 语言中唯一一个三目运算符。

（2）条件运算符的优先级与结合性。

条件运算符的优先级高于赋值运算符，但低于逻辑、关系和算术运算符，其结合顺序是从右向左。

2. 条件表达式

（1）条件表达式的一般形式为：

　　表达式 1? 表达式 2: 表达式 3

（2）条件表达式的执行过程。

先计算表达式 1，如果表达式 1 的值为非 0（逻辑“真”），则计算表达式 2，并将它的值作为整个条件表达式的结果；如果表达式 1 的值为 0（逻辑“假”），则计算表达式 3，并将它的值作为整个条件表达式的结果。例如有如下语句：

```
x=(a>b)?a:b;
```

该语句中既有条件运算符又有赋值运算符，根据优先级顺序先计算条件表达式“(a>b)?a:b”的值，然后再把结果赋给变量 x。而执行该条件表达式的过程为：先计算表达式“a>b”的值，若为真，则把 a 的值赋给 x，否则把 b 的值赋给 x。

（3）条件表达式的使用规则。

①“?”和“:”共同组成了条件运算符，不能分开单独使用。

② 条件表达式也有嵌套的情况，即条件表达式中又包含了条件表达式，例如“a>b?a:c>d?c:d”，此时应按照条件表达式从右向左的结合顺序进行求值，该表达式等价于“a>b?a:(c>d?c:d)”，应先计算最右边的条件表达式，然后依次向左。

③ 在条件表达式中，表达式 1 的类型可以与表达式 2 和表达式 3 的类型不同；表达式 2 和表达式 3 的类型也可以不同，此时表达式的类型取二者中较高的类型。例如，若 a 为 int 型，b 为 float 型，则对于表达式“c>5?a:b”，无论 c 如何取值，表达式的类型都为 float 型。

④ 并不是所有的 if 语句都能用条件表达式取代。通常在满足下面两个条件的情况下才可以：一是无论条件“真”或“假”，执行的都只有一条简单语句；二是这条语句是给同一个变量赋值的语句。例如，if 语句：

```
if(x>y) z=x;
else  z=y;
```

满足上面两种情况，所以可以用条件表达式“z=(x>y)?x:y”来代替。

当然，条件表达式也可以用另一种形式改写 if 语句，实例如下。

【例 4.8】用 if 语句实现：比较两个数的大小，并将较大者输出。

```
#include <stdio.h>
int main()
{
  int x,y;
  printf("Please input two numbers:");
  scanf("%d,%d",&x,&y);
  if(x>y)
    printf("%d\n",x);
  else
    printf("%d\n",y);
  return 0;
}
```

对于此程序的详细解析参见《C 语言程序设计实验与学习辅导》相应章节内容。

【例 4.9】用条件表达式改写上例。

```
#include <stdio.h>
int main()
{
  int x,y;
  printf("Please input two numbers:");
  scanf("%d,%d",&x,&y);
  printf("%d\n",(x>y)?x:y);
  return 0;
}
```

对于此程序的详细解析参见《C 语言程序设计实验与学习辅导》相应章节内容。

通过以上例子可以看出，使用了条件表达式的程序更为简洁、灵活。

4.5 switch 语句

前面介绍的 if 语句只有两个分支可供选择，而实际问题中常常遇到多个分支选择的情况（如前面例 4.7 的成绩分级），就要用“if…else if…else…”的多重 if 嵌套来实现。当分支较多时，设计出来的程序会变得复杂冗长，并且很容易产生 if 与 else 不匹配的问题，因此，C 语言提供了 switch 语句专门处理多分支的选择，使程序变得简洁易懂，提高了可读性。

switch 语句的一般形式为：

```
switch(表达式)
{
  case 常量表达式 1: 语句 1
  case 常量表达式 2: 语句 2
  ……
  case 常量表达式 n: 语句 n
  default: 语句 n+1
}
```

【说明】

（1）switch 是 C 语言中的关键字，其后面花括号里括起来的部分称为 switch 语句体，该花括号不能省略。

（2）switch 后面的表达式可以是整型、字符型或后面要学习的枚举型表达式等，表达式两边的括号不能省略。

（3）case 也是 C 语言中的关键字，与其后面的常量表达式合称为 case 语句标号。常量表达式的值在运行前必须是确定的，不能改变，因此不能是包含变量的表达式，而且其数据类型必须与 switch 后面的表达式的类型一致。

（4）case 和常量表达式之间一定要有空格，如“case 5:”不能写成“case5:”；常量表达式后面的“:”不能省略。

（5）每个 case 后面常量表达式的值必须各不相同，否则会出现相互矛盾的现象（即对表达式的同一值，有两种或两种以上的执行方案）。

（6）case 语句标号后面可以是一条语句，也可以是多条语句，此处多条语句外面可以不加花括号。

（7）case 后面的常量表达式仅起语句标号作用，并不进行条件判断。系统一旦找到入口标号，就从此标号开始执行，不再进行标号判断，所以必要时加上 break 语句，以便结束 switch 语句。

【例 4.10】用 switch 语句改写例 4.7。

```
#include <stdio.h>
int main()
{
   int g;
   printf("Input g:");
```

```
    scanf("%d",&g);
    switch(g/10)
    {
      case 10:
      case 9: printf("A\n");
      case 8: printf("B\n");
      case 7: printf("C\n");
      case 6: printf("D\n");
      default: printf("E\n")；
    }
    return 0;
}
```

当运行以上程序，输入学生成绩 85 分后，首先计算 switch 后括号中表达式的值，即 85/10，值为 8；然后寻找与 8 相对应的 case 语句，输出“B”，接下来继续执行以下各语句。运行情况如下：

```
Input g:85
B
C
D
E
```

由此看出在执行完第 3 个 case 分支后，又依次执行了下面所有的语句，显然，这不符合程序原意。为了改变这种多余输出的情况，switch 语句通常都与 break 语句联合使用。使用时，在 case 语句的最后加上 break 语句，这样，每当执行到 break 语句时，将立即跳出 switch 语句体。

对于此程序的详细解析参见《C 语言程序设计实验与学习辅导》相应章节内容。

【例 4.11】用 break 语句修改上面的程序。

```
#include <stdio.h>
int main()
{
    int g;
    printf("Input g:");
    scanf("%d",&g);
    switch(g/10)
    {
      case 10:
      case 9: printf("A\n");  break;
      case 8: printf("B\n");  break;
      case 7: printf("C\n");  break;
      case 6: printf("D\n");  break;
      default: printf("E\n");
    }
```

```
    return 0;
}
```

运行情况如下：

```
Input g:85
B
```

对于此程序的详细解析参见《C 语言程序设计实验与学习辅导》相应章节内容。

（8）default 也是 C 语言中的关键字，在 switch 结构中可以有也可以省略。表示当前面的 case 语句的条件都不满足时所要进行的操作，default 可以出现在语句体中的任何标号位置上。

（9）多个 case 语句可以共用一组执行语句。如：

```
case 10:
case 9:printf("A\n");  break;
```

表示表达式的值为 10 和 9 时，都执行“printf("A\n"); break;”这部分语句。

习 题

1. 分支结构分哪几种？有哪几种方法可实现多重选择？
2. 若“int a=3,b=2,c=1,f;”，表达式“f=a>b>c”的值是______。
3. C 语言的 if 语句嵌套时，if 与 else 的配对关系是______。
   A. 每个 else 总是与它上面的最近的没有 else 的 if 配对
   B. 每个 else 总是与最外层的 if 配对
   C. 每个 else 与 if 的配对是任意的
   D. 每个 else 总是与它上面的 if 配对
4. 以下关于运算符优先顺序的描述中正确的是______。
   A. 关系运算符 < 算术运算符 < 赋值运算符 < 逻辑运算符
   B. 逻辑运算符 < 关系运算符 < 算术运算符 < 赋值运算符
   C. 赋值运算符 < 逻辑运算符 < 关系运算符 < 算术运算符
   D. 算术运算符 < 关系运算符 < 赋值运算符 < 逻辑运算符
5. 以下程序的运行结果是______。

```
#include <stdio.h>
int main()
{
  int n='c';
  switch(n++)
  {
    default: printf("error"); break;
    case 'a':
    case 'b':printf("good"); break;
    case 'c':printf("pass");
    case 'd': printf("warn");
  }
```

```
    return 0;
}
```

A. pass　　B. warn　　C. pass warn　　D. error

6. 以下关于 switch 语句和 break 语句的描述中，正确的是______。

A. 在 switch 语句中必须使用 break 语句

B. 在 switch 语句中，可以根据需要使用或不使用 break 语句

C. break 语句只能用于 switch 语句中

D. break 语句是 switch 语句的一部分

7. 写出下面各逻辑表达式的值。设 x=1，y=2，z=3。

（1）x+y>z&&y==z

（2）x||y+z&&y-z

（3）!(x>y)&&!z||1

（4）!(m=x)&&(n=y)&&0

8. 从键盘输入一个正整数 X：若 X 为奇数，输出 X*2 的值；若 X 为偶数，输出 X/2 的值。

9. 已知银行整存整取存款不同期限的月利率分别为：

$$月利率=\begin{cases}0.75\% & 期限一年\\ 0.78\% & 期限二年\\ 0.81\% & 期限三年\\ 0.89\% & 期限五年\\ 0.95\% & 期限八年\end{cases}$$

要求输入存款的本金和期限，求到期时能从银行得到的利息与本金的和。

10. 编制程序，要求输入整数 a 和 b，若 $a^2+b^2>100$，则输出 a^2+b^2 百位以上的数字，否则输出两数之和。

11. 已知 x 在 1 到 5 之间，编写一程序，输入一个 x，并按如下函数计算 y 值。

$$y=\begin{cases}x+3 & (1<=x<2)\\ 2\sin x-1 & (2<=x<3)\\ 5\cos x-3 & (3<=x<5)\end{cases}$$

12. 设计多分支选择结构程序，输入一个考试得分 F：若 F 大于或等于 90 分，显示“优秀”；若 F 大于或等于 80 分，显示“良好”；若 F 大于或等于 70 分，显示“中等”；若 F 大于或等于 60 分，显示“及格”；若 F 小于 60 分，显示“补考”。

13. 已知某公司员工的保底薪水为 800 元，某月所接工程的利润 profit（整数）与利润提成的关系如下（计量单位：元）：

profit<1 000	没有提成；
1 000≤profit<2 000	提成 15%；
2 000≤profit<5 000	提成 20%；
5 000≤profit<10 000	提成 25%；
10 000≤profit	提成 30%。

要求输入某月的利润，求公司员工这个月的薪水。

14. 输入年份和月份，求该月有多少天。

15. 输入三角形三条边的长度，判断它们能否构成三角形，若能则指出是何种三角形（等边、等腰、直角、一般）；若不能构成三角形，则输出相应的信息。

第5章 循环结构程序设计

在前面章节中介绍了顺序结构和分支结构的程序设计，通过顺序结构和分支结构能解决实际中的大多数问题。然而在实际程序设计时，经常需要重复处理相同的操作，例如打印50个“*”，如果利用之前的程序设计需要50条输出语句，代码冗余且效率低下，这时就要使用另一种程序控制结构——循环结构。循环结构的特点是根据所给定的条件是否成立，决定程序是否重复执行某些代码。

本章学习目标

✧ 掌握while、do-while和for三种循环的语法格式和执行流程。

✧ 熟练运用三种循环语句解决实际问题。

5.1 循环的概念

在程序设计中经常会遇到许多需要重复操作的问题，例如累加（重复加一个数的操作）、阶乘（重复乘一个数的操作）、找出一组数中的素数（重复判断一个数是否是素数的操作）等，诸如此类问题可以采用循环结构来设计程序。所谓循环结构，是根据给定条件重复某一操作的程序结构。它是结构化程序设计的三大结构之一，是设计复杂程序的最重要的基本构造单元。很多程序中都要用到循环结构，因此，要求熟练掌握循环的概念和循环结构的程序设计方法。C语言中提供了while语句、do-while语句和for语句来实现循环结构。

5.2 while循环

while循环，也称为“当型循环”，是指当循环条件成立时就执行一次循环体的程序结构，这种循环结构可以用while语句来实现。

5.2.1 while语句的一般形式

```
while(条件)
      语句
```

例如：
```
n=1;s=0;
while(n<=100)
{
```

```
        s=s+n;
        n=n+1;
    }
```

再如：n=10;g=1;

```
    while(n>0)
        g=g*n--;
```

【说明】

（1）while 语句中的“条件”一般是关系表达式或逻辑表达式，也可以是一般表达式。表达式的值非 0 为“真”，表示条件成立；0 为“假”，表示条件不成立。

如：s=0;

```
    n=100;
    while(n) s=s+n--;
```

在循环执行过程中，n 的值每次减 1，当 n 的值为 0 时，while(n) 中条件不成立，结束循环。

（2）while 语句中的“语句”就是多次重复执行的循环体，它可以是一条简单语句，也可以是一条复合语句，特殊情况下也可以是一条空语句。

注意下列两个程序段的区别：

程序段 1：

```
while(n<=100)
{
  s=s+n;
  n=n+1;
}
```

程序段 2：

```
while(n<=100)
  s=s+n;
  n=n+1;
```

程序段 1 的循环体是复合语句，程序段 2 的循环体是赋值语句“s=s+n;”，而“n=n+1;”不是循环体的内容，与书写格式无关。

另外，还要特别注意“while(条件)”后加分号的问题，请看下面两个程序段：

程序段 1：while(++n<=100) s=s+n;

程序段 2：while(++n<=100); s=s+n;

这两个程序段是不同的，程序段 1 的循环体是“s=s+n;”，而程序段 2 的循环体是空语句。

5.2.2　while 语句的功能

while 语句的执行过程如图 5-1 所示，执行 while 语句时，首先判断条件是否成立，若成立（或表达式的值为非 0），则执行一次语句（即循环体），然后返回继续判断条件是否成立；若条件不成立（或表达式的值为 0），则跳过循环

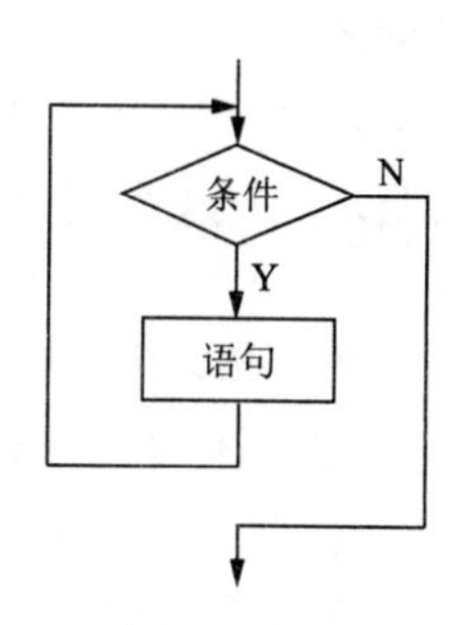

图 5-1　while 语句的执行过程

体，向下执行。也就是当条件成立时就执行一次循环体，所以称为“当型循环语句”。

【例 5.1】假如 1980 年我国人口是 1 032 400 000 人，按 11‰ 的人口自然增长率，编程计算到哪年我国人口达到 16 亿。

分析：设变量 n 表示年份，变量 p 表示当年人口数，对于 1980 年来说，n=1980，p=1.0324e+09，没有达到 16 亿，按 11‰ 的人口自然增长率推算下一年的人口，n=n+1 时，p=p*(1+11‰)，再判断有没有达到 16 亿，若达到 16 亿（即 p>1.6e+09），则 n 就是人口达到 16 亿的年份，否则再推算下一年的人口，依次往复，直到人口达到 16 亿为止。

传统流程图：如图 5–2 所示。

参考程序：

```
#include <stdio.h>
int main()
{
  int n;
  float p;
  n=1980;
  p=1.0324e+09;
  while(p<1.6e+09)
  { n=n+1;
    p=p*(1+0.011);
  }
  printf("n=%d,p=%e\n",n,p);
  return 0;
}
```

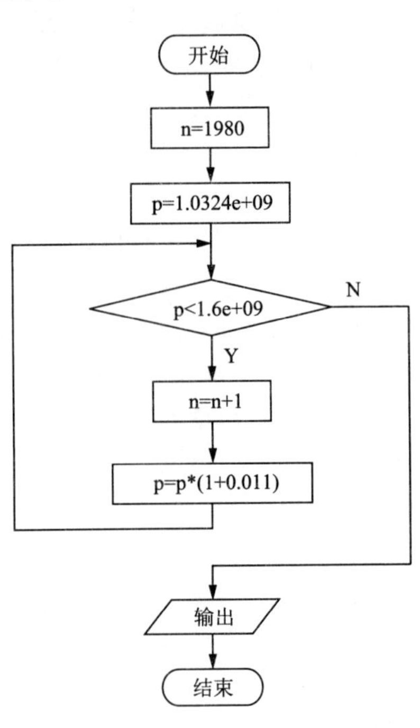

图 5–2　例 5.1 的程序传统流程图

5.2.3　while 语句的使用

while 语句是 C 语言中常用的简单实用的循环语句，使用频率较高，所以要熟练掌握其用法。

使用 while 语句需要注意以下几点：

（1）while 语句的特点是首先判断条件是否成立，然后决定是否执行循环体，也就是所说的“先判断，后执行”。

（2）正常的 while 语句第一次执行时条件成立，在循环执行的过程中逐步改变条件，使条件趋向不成立，最后达到不成立，脱离循环，所以循环中一定要有改变条件的内容。

（3）若第一次执行时条件就不成立，则循环一次也不执行；若条件永远成立，则会形成“死循环”。这都是不正常的 while 语句，编程时应避免使用，否则将给程序调试带来麻烦。

（4）循环体不只包含一条语句时，一定要形成复合语句，否则，只将 while 后的第一条语句当作循环体，有时语法没有错误，但算法肯定有错误。

（5）要特别注意 while 后是否误加了分号，若不小心加上分号，语法上并没有错误，仅将空语句作为循环体。

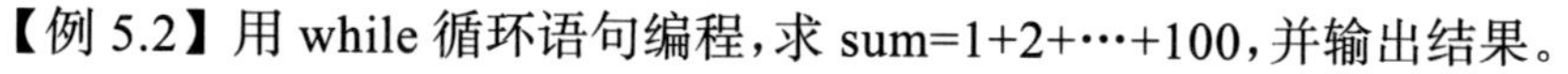

【例 5.2】用 while 循环语句编程，求 sum=1+2+…+100，并输出结果。

分析：用 sum 表示和，其初值为 0，即 sum=0，用变量 i 表示 1，2，…，100，则求和用"sum=sum+i"累加器。

参考程序 1：

```
#include <stdio.h>
int main()
{
  int sum=0,i;              // 定义变量并赋初值
  i=1;
  while(i<=100)             // 当 i 小于或等于 100 时执行循环体
  {
    sum=sum+i;              // 累加求和
    i=i+1;                  // 修改循环变量
  }
  printf("sum=%d\n",sum);
  return 0;
}
```

这是一个比较经典的求数值累加和的问题，要注意变量的初值。变量 sum 用于存放累加和，赋初值为 0；变量 i 用于存放递增的数值，赋初值为 1。故循环体中 sum 首先存放的是"0+1"的结果，然后 i=i+1 变为 2，再把 sum 的值加 2 放在 sum 中，以此类推，最后 sum 的值就是从 1 加到 100 的和。

该程序的设计可以有多种，如可以将"sum=sum+i;"改为"sum+=i;"，也可以将"i=i+1;"改为"i+=1;"或"i++;"。while 循环语句的使用也有多种形式，如下面的程序。

参考程序 2：

```
#include <stdio.h>
int main()
{
  int sum=0,i;              // 定义变量并赋初值
  i=100;                    // 循环变量初值为 100，从大到小变化
  while(i>0)
  {
    sum+=i;
    i-=1;
  }
  printf("sum=%d\n",sum);
  return 0;
}
```

参考程序 3：

```
#include <stdio.h>
int main()
```

```
{
  int sum=0,i=100;
  while(i)  sum+=i--;              //i 非 0 时，将 i 值累加到 sum，i 再增 1
  printf("sum=%d\n",sum);
  return 0;
}
```

请读者仔细分析 while 语句中的条件和循环体变化情况。

根据本例程序，读者思考下列问题怎样编程：

（1）求 s=1+3+5+…+99。

（2）求 s=2+4+6+…+100。

（3）求 s=1*2*3*…*n，即 n!。

这类问题的程序结构基本是相似的，不同的是循环控制变量的初值和增量，可以举一反三。

【例 5.3】判断一个数是否是素数。

分析：判断一个数 n 是否为素数的方法是“除去 1 和本身外，是否还有能被它整除的数，也就是说判断在 2，3，…，n-1 中有没有能被 n 整除的数”，用变量 a 表示整除数的个数，若 a 的值为 0，则 n 为素数，否则不是。

参考程序：

```
#include <stdio.h>
int main()
{
  int n,i,a=0;
  printf("n=");
  scanf("%d",&n);            //输入 n 的值
  i=2;                       //i 初值为 2
  while(i<=n-1)              //i 满足小于等于 n-1 则进入循环
  {
    if(n%i==0)               //如果 n 能整除 i
      a=a+1;                 //计数值 a 增 1
    i=i+1;                   //循环变量增 1
  }
  if(a)  printf("not\n");    //如果 a 不等于 0，则不是素数
  else  printf("yes\n");     //否则 a 等于 0，说明没有被 n 除尽的数，n 是素数
  return 0;
}
```

【例 5.4】求 s=1!+2!+3!+…+m!

分析：用 s 表示阶乘和，g 表示 n!，n 取值 1，2，…，m。初值 s=0，g=1，n=1，重复计算 g=g*n，s=s+g，n=n+1，直到 n 超过 m。

参考程序 1：

```
#include <stdio.h>
```

```
int main()
{
   int n,m;
   float g=1,s=0;              // 累加和变量 s 初值为 0, 累乘积变量 g 初值为 1
   printf("m=");
   scanf("%d",&m);             // 输入 m 的值
   n=1;                        // 循环变量 n 初值为 1
   while(n<=m)                 // 如果 n 小于等于 m,则进入循环体
   {
      g=g*n;                   // 将 n 的值累乘到 g,则 g 的值为 n!
      s=s+g;                   // 将 n! 的值进行累加求和
      n=n+1;                   // 循环变量增 1
   }
   printf("s=%f\n",s);
   return 0;
}
```

参考程序 2:

```
#include <stdio.h>
int main()
{
   int n=1,m;
   float g=1,s=0;
   printf("m=");
   scanf("%d",&m);
   while(n<=m)
      s+=g*=n++;
   printf("s=%f\n",s);
   return 0;
}
```

请读者仔细分析表达式“s+=g*=n++”的含义。

5.3 do-while 循环

5.3.1 do-while 语句的一般形式

```
do
{
   语句
}while(条件);
```

【说明】

（1）do 是 C 语言的关键字，在此结构中必须和 while 联合使用。

（2）do–while 结构的循环由 do 关键字开始，以 while 关键字结束；在 while 结束后必须有分号，它表示该语句的结束，其他语句成分与 while 语句相同。

5.3.2 do–while 语句的功能

先执行一次语句（循环体），然后判断条件是否成立，若条件成立（表达式的值为非 0），则返回重新执行循环体，如此反复，直到条件不成立（表达式的值为 0）为止，循环结束，执行下面的语句。其特点是“先执行，后判断”。其执行过程如图 5–3 所示。

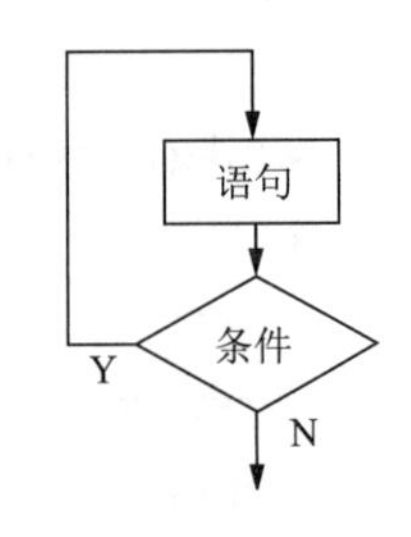

图 5–3　do–while 语句的执行过程

【例 5.5】用 do–while 语句编程求 n!。

分析：用变量 s 表示 n!，初值 s=1，变量 i 取值 1，2，…，n。初值 i=1，反复计算 s=s*i，i=i+1，直到 i 的值超过 n 为止。

参考程序 1：

```
#include <stdio.h>
int main()
{
   int i,n;
   float s=1;
   printf("n=");
   scanf("%d",&n);
   i=1;
   do
   {
      s=s*i;
      i=i+1;
   }while(i<=n);                  // 此处的分号不可省略
   printf("s=%f\n",s);
   return 0;
}
```

参考程序 2：

```
#include <stdio.h>
int main()
{
   int i,n;
   float s=1;
   printf("n=");
   scanf("%d",&n);
   i=1;
   do
```

```
    s*=i++;
  while(i<=n);
  printf("s=%f\n",s);
  return 0;
}
```

由此可见，当循环体只有一条语句时，大括号可以省略，但一般不要省略。

参考程序 3：

```
#include <stdio.h>
int main()
{
  int n;
  float s=1;
  printf("n=");
  scanf("%d",&n);
  do
    s*=n--;
  while(n);
  printf("s=%f\n",s);
  return 0;
}
```

程序非常精简，请读者仔细分析循环的条件。

5.3.3 do-while 语句的使用

do-while 语句在使用上与 while 语句十分相似，二者的区别在于 while 语句是先判断后执行，而 do-while 语句是先执行后判断。一般情况下，对同一个问题的处理，二者得到的结果是一样的，可以互相转换。但如果给出的条件表达式的值一开始就为“假”，则得到的结果就不一定相同，因为此时对于 while 语句来说，它的循环体语句一次也不执行，而 do-while 语句至少会执行一次。

注意下面两段程序的不同：

①

```
int main()
{
  int a=-1;
  while(!a)
    a=a*a;
  printf("a=%d",a);
  return 0;
}
```

输出结果为：a=-1

②

```
int main()
{
  int a=-1;
  do
    a=a*a;
  while(!a);
  printf("a=%d",a);
  return 0;
}
```

输出结果为：a=1

比较上面两段程序：二者的变量初值相同，循环体相同，表达式也相同，但结果却不同。

因为程序①是先判断表达式(!a)的值为“假”,所以循环体一次也没执行就退出了循环,变量 a 的值仍然是初值 -1;而程序②是先执行了循环体语句(即 a=a*a),得到结果为 1,然后再判断表达式的值为“假”,退出循环体,但此时变量 a 已变为 1,所以最后结果为 1。

由此可以看出,do-while 语句比较适用于处理不论条件是否成立,都先执行 1 次循环体语句组的情况。

5.4 for 循环

for 语句是使用最为灵活的循环语句,可以实现循环次数明确的循环结构,也可以实现 while 和 do-while 语句能实现的循环。

5.4.1 for 语句的一般形式

```
for(表达式 1; 表达式 2; 表达式 3)
  语句
```

例如:
```
for(i=1;i<=100;i++)
    s=s+i;
```

【说明】

(1) for 是 C 语言中的关键字,三个表达式之间必须用“;”隔开。

(2) 三个表达式可以是任意形式的、合法的 C 语言表达式,其中表达式 1 常用于循环变量初始化;表达式 2 是循环的条件;表达式 3 常用于循环变量的调整。

(3)“语句”就是循环体,可以是一条简单语句,也可以是一条复合语句,与 while、do-while 循环语句相同。

如:
```
for(i=1;i<=100;i++)
    s=s+i;
```

再如:
```
scanf("%d",&x);
for(i=1;x!=0;i++)
{
  sum=sum+x;
  scanf("%d",&x);
}
p=sum/(i-1);
```

5.4.2 for 语句的功能及执行过程

(1) 计算表达式 1。

(2) 计算表达式 2 并判断。若值为非 0(“真”),执行步骤(3);否则执行步骤(5)。

(3) 执行一次语句(循环体)。

(4) 计算表达式 3,然后转向步骤(2)。

(5) 结束循环,执行 for 语句下面的语句。for 语句的执行过程如图 5-4 所示。

【例 5.6】用 for 语句编写程序，求 n!。

分析：用 s 表示 n!，变量 i 取值 1，2，…，n，初值 s=1，i=1，重复计算 s=s*i（累乘器），i=i+1，直到 i 的值超过 n 为止。

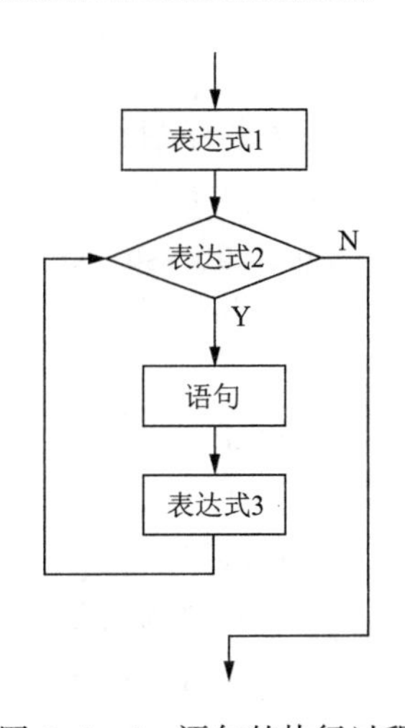

图 5-4　for 语句的执行过程

参考程序 1：

```
#include <stdio.h>
int main()
{
  int i,n;
  float s=1;
  printf("n=");
  scanf("%d",&n);
  for(i=1;i<=n;i++)              // 循环 n 次
    s=s*i;                       // 实现累积
  printf("s=%g\n",s);
  return 0;
}
```

通过例 5.5 和例 5.6 可以看出，对于同一个问题可以用不同的循环语句来编写，它们之间可以相互转换，只是在很多问题的处理上，用 for 语句更加简洁、灵活。我们以这个问题为例，再看一下 for 语句和 while 语句在写法上的差别。

在用 for 语句描述时是这样的：

```
for(i=1;i<=n;i++)
   s=s*i;
```

而用 while 语句则是：

```
i=1;
while(i<=n)
{
  s=s*i;
  i=i+1;
}
```

参考程序 2：

```
#include <stdio.h>
int main()
{
   int i,n;
   float s;
   printf("n=");
   scanf("%d",&n);
   for(s=1,i=1;i<=n;s*=i++);
   printf("s=%g\n",s);
   return 0;
```

```
}
```

请读者仔细分析“for(s=1,i=1;i<=n;s*=i++);”。

参考程序 3：

```
#include <stdio.h>
int main()
{
    int n;
    float s;
    printf("n=");
    scanf("%d",&n);
    for(s=1;n;s*=n--);
    printf("s=%g\n",s);
    return 0;
}
```

此程序关键是改变了循环的条件，请读者仔细分析“for(s=1;n;s*=n--);”。

【例 5.7】编写程序计算 1 到 50 中是 7 的倍数的数值之和。

设计思想：此题类似于前面介绍的求 1 到 100 累加和的例子，sum 用于存放累加的结果，i 为循环变量，它的变化范围是从 1 到 50。但注意 sum 中存放的不是从 1 到 50 的累加和，而是 7 的倍数的数值的累加和。本题的循环体用了一个 if 语句，即当变量 i 满足“i<=50”这个循环条件时，执行循环体，在循环体中先判断 i 是否满足是“7 的倍数”这个条件，只有满足了才执行“sum+=i”这条语句，否则不执行，直接进行下一次加 1 操作，以此类推。

参考程序：

```
#include <stdio.h>
int main()
{
    int i,sum=0;
    for(i=1;i<=50;i++)
    {
      if(i%7==0)
      {
         printf("%d\t",i);
         sum+=i;                    // 将是 7 的倍数的数值累加起来
      }
    }
    printf("\n%d\n",sum);
    return 0;
}
```

5.4.3 for 语句的使用

（1）for 语句执行的特点是“先判断，后执行”，这一点与 while 语句相似。

（2）循环体如果包含多条语句，要用花括号括起来。

（3）循环体可以是空语句，但语句后的分号不能省略。如：

for(i=1;i<=100;i++);

这种情况下，三个表达式正常执行，只是循环体什么也不做，当i加到100时，循环自动终止。这种循环通常是为了实现一个时间延迟。

（4）for语句中的三个表达式可以部分或全部省略，但是表达式后面的分号不可省略。下面分不同情况依次讨论。

① 省略“表达式1”，此时应在for语句之前完成赋初值工作。其对应的语句形式等同于：

```
表达式1;
for(; 表达式2; 表达式3)
    循环体
```

这样在执行for语句时就跳过表达式1的计算，直接进行条件表达式的判断。

如例5.5参考程序1中相应的语句可以改为：

```
i=1;
for(;i<=n;i++)
    s=s*i;
```

② 省略表达式2，相当于“无条件”，即认为表达式2的值恒为“真”，因此这种情况下必须使用其他方法（如break语句等）来结束循环；否则，循环将一直进行下去，即形成“死循环”。其形式等同于：

```
for(表达式1; ; 表达式3)
    循环体
```

③ 省略表达式3，由于表达式3通常用于对循环条件的修改，使循环能够正常结束，若将其省略，需在合适的位置（循环体中）添加相应语句以完成相同的功能。如例5.5参考程序1中相应的语句可以改为：

```
for(i=1;i<=n;)
{
   s=s*i;
   i++;
}
```

实际上，表达式3是循环执行的一部分内容。

④ 三个表达式全部省略，是for语句的一种特别形式：

```
for( ; ; )
    循环体
```

此时for语句等同于：

```
while(1)
    循环体
```

不难看出，两者均形成了死循环。

⑤ 在for语句中，可以使用逗号表达式。如：

for(sum=0,i=1;i<=100;i++) sum+=i;

⑥ 表达式 2 是循环的条件，可以是一般的表达式，但通常是关系(或逻辑)表达式。

总之，for 语句的使用非常灵活，这里只是列举了几种常见的情况，更多的还需要读者在实际的使用中不断积累、总结。

【例 5.8】将例 5.3 (判断一个数是否是素数)用 for 语句编程如何实现?

分析：用 for 语句改编程序段。

```
i=2;
while(i<=n-1)
{
   if(n%i==0)
      a=a+1;
   i=i+1;
}
```

从这个程序段中可以看出，“i=2”就是表达式 1，“i<=n-1”就是表达式 2，“i=i+1”就是表达式 3，这样循环体就是 if 语句了。

参考程序：

```
#include <stdio.h>
int main()
{
   int n,i,a=0;
   printf("n=");
   scanf("%d",&n);
   for(i=2;i<=n-1;i++)
      if(n%i==0)
         a=a+1;
   if(a)  printf("not\n");
   else  printf("yes\n");
   return 0;
}
```

5.5 break 语句和 continue 语句

C 语言程序设计中，经常会用到转移控制语句，它的作用是控制程序流程的走向。这里主要介绍其中的两种：break 语句和 continue 语句。

5.5.1 break 语句

1. break 语句的一般形式

```
break;
```

2. break 语句的功能

break 语句在 C 语言中的功能主要有两个：一是用在 switch 语句中，用于终止 switch 语句的执行；二是用在循环体中，强制终止循环的执行。

【例 5.9】break 语句应用举例。例 5.3 和例 5.8 中，判断一个数 n 是否是素数，找到了能被 n 整除的所有数并计数在变量 a 中，实际上，只要找到第一个能被 n 整除的数，就可以结束循环，判断 n 不是素数了。

参考程序 1：

```
#include <stdio.h>
int main()
{
    int n,i;
    printf("n=");
    scanf("%d",&n);
    for(i=2;i<=n-1;i++)
        if(n%i==0)              // 如果找到 i 能被 n 整除，则提前结束循环
            break;
    if(i<n)  printf("not\n");   // 循环结束后 i<n，说明循环执行 break 提前退出
    else  printf("yes\n");
    return 0;
}
```

程序虽长了一点，但效率提高了很多。

【例 5.10】break 语句应用举例。

```
#include <stdio.h>
int main()
{
    int i,sum=0;
    for(i=1;i<50;i+=2)
    {
        sum=sum+i;              // 计算累加和
        if(sum>20)
            break;              // 累加和大于 20 则提前结束循环
        printf("%d\n",sum);
    }
    return 0;
}
```

运行结果为：

```
1
4
9
16
```

本例中，如果循环体中没有 break 语句，则一直要循环到 i=51，是求 50 以内奇数的累加和，而此例中只能运行到 i=9，因为这时 sum 的值为 25，满足表达式“sum>20”，故执行后面的 break 语句，提前结束循环。

3. break 语句的使用

（1）break 语句只能在 switch 语句和循环语句中使用。

（2）break 语句用在循环语句中时，通常要与 if 语句联合使用。

（3）break 语句也可以用于既包含循环语句又包含 switch 语句的程序中，此时应分情况区别对待。当 break 语句位于循环体中的 switch 语句体内时，其功能只是跳出 switch 语句体，而不退出 switch 所在的循环；反之，当 break 语句出现在循环体中，但不在 switch 语句体内时，则执行 break 语句后，跳出本层循环。

5.5.2 continue 语句

1. continue 语句的一般形式

```
continue;
```

2. continue 语句的功能

continue 语句的功能是结束本次循环，即跳过循环体中下面尚未执行的语句，转而执行下一次循环，而不是终止整个循环(注意与 break 语句区分)。

【例 5.11】continue 语句应用举例，找出 1~50 中不能被 3 整除的数。

```
#include <stdio.h>
int main()
{
  int i=0;
  while(i<50)
  {
    i++;
    if(i%3==0)
      continue;                // i 能被 3 整除则提前结束本次循环，开始下一次循环
    printf("%d\n",i);
  }
  return 0;
}
```

本例是将 50 以内不是 3 的倍数的所有数字在屏幕上显示出来。循环过程中变量 i 的值不断增 1，每次增 1 后就要判断表达式“i%3==0”是否成立，如果成立，说明此数是 3 的倍数，不输出，所以用 continue 将下面的 printf 语句跳过，转而进行下一次循环条件的判断。

【例 5.12】continue 语句应用举例。判断一个数 n 是否是素数，可改为如下程序。

参考程序：

```
#include <stdio.h>
int main()
{
  int n,i;
```

```
    printf("n=");
    scanf("%d",&n);
    for(i=2;i<n;i++)
      if(n%i)                        // 如果 i 不能被 n 整除
        continue;                    // 继续判断下一个 i 的情况
      else
      break;                         // 否则,i 能被 n 整除,不符合素数定义,提前结束循环
    if(i<n)  printf("not\n");
    else  printf("yes\n");
    return 0;
}
```

【注意】程序中 for 循环体中“if(n%i)……”相当于“if(n%i!=0)……”。

3. continue 语句的使用

（1）continue 语句只能在循环语句中使用。

（2）continue 语句通常也要与 if 语句联合使用。

（3）continue 语句在 for 语句和 while、do-while 语句中的使用有所不同。如果位于 for 循环中时,要跳过循环体中的剩余语句,转去计算表达式 3,然后再对条件表达式进行计算,以决定 for 循环是否继续;但如果是在 while 和 do-while 循环中使用时,是跳过循环体中下面的语句,直接转向循环继续条件的判定。

（4）由于 continue 语句只对循环起作用,所以,当一个循环体中包含 switch 语句,而且 continue 语句也位于 switch 语句中时,它只对外面的循环起作用,对 switch 语句没有影响。这一点与 break 语句不同,使用时要注意。

5.6 循环的嵌套

5.6.1 循环嵌套的概念

循环体中又包含循环语句,这种结构称为循环嵌套,即多重循环。while、do-while 和 for 这三种循环语句既可以自身嵌套,也可以互相嵌套。嵌套可能是两层,也可能是多层。相对来讲,在循环体中嵌套的称为内层循环,外部的称为外层循环。

下面来看几种循环嵌套的形式:

```
（1）while()              （2）for( ; ; )            （3）do
     { ……                     {  for( ; ;)                {
      while()                      {  }                      for(; ;)
       {  }                        ……                        {  }
     }                          }                          } while ();
```

这里仅列出了几种二重循环嵌套的形式。实际上循环嵌套可以是很多层,而且形式多种多样,但要注意一点,就是每一层循环在逻辑上必须是完整的。

5.6.2 循环嵌套的执行流程

【例 5.13】下面通过例子说明多重循环的执行流程。

```
#include <stdio.h>
int main()
{
  int i,j;
  for (i=1;i<3;i++)           // 外层 i 循环
  { printf ("i=%d:",i);
    for (j=1; j<3; j++)       // 内层 j 循环
        printf ("j=%d",j);
    printf ("j=%d\n", j);     // 内层 j 循环结束时的 j 值
  }
  printf ("i=%d\n",i);        // 外层 i 循环结束时的 i 值
  return 0;
}
```

运行结果为:

```
i=1:j=1 j=2 j=3
i=2:j=1 j=2 j=3
i=3
```

从运行结果可以看出,外层循环 i 的取值每变化一次,就要完整地执行一次内层循环,如当 i=1 时,j 从 1 变化到 2,j=3 时退出 j 循环;然后外层循环的循环变量 i 增加 1(即 i=2),内层循环的 j 仍然从 1 变化到 2,j=3 时退出;外层循环的循环变量 i 又增加 1(即 i=3),退出外层循环。所以,执行多重循环时,对外层循环变量的每一个值,内层循环的循环变量从初值变化到终值,即对外层循环的每一次循环,内层循环要执行完整的循环语句。

5.6.3 循环嵌套中的 break 语句

在循环嵌套中使用 break 语句时,只能退出它所在的那一层循环,如图 5-5 所示。

```
for()
{
    while()
    {
      if() break;            // 此处的break语句结束它所属的while语句
      do
      { ……
        if() break;          // 此处的break语句结束它所属的do-while语句
        ……
      }while();
      ……
    }
    ……
}
```

图 5-5 循环嵌套中 break 语句的使用

5.6.4 应用举例

【例 5.14】编写程序，要求输出如下所示的等腰三角形。

设计思想：诸如此类输出图形的题目是循环嵌套的典型应用。虽然不同的题目要求输出的图形各不相同，但它们的设计思想都是雷同的。分析此题的图形可知，这里共要输出 6 行，可以设一个外层循环控制输出的行数，而每一行的字符由空格和星号组成，因此可以在内层循环里再设两个循环，分别控制每一行空格数和星号数的输出。

参考程序如下：

```
#include <stdio.h>
int main()
{
    int i,j,k;
    for(i=1;i<=6;i++)                  // 外层循环，控制输出的行数
    {
        for(j=1;j<=6-i;j++)            // 控制输出空格数的内循环
            printf(" ");
        for(k=1;k<=2*i-1;k++)          // 控制输出星号数的内循环
            printf("*");
        printf("\n");                  // 一行输出完后要换行
    }
    return 0;
}
```

读者若想加深对循环嵌套的理解，可参照《C 语言程序设计实验与学习辅导》第 5 章中示例 5-10 进一步学习。

5.7 综合应用举例

【例 5.15】打印出所有的水仙花数。所谓的水仙花数，是指一个 3 位整数，其各位数字的立方和等于该数本身。例如：$407=4^3+0^3+7^3$，所以 407 就是一个水仙花数。

设计思想：设一个三位数，其百、十、个位分别用变量 i、j、k 来表示，则该三位数可以表示为“100*i+10*j+k”。因此，为了判断它是否是水仙花数，根据定义可知，只要看它是否满足“i*i*i+j*j*j+k*k*k==100*i+10*j+k”这个条件就可以了，只要满足条件，它就是水仙花数。由于三位数的变化范围为 100~999，而变化是由个位开始的，然后十位，最后百位，因此可以设三个循环，最外层表示百位的变化（变化最慢），最内层表示个位的变化（变化

最快）。

参考程序如下：

```
#include <stdio.h>
int main()
{
  int i,j,k;
  for(i=1;i<=9;i++)                              // 百位数的变化
     for(j=0;j<=9;j++)                           // 十位数的变化
        for(k=0;k<=9;k++)                        // 个位数的变化
           if(i*i*i+j*j*j+k*k*k==100*i+10*j+k)
              printf("%d%d%d\n",i,j,k);          // 将水仙花数输出
  return 0;
}
```

运行结果为：

```
153
370
371
407
```

【例 5.16】输出 Fibonacci 数列 1，1，2，3，5，8，13，……的前 20 项。每行输出 6 个数。

设计思想：分析题目可以发现 Fibonacci 数列有如下特点：第一项和第二项的值均为 1，从第三项开始每一项的值都是前两项的和。

用 f1、f2 表示数列中的前两项，当前项 f=f1+f2，然后，f1=f2，f2=f，再返回去计算当前项 f=f1+f2，进而循环计算，直到第 20 项。

参考程序如下：

```
#include <stdio.h>
int main()
{
  int f1,f2,f,i;
  f1=1;f2=1;                      // 给第一项和第二项赋初值 1
  printf("\n%6d%6d",f1,f2);       // 计数器，统计输出的个数
  for(i=3;i<=20;i++)
  { f=f1+f2; printf("%6d",f);     // 第三项为前两项的和
    if(i%6==0) printf("\n");      // 每行输出 6 个数
    f1=f2; f2=f;                  /* 将第二项的值赋给第一项，第三项的值赋给第二
  }                                  项，为下一次求和做准备 */
  printf("\n");
  return 0;
}
```

【例 5.17】编一个程序将一个正整数分解成质因数的乘积。例如，输入 90，打印出 90=2*3*3*5。

设计思想：对 n 进行分解质因数，应先找到一个最小的质数 i，然后按下述步骤完成：

（1）如果这个质数恰好等于 n，则说明分解质因数的过程已经结束，打印出即可。

（2）如果 n 与 i 不相同，但 n 能被 i 整除，则应打印出 i 的值，并用 n 除以 i 的商作为新的正整数 n，重复执行第一步。

（3）如果 n 不能被 i 整除，则用 i+1 作为 i 的值，重复执行第一步。

参考程序如下：

```
#include <stdio.h>
int main()
{
  int n,i;
  printf("please input a number:");
  scanf("%d",&n);
  printf("%d=",n);
  for(i=2;i<=n;i++)              // 外循环从 2 到 n 变化
  {
    while(n!=i)                  // 如果 n 和 i 不相等则进入循环体
      if(n%i==0)                 // 如果 n 能整除 i
      {
        printf("%d*",i);         // 输出 i
        n=n/i;                   // 将 n 修改为 n 除 i 得到的商
      }
      else
        break;                   // 如果 n 不能整除 i，提前结束循环，再继续执行外循环
  }
  printf("%d",n);
  return 0;
}
```

【例 5.18】猴子吃桃问题：猴子第 1 天摘下若干个桃子，当即吃了一半，还不过瘾，又多吃了一个。第 2 天早上又将第 1 天剩下的桃子吃掉一半，又多吃了一个。以后每天早上都吃了前一天剩下的一半零一个。到第 10 天早上想再吃时，发现只剩下一个桃子了。编写程序求猴子第 1 天摘了多少个桃子。

分析：猴子每天吃桃子的一半，再多吃一个，等于每天都吃前一天剩余桃子的一半加一个，直到第 10 天只剩一个桃子，见表 5–1。

表 5–1　猴子吃桃问题分析

天　数	第 1 天	第 2 天	第 3 天	……	第 10 天
剩余量 rest	total (rest1)	total–eat1 (rest2)	total–eat1–eat2 (rest3)	……	1 rest10
吃的量 eat	total/2+1 eat1	rest2/2+1 eat2	rest3/2+1 eat3	……	1 eat10

【注】rest 代表每天剩余的桃子量，eat 代表每天吃的桃子量，total 为第一天摘得桃子的总数。由上可知：

total=eat1+eat2+⋯+eat10;

eat(i)=rest/2(i)+1;

rest(i)=(rest(i+1)+1)*2;

参考程序 1（while 语句）：

```
#include<stdio.h>
int main()
{
    int peach=0;                    // 桃子总数
    int rest=1;                     // 第 10 天只剩一个桃子
    int day=9;
    while(day--)
    {
        peach=(rest+1)*2;           // 每天的桃子总数是后一天剩余桃子加 1 乘 2
        rest=peach;
    }
    printf("猴子第 1 天一共摘了 %d 个桃子 \n",peach);
    return 0;
}
```

参考程序 2（do-while 语句）：

```
#include<stdio.h>
int main()
{
    int peach=0;                    // 桃子总数
    int rest=1;                     // 第 10 天只剩一个桃子
    int day=9;
    do
    {
        peach=(rest+1)*2;           // 每天的桃子总数是后一天剩余桃子加 1 乘 2
        rest=peach;
        day=day-1;
    } while(day>0);
    printf(" 猴子第 1 天一共摘了 %d 个桃子 \n",peach);
    return 0;
}
```

参考程序 3（for 语句）：

```
#include<stdio.h>
int main()
{
```

```
    int peach=0;
    int rest=1;
    int day=0;
    for(day=9;day>0;day--)
    {
        peach=(rest+1)*2;
        rest=peach;
    }
    printf("猴子第 1 天一共摘了 %d 个桃子 \n",peach);
    return 0;
}
```

习　题

1. C 语言中终止整个循环的语句是________；结束本次循环的语句是________。

2. C 语言中至少执行一次循环体的循环语句是________；break 语句只能用于循环语句和________语句。

3. for 语句的执行顺序是________。

A. 表达式 1→表达式 2→表达式 3→循环体→表达式 1

B. 表达式 1→表达式 2→循环体→表达式 3→表达式 2

C. 表达式 1→循环体→表达式 2→表达式 3→表达式 1

D. 循环体→表达式 1→表达式 2→表达式 3→表达式 2

4. 下列关于循环语句的描述，不正确的是________。

A. 循环语句由循环条件和循环体两部分组成

B. 循环语句可以嵌套，即循环体中可以用循环语句

C. 循环语句的循环体可以是一条语句，也可以是复合语句，还可以是空语句

D. 任何一种循环语句，它的循环体至少要被执行一次

5. 若输入“1298”，以下程序的输出结果为________。

```
#include <stdio.h>
int main()
{
    int n1,n2;
    scanf("%d",&n2);
    while(n2!=0)
    {
        n1=n2%10;
        n2=n2/10;
        printf("%d",n1);
    }
    return 0;
```

```
}
```

A. 1298　　B. 8921　　C. 2189　　D. 2198

6. 以下程序段的输出结果是________。

```
#include <stdio.h>
int main()
{
    int a=3;
    do
    {
        printf("%3d",a-=2);
    }while(!(--a));
    return 0;
}
```

7. 以下程序的输出结果是________。

```
#include <stdio.h>
int main()
{
    int i,sum=0;
    for(i=1;i<6;i++)
        sum+=i;
    printf("%d\n",sum);
    return 0;
}
```

8. 执行以下程序段后，i 的值是________，j 的值是________，k 的值是________。

```
#include <stdio.h>
int main()
{
    int a,b,c,d,i,j,k;
    a=10;b=c=d=5;i=j=k=0;
    for(;a>b;++b) i++;
    while(a>++c) j++;
    do k++ ;
    while(a>d++);
    return 0;
}
```

9. 以下程序的输出结果是________。

```
#include <stdio.h>
int main()
{
    int m=2;
    while(m--);
```

```
    printf("%d\n",m);
    return 0;
}
```

10. 写出下列程序的运行结果。

```
#include <stdio.h>
int main()
{
    int a=10,b=0;
    do
    {
        b=b+a;
        a--;
    }while (a>2);
    printf("%d\n",b);
    return 0;
}
```

11. 设计程序,求 1!+2!+3!+…+10! 的值。
12. 设计程序,求 1-3+5-7+…-99+101 的值。
13. 输入两个正整数 x 和 y,求其最大公约数和最小公倍数。
14. 编写程序,输出以下图形。

```
        # # # # #
      # # # # #
    # # # # #
  # # # # #
# # # # #
```

15. 输出如下所示的下三角形九九乘法表。

```
1    2    3    4    5    6    7    8    9
--------------------------------------------
1
2    4
3    6    9
4    8    12   16
5    10   15   20   25
6    12   18   24   30   36
7    14   21   28   35   42   49
8    16   24   32   40   48   56   64
9    18   27   36   45   54   63   72   81
```

16. 从输入的若干个大于零的正整数中选出最大值,用 -1 结束输入。
17. 输入 6 名学生 5 门课程的成绩,分别统计出每个学生 5 门课程的平均成绩。
18. 用 $\frac{\pi}{4}=1-\frac{1}{3}+\frac{1}{5}-\frac{1}{7}+\frac{1}{9}-\cdots$ 公式求 π 的近似值,直到最后一项的绝对值小于 10^{-4} 为止。

第6章　数　组

前面各章所使用的数据类型，如整型、实型、字符型，都属于基本数据类型，C语言除了提供基本数据类型外，还提供了构造数据类型，它们是数组类型、结构体类型和共同体类型。构造数据类型是由基本数据类型的数据按照一定的规则组成，所以也称为“导出类型”。

在程序设计中，为了处理方便，需要把具有相同类型的若干变量按有序的形式组织起来，这些按序排列的同类数据元素的集合称为数组类型，简称数组。在C语言中，数组属于构造数据类型。一个数组可以分解为多个数组元素，这些数组元素可以是基本数据类型，也可以是构造数据类型。按数组元素的类型不同，数组又可分为数值数组、字符型数组、指针数组、结构体数组等多种类别。本章主要介绍数值数组和字符数组，其余类型的数组在以后各章将陆续介绍。

本章学习目标

✧ 掌握一维数组和二维数组的定义和引用方法。

✧ 掌握字符数组的定义和相关操作，能灵活应用数组解决批量数据的处理问题。

6.1 数组的定义和引用

数组就是同类属性有序数据的集合，可用名字相同的一组下标变量表示。在程序中根据需要定义数组，用循环来对数组中的元素进行操作，可以有效地处理大批量的数据，大大提高工作效率。

6.1.1 数组的定义

数组和变量一样，也要先定义后使用。

数组定义的一般形式为：

类型 数组名 [常量1][常量2]…[常量n]

例如：

```
char x[5];
int y[5][10];
float a[10],b[5][5];
```

第一行定义了一个一维字符型数组x，它由5个元素组成；第二行定义了一个二维整型数组y，它由5×10个元素组成；第三行定义了两个单精度实型数组a和b。

可见，所谓的定义数组，就是定义一个数组的类型、名字、维数和大小，并分配存储单元。

【说明】

（1）类型可以是基本类型，也可以是已定义的自定义类型。

（2）数组名是一个合法的标识符，用来区分不同的数组。

（3）常量的个数表示数组的维数，常量的值表示数组的大小（长度），即数组元素的个数。例如：

```
int a[6];              // 整型数组，数组名为a，该数组由6个元素组成
float b[10],c[20];  // 实型数组b有10个元素，实型数组c有20个元素
int a[3][4];           // 整型数组a为3行4列的二维数组，共3×4个整型元素
```

（4）常量要用“[]”括起来。

（5）可以用常量表达式定义数组。例如：

```
#define N 10
……
int x[N],y[N][N+1];
```

它定义了一个一维数组和一个二维数组。在实际应用中，常见的就是一维数组和二维数组，有时也会用到多维数组。

更多数组定义的说明参见《C语言程序设计实验与学习辅导》第6章数组定义方法中的内容。

定义数组时应注意以下几点：

（1）数组的类型实际上是指数组元素的类型，同一个数组，其所有元素的类型都是相同的。

（2）定义数组时“[ ]”内不能用变量，只能用常量或常量表达式，所以C程序中的数组是固定大小的。例如：

```
#define FD 5
int main()
{
    int a[3+2],b[7+FD];
    ……
}
```

是合法的。但是下面的说明方式是错误的：

```
int main()
{
    int n;
    scanf("%d",&n);
    int s[n];
    ……
}
```

这里有两处错误：一是函数体中定义部分在前，执行部分在后，不能交叉，这里有交叉；二是不能用变量定义数组，这里用变量定义了数组的大小。

（3）数组名不能与其他变量名重名。例如：

```
int main()
{
    char c;
    int c[10];
    ……
}
```

是错误的。

（4）允许在同一个类型说明中定义多个数组和多个变量。例如：

```
int a,b,c,d,k1[10],k2[20];
```

6.1.2 数组的引用

数组元素是组成数组的基本单元，对数组的访问是通过访问其元素而实现的。数组元素的表示形式为：

数组名 [下标 1][下标 2]…[下标 n]

数组元素也是一种变量，其标识方法为数组名后跟下标，所以也称为下标变量，它与同类型变量的使用方法一样。在配套学习辅导用书中详细介绍了引用数组的注意事项。

例如：若有定义“int a[10];”，则可以访问数组 a 的 10 个元素 a[0]，a[1]，…，a[9]，它们与整型变量的使用相同，可以进行输入、输出、赋值等运算。

如：
```
a[0]=10;
scanf("%d",&a[1]);
a[2]=a[0]+a[1];
printf("%d\n",a[2]);
```

【说明】

（1）数组元素即下标变量，与同类型变量的使用方法相同。

（2）下标可以是表达式。下标不同，表示不同的下标变量。例如：

```
for(i=1;i<=10;i++)
    printf("%d,",a[i-1]);
```

这一点非常重要，读者要好好理解。

（3）下标取值范围：0~(长度-1)，且为整数。

（4）对于一维数组来说，它就是一个向量，定义时按顺序分配存储单元；对于二维数组来说，它就是一个矩阵，有行有列，定义时按行分配存储单元。例如：

```
int a[5],b[5][10];
```

内存中分配存储单元的顺序是：a[0]，a[1]，a[2]，a[3]，a[4]，b[0][0]，b[0][1]，…，b[0][9]，b[1][0]，b[1][1]，…，b[1][9]，…，b[4][0]，b[4][1]，…，b[4][9]。

由此可见，二维数组和一维数组是一样的，也可以把二维数组看成一维数组，其元素为一维数组。对于一维数组和二维数组在内存中的存储方式，参见《C 语言程序设计实验与学习辅导》相应章节的内容来加深理解。

【例 6.1】求 2+4+…+100 的值。

分析：定义数组 a 表示这 50 个偶数，即 int a[50]。

参考程序：

```
#include <stdio.h>
int main()
{
  int i,a[50],sum=0;
  for(i=0;i<50;i++)
    a[i]=(i+1)*2;
  for(i=0;i<50;i++)
    sum=sum+a[i];
  printf("sum=%d\n",sum);
  return 0;
}
```

程序中数组 a 的下标取值为 0 到 49。

【例 6.2】求一个 3×3 方阵主对角线元素之和。

分析：用二维数组 a[3][3] 表示方阵，则 s=a[0][0]+a[1][1]+a[2][2]，即 sum=sum+a[i][i]（i=0,1,2）。

参考程序：

```
#include <stdio.h>
int main()
{
  int a[3][3];
  int i,sum=0;
  printf("Please input data:\n");
  for(i=0;i<3;i++)
    scanf("%d%d%d",&a[i][0],&a[i][1],&a[i][2]);
  for(i=0;i<3;i++)
    printf("%d  %d  %d\n",a[i][0],a[i][1],a[i][2]);
  for(i=0;i<3;i++)
    sum=sum+a[i][i];
  printf("sum=%d\n",sum);
  return 0;
}
```

程序运行结果如下：

```
Please input data:
12 34 54 43 12 76 54 10 12
12 34 54
43 12 76
54 10 12
sum=36
```

【注意】

（1）数组元素本身可以看作是同一个类型的单个变量，因此对变量可以进行的操作同样也适用于数组元素，也就是说，数组元素可以在任何相同类型变量使用的位置引用。

（2）引用数组元素时，下标不能越界，否则结果难以预料。例如：

```
int a[3];
```

数组a只有a[0]、a[1]、a[2]这3个元素，a[3]可用但非数组元素。

（3）数组元素也称为下标变量。必须先定义数组，才能使用下标变量。在C语言中只能逐个地使用下标变量，而不能引用整个数组（字符数组除外，参阅本章6.2节）。

例如，输出有10个元素的数组可使用循环语句逐个下标变量输出。

```
for(i=0; i<10; i++)
  printf("%d ",a[i]);
```

而不能试图用一条语句输出整个数组，下面的写法是错误的：

```
printf("%d",a);
```

（4）数组元素和数组定义在形式上有些相似，但这两者具有完全不同的含义。

首先，数组定义的方括号中给出的是某一维的长度，而数组元素中的下标是该元素在数组中的位置标识。如：

int a[5];　代表该数组由5个元素组成。

s=a[2];　代表把该数组的第3个元素a[2]的值赋值给变量s。

其次，定义数组时要有数据类型说明，而引用数组元素时不需要。

最后，定义数组时，“[ ]”内只能是常量，使用数组元素时下标可以是常量、变量或表达式。

6.1.3　数组的初始化

与一般变量一样，数组在定义时也可以初始化，数组初始化就是给数组元素赋初值。也可以先定义一个数组，然后在程序中用for循环为数组输入初值。一维数组用一个for循环，二维数组用二重循环。

1. 一维数组的初始化方法

一维数组在定义时初始化的几种常见形式：

（1）对数组所有元素赋初值，此时数组定义中数组长度可以省略。例如：

int a[5]={1,2,3,4,5};　或　int a[]={1,2,3,4,5};

它是在定义数组后分别将1、2、3、4、5赋给数组元素a[0]、a[1]、a[2]、a[3]、a[4]。

省略长度时，认为是对所有元素初始化，数值的个数作为数组的长度。

（2）对数组部分元素赋初值，其余为0，此时数组长度不能省略。例如：

```
int a[5]={1,2};
```

则a[0]=1，a[1]=2，其余元素为编译系统指定的默认值0。

（3）对数组的所有元素赋初值0。例如：

int a[5]={0};　或　int a[5]={0,0,0,0,0};

2. 二维数组的初始化方法

二维数组在定义时初始化的几种常见形式：

（1）分行给二维数组所有元素赋初值。每一个花括号里的数值赋给一行。例如：

int a[2][4]={{1,2,3,4},{5,6,7,8}};

数组各元素为：

$$\begin{pmatrix} 1 & 2 & 3 & 4 \\ 5 & 6 & 7 & 8 \end{pmatrix}$$

（2）不分行给二维数组所有元素赋初值。例如：

int a[2][4]={1,2,3,4,5,6,7,8};

数组各元素为：

$$\begin{pmatrix} 1 & 2 & 3 & 4 \\ 5 & 6 & 7 & 8 \end{pmatrix}$$

（3）给二维数组所有元素赋初值，二维数组第一维的长度可以省略，但第二维绝对不能省略。编译程序可根据数据总个数和第二维的长度计算出第一维的长度。例如：

int a[][4]={1,2,3,4,5,6,7,8}; 或 int a[][4]={{1,2,3,4},{5,6,7,8}};

（4）对部分元素赋初值，没有初始化的元素，默认的初始值为0。例如：

int a[2][4]={{1,2},{0,5}};

数组各元素为：

$$\begin{pmatrix} 1 & 2 & 0 & 0 \\ 0 & 5 & 0 & 0 \end{pmatrix}$$

【注意】与变量一样，如果不进行初始化，那么数组元素的初始值是不确定的。如定义“int a[5];”，只表示a代表了这个数组所占空间的初始地址，从该地址开始的5个存储单元里面所存储的数据是不确定的，不要指望编译系统为你设置默认值，二维数组也是如此。所以，定义一个数组一定要给它赋初值，或者在定义的时候进行初始化，或者在程序中用for循环输入数组的值，然后再使用。

```
例如：int a[6],i;
      for(i=0;i<6;i++)
         scanf("%d",&a[i]);
或者：int b[3][4];
      for(i=0;i<3;i++)
         for(j=0;j<4;j++)
            scanf("%d",&b[i][j]);
```

【例6.3】某数列前两项是0和1，从第3项开始，每一项是前两项之和，求该数列前20项及其和。

分析：该数列前20项用数组f[20]表示，f[0]=0，f[1]=1，f[i]=f[i-2]+f[i-1]（i=2,3,…,19）若用变量sum表示其和，则sum=sum+f[i]。

参考程序：

```
#include <stdio.h>
int main()
{
```

```
    int i;
    float sum=0,f[20]={0,1};
    for(i=2;i<20;i++)
       f[i]=f[i-2]+f[i-1];
    for(i=0;i<20;i++)
    {
       printf("%10.2f",f[i]);
       sum=sum+f[i];
    }
    printf("\nsum=%10.2f\n",sum);
    return 0;
 }
```

也可以将程序中的两个循环语句合并成如下的一个循环语句：

```
for(i=2;i<20;i++)
{
   f[i]=f[i-2]+f[i-1];
   printf("%10.2f",f[i]);
   sum=sum+f[i];
}
```

【注意】这样修改后，sum 并没有累加前两项。

6.1.4 数组应用举例

【例 6.4】找出一组整数中的最大数。

分析：用变量 n 表示数据个数，用一维数组 x[i]（i=1,2,…,n）表示这一组数，用 max 表示最大数。传统流程图如图 6-1 所示。

参考程序：

```
#include <stdio.h>
int main()
{
   int n,i,x[100],max;
   printf("n=");
   scanf("%d",&n);
   for(i=1;i<=n;i++)
   {
      printf(" 请输入第 %d 个数 :\n",i);
      scanf("%d",&x[i]);
   }
   max=x[1];
   for(i=2;i<=n;i++)
      if(max<x[i])
```

```
        max=x[i];
    printf("max=%d\n",max);
    return 0;
}
```

程序中，在输入数据时应尽可能多给出一些提示。根据本例程序，请读者考虑下列问题的程序设计：

（1）找出一组整数中的最大数及其位置。

（2）找出一组整数中的最大数、最小数及其位置。

对于上述问题的解题思路，可以参考《C语言程序设计实验与学习辅导》中的提示信息。

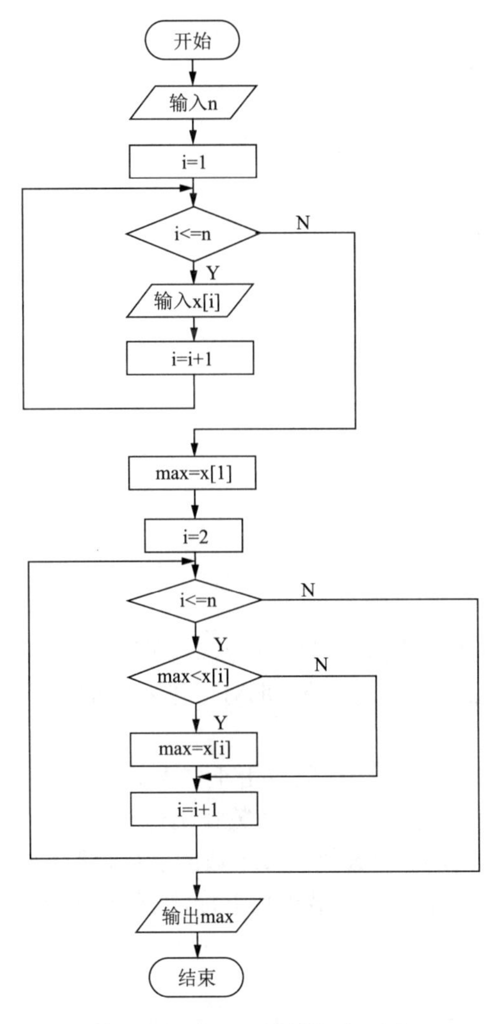

图6-1 例6.4的传统流程图

【例6.5】采用“冒泡法”对10个整数按由小到大的顺序排序。

分析：用数组a[i]（i=0,1,…,9）表示这10个数，i、j、t作中间变量。

排序过程：① 比较第一个数与第二个数，若a[0]>a[1]，则交换；然后比较第二个数与第三个数；以此类推，直至第n-1个数和第n个数比较完成为止——第一趟冒泡排序，结果最大的数被安置在最后一个元素位置上。② 对前 n-1 个数进行第二趟冒泡排序，结果使次大的数被安置在第 n-1 个元素位置上。③ 重复上述过程，共经过 n-1 趟冒泡排序后，排序结束。

参考程序：

```
#include <stdio.h>
int main()
{
   int a[10],i,j,t;
   printf(" 请输入 10 个数 :\n");
   for(i=0;i<10;i++)
   {
      scanf("%d",&a[i]);
   }
   printf("\n");
   for(j=0;j<9;j++)
      for(i=0;i<9-j;i++)
         if(a[i]>a[i+1])
         {
           t=a[i];a[i]=a[i+1];a[i+1]=t;
         }
   printf(" 排序后的数据为 :");
   for(i=0;i<10;i++)
      printf("%d ",a[i]);
   return 0;
}
```

思考问题：根据本例程序，请读者考虑如果待排序的数组元素本身是有序的，那程序还会执行么？如果执行的话是没有意义的，那对于排好序的数组元素如何提前结束程序执行呢？

【例 6.6】采用“选择法”对 10 个整数按由小到大的顺序排序。

排序过程：① 从第 1 个数开始到第 10 个数找出最小数的下标计入 k，然后与第 1 个数交换；② 从第 2 个数开始到第 10 个数找出最小数的下标，然后与第 2 个数交换；以此类推，直到从第 9 个数开始到第 10 个数找出最小数下标，然后与第 9 个数交换；共查找(10-1)次最小数并交换，排序结束。

参考程序：

```
#include <stdio.h>
int main()
{
   int a[10];
   int i,j,t,k;
   for (i=0;i<10;i++)
```

```
        scanf("%d",&a[ i]);               // 输入 10 个数
    for (i=0; i<9;i++)
    {
        k=i;                              // 存储最小值的下标
        for(j=i+1; j<10; j++)
            if (a[k]>a[j]) k=j;
        if (k!=i)
        {
            t=a[i]; a[i]=a[k]; a[k]=t;
        }
    }
    for(i=0; i<10; i++)
        printf("%4d",a[i]);               // 显示排序后的结果
    return 0;
}
```

程序中第二个 for 循环语句是一个双重循环结构，它是该程序的核心，该程序段较难理解，请读者仔细阅读。

【例 6.7】求矩阵 $\boldsymbol{a}=\begin{bmatrix}3 & 5 & 7\\5 & 8 & 3\end{bmatrix}$ 的转置矩阵 $\boldsymbol{b}$。

参考程序：

```
#include <stdio.h>
int main()
{
    int i,j,a[2][3],b[3][2];
    for(i=0;i<=1;i++)
        for(j=0;j<=2;j++)
        {
            printf("a(%d,%d)=",i+1,j+1);
            scanf("%d",&a[i][j]);              // 输入两行三列的矩阵
            b[j][i]=a[i][j];                   // 将数组元素对应位置进行转置
        }
    for(i=0;i<=2;i++)                          // 输出三行两列的转置矩阵
    {
        for(j=0;j<=1;j++)
            printf("%d\t",b[i][j]);
        printf("\n");
    }
    return 0;
}
```

程序中用数组 a、b 表示了矩阵 ***a*** 及其转置矩阵 ***b***，数组元素的下标与用什么变量表示无关，与其值有关。&a[i][j] 是取数组元素的地址。

【例 6.8】学生成绩管理。某班某学期的成绩见表 6–1，求每门课和每个学生的平均成绩。

表 6–1　学生成绩管理表

	课程 1	课程 2	课程 3	课程 4	课程 5	课程 6	平均成绩
张三	78	86	78	89	90	88	
李四	86	83	95	82	91	84	
王五	75	84	92	84	92	79	
张军	83	92	85	84	93	89	
平均成绩							

分析：变量 m、n 分别表示学生数和课程数，成绩用二维数组 a[m+2][n+2] 表示，其中 a[i][j] 表示第 i 个学生的第 j 门课程的成绩（i=1,2,…,m，j=1,2,…,n），a[i][n+1] 表示第 i 个学生的平均成绩，a[m+1][j] 表示第 j 门课程的平均成绩。

参考程序：

```
#include <stdio.h>
int main()
{
  int m,n,i,j;
  float a[35][10]={0};                    // 定义二维数组，存储多个学生多门课程的成绩
  printf("m,n=");
  scanf("%d,%d",&m,&n);                   // 输入学生人数和课程数
  for(i=1;i<=m;i++)
    for(j=1;j<=n;j++)
    {
      printf("a[%d][%d]=",i,j);
      scanf("%f",&a[i][j]);               // 输入 m 个人的 n 门课程成绩
    }
  for(i=1;i<=m;i++)
  {
    for(j=1;j<=n;j++)
      a[i][n+1]=a[i][n+1]+a[i][j];        // 统计第 i 个人的总成绩（n 个成绩相加）
      a[i][n+1]=a[i][n+1]/n;              // 统计第 i 个人的平均成绩
  }
  for(j=1;j<=n;j++)
  {
    for(i=1;i<=m;i++)
      a[m+1][j]=a[m+1][j]+a[i][j];        // 统计第 j 门课程的成绩（m 个成绩相加）
```

```
        a[m+1][j]=a[m+1][j]/m;          // 统计第 j 门课程的平均成绩
    }
    for(i=1;i<=m+1;i++)
    {
      for(j=1;j<=n+1;j++)
        printf("%10.2f",a[i][j]);          // 输出统计结果
      printf("\n");
    }
    return 0;
}
```

请读者分析：结果中 a[m+1][n+1] 元素的值是什么意思，哪来的值？

6.2 字符型数组

字符型数组是用来存放字符型数据的数组。其中每个数组元素存放的值都是单个字符，相当于一个字符型的变量，占用一个字节的存储空间。这里之所以把字符型数组单独作为一节来介绍，是因为一个字符型变量只能存放一个字符，对于字符串的存放则必须用字符型数组。另外，字符型数组和其他的数组相比，又有许多独特的地方。

6.2.1 字符型数组的定义

字符型数组定义的一般形式为：

char 数组名[常量 1][常量 2]…[常量 n]

例如：char a[5],char b[3][5];

定义了一个一维的字符型数组 a，数组 a 有 5 个元素，分别是 a[0]、a[1]、a[2]、a[3]、a[4]，可以存储 5 个字符型的数据。还定义了一个二维的字符型数组 b，它有 3×5 个元素。

字符型数组定义的形式与前面介绍的数组定义方法一样。字符型数组也分为一维字符数组和多维字符数组。一维字符数组常常存放一个字符串，二维字符数组常用于存放多个字符串，可以看作是多个一维字符串数组。

由于字符型和整型可以通用，所以，也可以定义一个整型数组 int c[5]，用来存放字符型数据，但这时每个数组元素占 4 个字节的内存单元，浪费存储空间。

6.2.2 字符型数组的初始化

字符型数组的初始化和前面介绍的数组初始化的方法一样，也是既允许在数组定义时进行初始化，也可以先定义，然后在程序中用循环来给数组赋初值。

在定义的时候进行初始化，有两种方法：

1. 用字符型数据初始化数组

例如，一维数组初始化：

char c[5]={'h','e','l','l','o'};

赋值后各元素的值为：

h	e	l	l	o
c[0]	c[1]	c[2]	c[3]	c[4]

例如，二维数组初始化：

char c[4][4]={{'a'},{'a','b'},{'a','b','c'},{'a','b','c','d'}};

赋值后各元素的值为：

c[0]	a	\0	\0	\0
c[1]	a	b	\0	\0
c[2]	a	b	c	\0
c[3]	a	b	c	d

【注意】

（1）每个字符要用单引号引起来，字符型数据之间用逗号隔开。

（2）如果初值的个数大于数组的长度，按语法错误处理。如果初值个数小于数组长度，则只给前面的几个元素赋值，其余的元素自动定义为空字符('\0')。例如：

char c[5]={'b','o','y'};

赋值后各元素的值为：

b	o	y	\0	\0
c[0]	c[1]	c[2]	c[3]	c[4]

（3）当初值个数等于数组长度时，可以省略数组长度。例如：

char c[ ]={'h','e','l','l','o'};

2. 用字符串常量给数组赋值

例如：

char c[6]={"hello"}; 或 char c[6]="hello"; 或 char c[]="hello";

都是一样的。都相当于

char c[6]={'h','e','l','l','o','\0'};

赋值后各元素的值为：

h	e	l	l	o	\0
c[0]	c[1]	c[2]	c[3]	c[4]	c[5]

也可以定义和初始化一个二维数组，例如：

char fruit[][7]={"orange","apple","grape","pear"};

赋值后各元素的值为：

fruit[0]	o	r	a	n	g	e	\0
fruit[1]	a	p	p	l	e	\0	\0
fruit[2]	g	r	a	p	e	\0	\0
fruit[3]	p	e	a	r	\0	\0	\0

【注意】

（1）用双引号把字符串引起来，大括号可以省略。

（2）系统对字符串常量自动加上 '\0'（ASCII 码为 0 的空字符）作为结束符，称为字符串的结束标志。所以，在用字符串给数组赋值时，数组的长度应至少比字符串的长度大1，否则按语法错误处理。例如：

```
char ch[9]= "people";
```

赋值后各元素的值为：

p	e	o	p	l	e	\0	\0	\0
ch[0]	ch[1]	ch[2]	ch[3]	ch[4]	ch[5]	ch[6]	ch[7]	ch[8]

6.2.3 字符型数组的访问

字符型数组的访问，也就是字符型数组元素的引用，方法和其他数组一样。

【例 6.9】输出一个字符串。

```
#include <stdio.h>
int main()
{
  char a[10]={'I',' ','a','m',' ','h','a','p','p','y'};
  int i;
  for(i=0;i<10;i++)
    printf("%c",a[i]);
  printf("\n");
  return 0;
}
```

程序运行结果为：

```
I am happy
```

【例 6.10】输出一个字符串。

```
#include <stdio.h>
int main()
{
  char a[10]={"Student"};
  int i=0;
  while(a[i]!='\0')
    putchar(a[i++]);
  putchar('\n');
  return 0;
}
```

【例 6.11】运行程序，输出结果。

```
#include<stdio.h>
int main()
{
  int i,j;
  char a[][6]={{'P','A','S','C','A','L'},{'S','Y','S','T','E','M'}};
```

```
    for(i=0;i<=1;i++)
    {
        for(j=0;j<=4;j++)
            printf("%c",a[i][j]);
        printf("\n");
    }
    return 0;
}
```

程序运行结果为：

```
PASCA
SYSTE
```

6.2.4 字符串常量及结束标志

在 C 语言中，字符型变量只能存放一个字符，而实际上经常用到的是字符串，字符串是作为字符型数组来处理的。数组的处理与循环是密不可分的，要想知道循环的次数就必须知道数组的长度，字符型数组也不例外，只不过在实际生活中，字符型数组的长度与字符串的实际长度有时是不相等的，而我们更关心的是字符串的实际长度。所以 C 语言规定了一个字符串结束标志——'\0'（ASCII 码为 0 的空字符），存储一个字符串时总是在字符串后面自动加上一个 '\0'，表示该字符串结束，该字符串就是由 '\0' 前面的字符来组成的。

例如：

```
char c[5]={'c','h','i','n','a'};
```

没有 '\0'，在输出时就得用下面的 for 语句：

```
for(i=0;i<5;i++)
    printf("%c",c[i]);
```

如果是

```
char c[10]={'c','h','i','n','a','\0'};
```

就可以直接用 printf 函数和后面要讲到的格式符 %s 来输出：

```
printf("%s",c);
```

不输出 '\0'，遇到 '\0' 仅表示字符串结束。

“printf("%s",c);”与下面的程序段效果一样：

```
i=0;
while(c[i]!='\0')
    putchar(c[i++]);
```

对于字符串常量，系统会自动地加一个 '\0' 作为结束标志。例如“hello everyone!”加上空格和标点符号共有 15 个字符，但在内存中占 16 个字节，最后一个字节 '\0' 是系统自动加上的。可以说，有了结束标志后，字符数组的长度就显得不那么重要了，系统可以通过检测 '\0' 来判定字符串是否结束。但是，在定义字符数组的时候，还应该估算字符串的实际长度，保证数组长度始终大于字符串的实际长度。

需要说明的是：字符数组并不要求它的最后一个字符为 '\0'，甚至可以不包括 '\0'，像上面的例子“char c[5]={'c','h','i','n','a'};”是完全合法的，只是这种形式的数组只能用 for 循环

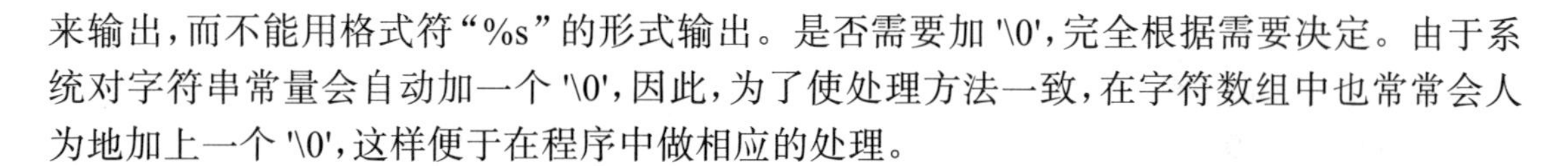

来输出，而不能用格式符“%s”的形式输出。是否需要加 '\0'，完全根据需要决定。由于系统对字符串常量会自动加一个 '\0'，因此，为了使处理方法一致，在字符数组中也常常会人为地加上一个 '\0'，这样便于在程序中做相应的处理。

6.2.5 字符型数组的输入输出

数组与循环是分不开的，对于数值型数组，一维数组通常用单层循环处理，二维数组和嵌套循环相关。对于字符型数组则既可以和数值型数组一样，固定次数循环，也可以不固定次数循环，以 '\0' 作为循环结束的条件。因此，字符数组的输入输出可以有两种方法。

1. 用格式符“%c”逐个输入输出数组元素

【例 6.12】输入输出数组元素。

```
#include <stdio.h>
int main()
{
   char c[7];
   int i;
   for(i=0;i<7;i++)
      scanf("%c",&c[i]);
   for(i=0;i<7;i++)
      printf("%c",c[i]);
   return 0;
}
```

程序运行结果为：

```
Teacher
Teacher
```

【注意】

（1）执行“for(i=0;i<7;i++) scanf("%c",&c[i]);”时，正确的数据输入是一次输入 7 个或 7 个以上的字符，然后回车。若输入的数据不足，则读取已输入的数据，并且把回车也作为一个字符数据读取，然后继续等待输入。

（2）在输入时字符与字符之间没必要额外加空格，空格要占用一个字节的存储空间，除非要输入的数据原来就有空格，否则，将会得到你不想要的结果。比如在上例中，想要的结果是“Teacher”，那么就输入“Teacher”；如果输入“T e a c h e r”，那么得到的结果就变成了“T e a c”。

（3）在 printf() 函数中可以用格式符“%c”来输出，也可以用 putchar() 函数输出，但一般用循环语句（如 for 语句）输出。

2. 用格式符“%s”来实现字符串的输入输出

有了字符串结束标志的规定后，用格式符“%s”输入输出一个字符串变得非常简单。例如以下程序段：

```
char c[]="teacher";
printf("%s",c);
```

执行时将输出“teacher”，它相当于：

```
int i=0;
char c[]="teacher";
while(c[i]!='\0')
{
  printf("%c",c[i]);
  i=i+1;
}
```

用“%s”格式输出字符串时，输出内容是字符数组的名字。在C语句中，数组名表示系统分配给数组存储单元的首地址。“printf("%s",c);”就是从地址c单元开始输出一个字符串（即按“%s”格式输出到'\0'为止）。

例如：

```
char c[10];
scanf("%s",c);
printf("%s",c);
```

运行结果为：

```
    teacher
    teacher
```

执行“scanf("%s",c);”时，将读取从键盘输入键盘缓冲区中的一个字符串（空格或回车结束一串字符），送到地址c开始的内存单元中去。

【注意】

（1）由于数组名代表数组的起始地址，因此在c前面不能再加“&”。如果写作“scanf("%s",&c);”，则是错误的。

（2）输入时，空格或回车作为一个字符串的结束。

如执行“scanf("%s",c);”时输入“tea cher”，则数组c得到的是“tea”，并在最后自动加上字符串结束标志'\0'。

（3）输入时不受字符数组长度的影响，可以突破字符串的长度。

如执行时输入“abc123456789”，将从地址c开始存放这个字符串，并在最后加上'\0'。输出时当然输出的是“abc123456789”，但数组c仅存放了前10个字符。

（4）如果用一个scanf()函数输入多个字符串，在输入时用空格分开。如：

```
char a[10],b[10];
scanf("%s%s",a,b);
```

输入时两个字符串用空格分开，或用回车。即

```
teacher student    或    teacher
                         student
```

（5）如果一个字符数组中包含一个以上的'\0'，则遇到第一个'\0'时输出结束。如：

```
char c[8]={ 'a','b','c','\0','d','e'};
printf("%s",c);
```

则数组的状态为：

a	b	c	\0	d	e	\0	\0

输出的结果为:abc

用"%s"格式输入字符时较难以理解,读者要认真分析,多上机试验。也可以将"scanf("%s",c);"的执行过程理解为:

```
int i=0;
char a,c[10];
while((a=getchar())!='\n'||a!=' ')
{
  c[i]=a;
  i=i+1;
}
```

请读者仔细分析一下执行过程。

6.2.6 字符串处理函数

C语言中有丰富的字符串处理函数,主要有字符串的输入、输出、合并、修改、比较、转换、复制、搜索这几类。使用这些函数可以大大减轻编程人员的负担。

字符串输入输出函数包含在"stdio.h"头文件中,其他字符串函数包含在"string.h"头文件中,使用时应用"#include"命令将其包含到本程序中来。下面介绍几个最常用的字符串函数。

1. 字符串输出函数 puts()

一般形式:puts(字符型数组名)

功能:输出字符型数组中的所有字符(即字符串)。

例如:
```
char c[10]="china";
puts(c);
```

"puts(c);"相当于"printf("%s\n",c);"。

与下列程序段功能相同:

```
i=0;
while(c[i]!='\0')
    putchar(c[i++]);
putchar('\n');
```

【例6.13】输出一个字符串。

```
#include <stdio.h>
int main()
{
  char ch[]="shandong\njinan";
  puts(ch);
  return 0;
}
```

程序运行结果为:

```
shandong
jinan
```

从程序中可以看出，puts() 函数中可以使用转义字符，因此输出结果为两行。用 puts() 函数输出字符串时遇到 '\0' 结束。puts() 函数完全可以由 printf() 函数取代。当需要按一定格式输出时，通常使用 printf() 函数。

2. 字符串输入函数 gets()

一般形式：gets(字符型数组名)

功能：读取从键盘上输入的一个字符串，存入字符型数组中。本函数的返回值为该字符型数组的首地址。

“gets(c)”相当于“scanf("%s",c);”。

【例 6.14】输入一个字符串，然后再输出。

```
#include <stdio.h>
int main()
{
  char ch[15];
  printf("Input string:");
  gets(ch);
  puts(ch);
  return 0;
}
```

程序运行结果为：

```
Input string:I am a teacher
I am a teacher
```

可以看出，当输入的字符串中含有空格时，输出仍为全部字符串。同时，也说明 gets() 函数并不以空格作为字符串输入结束的标志，而只以回车作为输入结束的标志。这一点与 scanf() 函数是不同的。

【注意】 用 puts() 和 gets() 函数只能输出或输入一个字符串，即 puts() 和 gets() 函数的参数只能有一个。“puts(ch1,ch2);”或“gets(ch1,ch2);”都是错误的。

3. 字符串连接函数 strcat()

一般形式：strcat(字符数组名，字符串表达式)

功能：把字符串表达式中的值连接到字符数组的后面形成一个新的字符串。本函数返回值是字符数组的首地址。

【例 6.15】连接两个字符串。

```
#include <stdio.h>
#include <string.h>
int main()
{
  char ch1[20]="Welcome to";
  char ch2[10];
  printf("input your name:");
  gets(ch2);
  strcat(ch1,ch2);
```

```
  puts(ch1);
  return 0;
}
```

程序运行结果为：

```
input your name:Beijing
Welcome to Beijing
```

本程序把初始化的字符数组与动态赋值的字符串连接起来。要注意的是，字符数组的长度应足以能容纳连接后的字符串。

4. 字符串复制函数 strcpy()

一般形式：strcpy(字符数组名,字符串表达式)

功能：把字符串表达式中的值复制到字符数组中，包括字符串结束标志 '\0'。该函数的返回值是字符型数组的首地址。

【例 6.16】复制一个字符串。

```
#include <stdio.h>
#include <string.h>
int main()
{
  char ch1[15]= "abcdefghijklmn", ch2[]="C Language";
  strcpy(ch1,ch2);
  puts(ch1);
  printf("\n");
  return 0;
}
```

程序运行结果为：

```
C Language
```

因为字符数组 ch2 的字符串结束标志 '\0' 也一同复制到字符数组 ch1 中，所以 ch1 的值为：

```
"C Language\0lmn\0"
```

在输出 ch1 时遇到第一个 '\0' 则输出结束。

【注意】

(1) 本函数要求字符数组应有足够的空间存放被复制的字符串。

(2) 不能用赋值语句将一个字符型常量或者一个字符型数组直接赋值给另一个字符型数组，而只能用 strcpy() 函数将一个字符串或字符型数组赋值到另一个字符型数组中去。

如果 ch1 和 ch2 是两个字符型数组，那么，“ch1="English";”和“ch1=ch2;”都是错误的；正确的方法是“strcpy(ch1,"English");”和“strcpy(ch1,ch2);”。

(3) 也可以使用 strcpy() 函数复制字符串的一部分。如：

```
char c[10]="12345";
strcpy(c,"abc",2);
puts(c);
```

运行结果为：

ab345

可见，strcpy() 函数可以复制一部分内容（不包括 '\0'）。

5. 字符串比较函数 strcmp()

一般形式：strcmp(字符数组名 1, 字符数组名 2)

功能：从左向右依次比较两个字符串中对应位置的字符，当出现不同字符时比较结束，返回不同字符的 ASCII 码差值。

因此，返回值>0 时，字符串 1>字符串 2；返回值 =0 时，字符串 1= 字符串 2；返回值<0 时，字符串 1 < 字符串 2。

本函数中的两个参数可以是字符数组名，也可以是字符串常量。

例如："strcmp("abcedf","abcdef")" 的值为 1，是字符 'e' 与字符 'd' 的 ASCII 码差值。

【例 6.17】比较两个字符串的大小。

```
#include <stdio.h>
#include <string.h>
int main()
{
    int n;
    char ch1[15],ch2[]="China Beijing";
    printf("ch2 :");
    puts(ch2);
    printf("input ch1:");
    gets(ch1);
    n=strcmp(ch1,ch2);
    if(n>0) printf("ch1>ch2\n");
    if(n==0) printf("ch1=ch2\n");
    if(n<0) printf("ch1<ch2\n");
    return 0;
}
```

程序运行结果为：

```
ch2:China Beijing
input ch1:Ajlksjkkd
ch1<ch2
```

本程序中将输入的字符串和数组 ch2 中的字符串进行比较，比较结果返回到 n 中，根据 n 的值再输出结果。当输入为"Ajlksjkkd"时，不同的字符是"A"和"C"，由 ASCII 码可知"A"小于"C"，故 n=−2<0，输出结果"ch1<ch2"。

6. 计算字符串长度函数 strlen()

一般形式：strlen(字符数组名)

功能：计算字符串的实际长度（不含字符串结束标志 '\0'），并作为函数返回值。

例如："strlen("China")" 的值是 5，而不是 6。

【例 6.18】计算一字符串的长度。

```
#include <stdio.h>
#include <string.h>
int main()
{
   int n;
   char ch[]="telephone number";
   n=strlen(ch);
   puts(ch);
   printf("The length of the string is %d\n",n);
   return 0;
}
```

程序运行结果为：

```
     telephone number
     The length of the string is 16
```

6.3 综合应用举例

【例 6.19】输入一个选手的 10 个评分，求最终得分。最终得分为去掉最高分和最低分后的平均分。

程序分析：定义一个数组 score[10]，存储选手的 10 个评分。首先计算 10 个评分的总分 sum；然后在 score 中找出最高分 max 和最低分 min；最后再求平均分，即为该选手的最终得分。

```
#include<stdio.h>
void main()
{
    float score[10], max, min, sum, avg;
    sum=0;
    for (int i=0; i<10; i++)
    {
        printf("请输入评分 %d:", i+1);
        scanf_s("%f", &score[i]);
        sum+=score[i];                          // 总分
    }
    /* 求最高分和最低分 */
    max=min=score[0];
    for (int i=1; i<10; i++)
    {
        if (score[i]>max)
```

```
            {
                max=score[i];
            }
            else if (score[i]<min)
            {
                min=score[i];
            }
        }
        avg=(sum-max-min) / (10-2);
        printf(" 此选手的最终得分为 %.2f", avg);
}
```

【例 6.20】编程实现两个字符串的连接。要求：不使用库函数 strcat()。

```
#include <stdio.h>
int main()
{
    char a[30]="shandong",b[]="jinan";
    int i=0,j=0;
    while(a[i])
        i=i+1;
    while(b[j])
    {
        a[i]=b[j];
        i=i+1;
        j=j+1;
    }
    a[i]='\0';
    puts(a);
    return 0;
}
```

程序运行结果为：

```
    shandongjinan
```

也可以将程序简化成下列程序：

```
#include <stdio.h>
int main()
{
    char a[30]="shandong",b[]="jinan";
    int i=0,j=0;
    while(a[++i]);
    while(b[j])
```

```
    a[i++]=b[j++];
  a[i]='\0';
  puts(a);
  return 0;
}
```

特别注意程序中循环的条件，“while(a[++i]);”相当于“while(a[++i]!='\0');”，也相当于“while(a[++i]!=0);”，就是找到字符串结束的位置。第二个循环也是一样的。

【例 6.21】编程实现将一个字符串复制到一个数组中。要求：不使用库函数 strcpy()。

```
#include <stdio.h>
int main()
{
  char a[]="shandong",b[]="jinan";
  int i=0;
  while(b[i])
  {
    a[i]=b[i];
    i=i+1;
  }
  a[i]='\0';
  puts(a);
  return 0;
}
```

程序运行结果为：

```
    jinan
```

【例 6.22】编程比较两个字符串的大小。要求：不使用库函数 strcmp()。

```
#include <stdio.h>
int main()
{ char a[]="shandong",b[]="shanghai";
  int i=0,n;
  while(a[i]==b[i]&&a[i]!='\0'&&b[i]!='\0')
     i=i+1;
  n=a[i]-b[i];
  if(n>0) printf("%s>%s\n",a,b);
  if(n==0) printf("%s=%s\n",a,b);
  if(n<0) printf("%s<%s\n",a,b);
  return 0;
}
```

程序运行结果为：

```
    shandong<shanghai
```

习 题

1. 如果调用了 gets() 函数，则需要预处理命令________________；欲将字符串 s1 复制到字符串 s2 中，其语句是____________________。

2. 若有定义“int a[3][4]={{1,2},{0},{4,6,8,10}};”，则初始化后，a[1][1] 得到的初值是________，a[2][2] 得到的初值是________。

3. C 语言中只能逐个引用数组________，而不能一次引用________数组。

4. 二维数组在存储过程中按________存储，字符串用_________存储。

5. 以下程序段运行后屏幕输出为________。

```
char str[]="ab\\cd";
printf("%d",strlen(str));
```

A. 4　　B. 5　　C. 6　　D. 7

6. 以下为一维整型数组 a 的正确说明的是________。

A. int a(10);

B. int n=10,a[n];

C. int n;
   int a[n];
   scanf("%d",&n);

D. #define SIZE 10
   int a[SIZE];

7. 若二维数组 a 有 m 列，则在 a[i][j] 前的元素个数为________。

A. j*m+i　　B. i*m+j　　C. i*m+j−1　　D. i*m+j+1

8. 有两个字符数组 a、b，则以下正确的输入语句是________。

A. gets(a,b);　　B. scanf("%s%s",a,b);

C. scanf("%s%s",&a,&b);　　D. gets("a"),gets("b");

9. 写出下面程序段的运行结果。

```
char a[7]="abcdef";
char b[4]="ABC";
strcpy(a,b);
printf("%c",a[5]);
```

A. 空格　　B. \0　　C. e　　D. f

10. 写出下面程序的运行结果。

```
#include <stdio.h>
int main()
{
    char str[]="SSSWLIA",c;
    int k;
    for(k=2;(c=str[k])!='\0';k++)
    {
        switch(c)
        {
            case 'I':++k;break;
            case 'L':continue;
            default:putchar(c);continue;
```

```
    }
    putchar('*');
  }
  return 0;
}
```

11. 编写一程序，使其能输出以下形式的金字塔图案。

```
   *
  ***
 *****
*******
```

12. 把下表中的值读入数组，再分别求各行、各列及表中所有数之和。

23	83	36	48
28	55	37	56
27	64	85	54

13. 在一维数组 a[10] 中找出最大值和最小值，分别存放在 max 和 min 两个变量中，并输出 max 和 min。

14. 编一个程序，输入一个字符串，将其中所有的大写英文字母的代码+3，小写英文字母的代码 -3，然后输出加密后的字符串。

【提示】程序的主要工作是输入字符串，并顺序考察输入字符串中的字符，分别对其中的大小写英文字母完成问题要求的更改，而跳过不是英文字母的字符。

15. 编程序，按下列公式计算 s 的值(其中 x1,x2,⋯,xn 由键盘输入)。

$$s=\sum(xi-x0)(xi-x0)$$（其中 x0 是 x1,x2,⋯,xn 的平均值）

【提示】输入数组 x 的 n 个元素的值，按公式计算。在程序中首先输入 n，设 n<100，然后输入 n 个数据，求它们的平均值，最后按计算公式求出 s，并输出。

16. 将一组数按从大到小的顺序排序。

第7章 函 数

在编写一个较为复杂的程序时，往往根据功能把整个程序划分为若干个模块（或程序段），这些具有一定功能的独立的模块，称为子程序，也称为过程或函数，在C语言中统称为函数。因此，C语言的函数就是子程序、函数和过程的总称。函数作为C语言的构件，使得复杂程序的设计变成了多个简单函数的设计，这样便于编程人员分工合作进行程序的设计、调试和维护，增强了程序的通用性和可移植性，大大提高了程序开发的效率。

本章学习目标

- ✧ 掌握函数及其定义方式。
- ✧ 掌握函数的参数和返回值的使用方法。
- ✧ 熟练运用函数的调用方法。
- ✧ 了解变量的作用域及存储类别。
- ✧ 了解外部函数和内部函数。

7.1 函数概述

前面介绍过，C程序是由函数构成的，函数是构成C程序的基本单位，是具有一定功能的模块，构成程序的多个函数中有且只有一个main()函数（通常称为主函数），它作为程序执行的起点，其他函数都是通过主函数调用而执行的。可以说C程序的全部功能都是由各种各样的函数实现的，所以C语言也称为函数式语言。

函数的种类有多种，从设计的角度可分为系统提供的库函数和用户设计的自定义函数。前面章节涉及的printf()、scanf()以及关于字符串处理的函数都是库函数，系统以“头文件”的方式提供给用户，所以，程序中调用库函数时，必须用#include命令将对应的头文件包含到程序中来，否则不能调用。用户根据自身需要自己设计的函数就是所说的自定义函数，如前面例子中的max()和min()函数。

从返回值的角度可分为无返回值的函数和有返回值的函数。printf()、scanf()等是无返回值的函数，getchar()、sqrt()等是有返回值的函数。

从参数的角度可分为无参函数和有参函数。printf()、scanf()等是有参函数，getchar()、fgetc()等是无参函数。

平时所说的函数一般是指自定义函数。自定义函数可以有返回值，也可以无返回值，可以有参数，也可以无参数。本章着重介绍自定义函数的定义形式、调用方式等内容。

7.2 函数的定义

库函数是系统定义的，其定义代码存放在对应的头文件中，在程序中可直接调用。自定义函数要根据函数的格式要求和所需要的功能自己来编写函数代码，然后才能在程序中调用。

函数定义的一般形式：

```
类型 函数名 ([形式参数说明]) } 函数说明部分
{ 声明部分；           ⎫
  执行部分；           ⎬ 函数体
}                      ⎭
```

【例 7.1】定义函数求两个数中的较大数。

```
float max(float x,float y)
{
    float z;
    z=x>y?x:y;
    return(z);
}
```

函数若有返回值，则函数体中应用 return 语句返回一个表达式作为函数的返回值。

【说明】

一个函数（定义）由函数说明部分（函数首部）和函数体两部分组成。

（1）函数说明部分说明了函数类型、函数名称、形式参数类型和名称。

如：float max(float x,float y)

函数类型：函数返回值的数据类型，可以是基本数据类型也可以是构造类型。如果没有返回值，可定义为 void 类型（空类型）。

函数名：它是一个合法的标识符，用于区分不同的函数，调用函数时使用。

形参说明：定义函数时，函数首部中括号内的变量（数学上称自变量）称为“形式参数”，简称函数的形参。若省略形参说明，则为无参函数，但“()”不能省略，也可定义成 void 类型，如 void main(void)。形参说明要包括参数的类型及名称，形参之间用“,”分隔。如：

float max(float x,float y)

每个形参前面都要有类型说明，与变量的定义不完全相同。

（2）函数体：一对“{}”括起来的程序行就是函数体。如果函数有多个“{}”，最外层的才是函数体，内层是复合语句。函数体一般包括两部分——声明部分和执行部分。

① 声明部分：定义本函数所使用的变量以及进行有关声明（如函数声明）。如本例中：

```
float z;
```

② 执行部分：由若干条语句组成的程序段，它是函数的主体，是函数功能的体现。如本例中：

```
z=x>y?x:y;
return(z);
```

函数体的声明部分在前，执行部分在后，两者不能交叉，否则是错误的。函数若有返回值，则函数体中至少有一条 return 语句，否则函数会返回一个不确定的值。

【注意】

（1）函数说明后面没有分号，初学者往往误加上了分号，这是错误的。

（2）在 C 语言中函数只能单个定义，不能嵌套定义。

（3）函数的关系是平行的，没有前后、大小、主次之分，main() 函数也仅仅表示程序执行的起点和终点，除此之外，和其他函数一样。

定义一个函数时，如果函数体为空，也是合法的，称之为空函数。空函数也有一定的作用，它就像学生在教室里占位子一样，占位者随时可以到这里学习；它也像计算机主板上的扩展槽一样，随时可以扩充其功能。

【例 7.2】定义函数求分段函数值。$y=\begin{cases} 2x+3 & (x>0) \\ 5 & (x=0) \\ 3x^2+4x-10 & (x<0) \end{cases}$

算法分析：设函数名为 funy，函数类型为 float，形参用 x 表示，函数值用 y 表示。

参考程序：

```
float funy(float x)
{
   float y;
   if(x>0)  y=2*x+3;
   else if(x==0)  y=5;
         else  y=3*x*x+4*x-10;
   return(y);
}
```

7.3 函数的参数和返回值

7.3.1 函数的形参

“形式参数”即形参，是在函数定义时使用的参数，目的是用来接收调用该函数时传递的数据（实际参数）。如：“float max(int x,int y)”中的 x、y 是函数 max() 的形参；“float funy(float x)”中的 x 是函数 funy() 的形参。

函数形参的作用是实现主调函数与被调函数之间的联系，通常将函数所处理的数据，影响函数功能的因素或者函数处理的结果作为形参。形参是在函数首部定义的，定义的方式与变量定义不同，一是定义的位置不同，形参在函数首部定义，变量在函数体上部定义；二是定义的方式不同，形参定义时，每个形参都要有类型说明符，变量定义时，多个变量可共用一个类型说明符。

7.3.2 函数的返回值

函数被调用（执行）后将返回一个值到调用函数处，函数的值类似于数学上的函数值。函数也可以没有返回值，函数有没有返回值取决于函数定义时的类型，若类型为 void 类型，则表示函数无返回值，否则有返回值。函数返回一个什么值，取决于函数体中 return 语句中的表达式，下面先介绍一下 return 语句。

return 语句的一般形式：

形式 1：return;

形式 2：return 表达式；或 return(表达式);

功能：执行形式 1 的 return 语句时，将结束函数的执行，返回到调用处继续执行程序。执行形式 2 的 return 语句时，不仅结束函数的执行，还将表达式的值带回到调用处作为函数的返回值。

一般情况下，形式 1 的 return 语句用在无返回值的函数中，作为函数的出口（见例 7.3（a）），也可以多处使用 return 语句，设置多个出口（见例 7.3（b）），执行到哪个，哪个就起作用。也可以没有 return 语句，当函数执行完函数体的所有语句时，会自动结束函数的执行，返回到调用处，一般不建议省略 return 语句。

形式 2 的 return 语句用在有返回值的函数中，表达式的类型和函数的类型要一致，否则向函数的类型转换。有返回值的函数中没有 return 语句或有 return 语句没有表达式是错误的。

【例 7.3】无返回值函数示例。

（a）打印一行星号的函数。

```
void funa(int n)
{
 int i;
 for(i=1;i<=n;i++)
     putchar('*');
 putchar('\n');
 return;
}
```

（b）若一个数不能被 3、5、7 整除，则输出该数。

```
void funb(int n)
{
  if(n%3==0)  return;
  if(n%5==0)  return;
  if(n%7==0)  return;
  printf("%d\n",n);
  return;
}
```

【例 7.4】定义函数判断一个数是否为素数。

参考函数 1：

```
int fun1(int n)
{
    int i,a;
    a=1;
    for(i=2;i<=n-1;i++)
        if(n%i==0)
        {
          a=0;
          break;
        }
    return(a);
}
```

参考函数 2：

```
int fun2(int n)
{
  int i;
  for(i=2;i<=n-1;i++)
    if(n%i==0)
      break;
  return(i<=n-1);
}
```

请读者思考一下，函数的返回值与 n 是否是素数的关系。此处，可将 i<=n-1 改成 i<n。

参考函数 3：

```
int fun(int n)
{
  int i;
  for(i=2;i<=n-1;i++)
      if(n%i==0)
         return(0);
  return(1);
}
```

也请注意该函数返回值与 n 是不是素数的关系。

7.4 函数的调用

自定义函数定义好以后，就和标准库函数一样，做好了被调用的准备，自定义函数的调用方法和标准库函数是相同的。有返回值的函数调用可以放在表达式中作为运算量参加运算，也可以作为函数调用语句来调用；而无返回值（void 类型）的函数只能作为函数调用语句来调用。

7.4.1 函数调用的一般形式

函数调用形式：函数名([实参表])

作用：函数调用就是将实参表中的实际参数值传递给函数的形参，执行一次函数。执行后返回到调用处继续执行。

例如把例 7.1 中求两个数中较大数的“float max(float x,float y)”函数，作为运算量调用：

```
c=max(a,b)+50;
```

它是将实参 a、b 的值传递给函数的形参 x、y，执行函数 max() 求出 x、y 的较大数，作为函数的返回值参加运算，实现将 a、b 的较大数与 50 相加的和赋给变量 c。

再如对例 7.3 中的“void funa(int n)”函数，将其作为函数调用语句调用：

```
funa(10);
```

执行该函数调用语句时，将打印一行星号(10 个)，无返回值。

【例 7.5】判断一个数是否是素数，用函数实现。

参考程序：

```
#include <stdio.h>
int main()
{
  int m;
  int fun(int);
  printf("m=");
  scanf("%d",&m);
  if(fun(m)==1)              // 函数调用
    printf("Yes\n");
  else
    printf("No\n");
  return 0;
}
int fun(int n)
{
  int i;
  for(i=2;i<=n-1;i++)
    if(n%i==0)
      return(0);
  return(1);
}
```

这又是一个判断一个数是否是素数的程序，请读者仔细分析、阅读。

在函数调用过程中，被调用的函数称为被调函数，调用被调函数的函数称为主调函数。在本例中，函数 fun() 为被调函数，函数 main() 为主调函数。

被调函数可以是自定义函数，也可以是库函数。若为库函数，调用前必须用预编译命令

(#include)将对应的“头文件”包含到本程序中来。被调函数也可以是其他源文件中的自定义函数，调用前也必须用预编译命令(#include)将该源文件包含到本程序中来才能调用。如：

file1.c 文件中的内容如下：

```
int max(int x,int y)
{
   int z;
   z=x>y?x:y;
   return(z);
}
int min(int x,int y)
{
   return(x<y?x:y);
}
```

file2.c 文件中的内容如下：

```
#include <stdio.h>
#include <file1.c>
int main()
{
   int a,b,max,min;
   printf("a,b=");
   scanf("%d,%d",&a,&b);
   max=max(a,b);
   min=min(a,b);
   printf("max=%d,min=%d\n",max,min);
   return 0;
}
```

7.4.2 函数的实参及数据传递方式

函数的参数有实参、形参之分，定义函数时的参数为形参，调用函数时的参数为实参，如“c=max(a,b)+50;”中 a、b 为实参，定义函数“float max(float x,float y)”时使用的 x、y 为形参。

调用函数时将从主调函数向被调函数传递数据，C 语言中函数参数的传递方式是从实参到形参进行单向值传递。所谓单向值传递就是把实参的值赋给形参。

【例 7.6】找出两个数中的较大者。

参考程序：

```
#include <stdio.h>
float max(float x, float y)
{
   if(x>=y)
      return(x);
```

```
    else
        return(y);
}
int main()
{
    float x,y,z;
    printf("x,y=");
    scanf("%f,%f",&x,&y);
    z=max(x,y);
    printf("z=%f\n",z);
    return 0;
}
```

执行“z=max(x,y);”赋值语句时将调用函数max(),并将实参x、y的值传递给对应的形参x、y。可见实参与形参可以重名。

【注意】

(1)实参表中的实参用“,”分隔,且实参的顺序、个数和类型要和形参一一对应。类型不同时将把实参强制转换为形参的类型,不能转换时会报错。

(2)无参函数调用时,函数名后的括号不能省略。

(3)调用函数时,将从实参到形参进行单向值传递。因此,实参可以是表达式,这一点非常重要。例如:

```
d=max(max(a,b),c);
```

它是求a、b、c的最大值并赋值给d。函数调用可以参加运算,它也是一种简单的表达式,可以作为函数的实参。

(4)函数被调用时,系统才给形参分配内存单元,函数执行结束时回收内存资源,也就是说即使在函数中修改了形参的值,也不会影响实参的值。

7.4.3 函数调用方式

根据函数调用在程序中出现的位置,可将函数调用归纳为两种方式:

1. 函数调用语句方式

以函数调用语句的方式调用函数,不要求函数带回返回值,所以无返回值的函数都是以这种方式调用的。有返回值的函数也可以用这种方式调用,但返回值无用。如:

```
printf("Hello!");
max(3,5);
```

2. 函数作为运算量的调用方式

将函数调用当作运算量参与表达式的运算,就是以运算量的方式调用函数。以这种方式调用的函数都必须是有返回值的函数,否则将出错。如“x=printf("Hello!");”是错误的,而“x=max(max(a,b),c)+10;”是正确的。

函数调用作为函数的实参,实质上也是作为运算量的方式调用的,因为实参也可以是表达式。

7.4.4 函数声明

函数定义后并不一定就能被主调函数调用，若要调用，则应在主调函数中对被调函数进行声明。所谓函数声明，是指向编译系统声明主调函数要调用此函数，并将有关信息（如函数类型、参数类型及个数等）通知编译系统。因为编译系统是从上向下逐行进行编译的，如果不对函数进行声明，那么当编译到函数调用（如 c=max(a,b);）位置时，由于编译系统还没有编译到函数定义的程序段，就不知道 max 是不是函数名，也不知道实参和形参的类型和个数是否一致，此时就会出现编译错误。所以在主调函数中应对被调函数进行声明。不管被调函数是标准库函数，还是自定义函数，在调用前都必须是已存在的。

函数声明的一般形式：

形式 1：类型 函数名(类型 1 形参 1, 类型 2 形参 2, …, 类型 n 形参 n);

形式 2：类型 函数名(类型 1, 类型 2, …, 类型 n);

函数声明的作用：在主调函数中声明本函数中将要调用外部已经定义好的某类型的某函数，以及其参数的情况。

例如：

```
float max(float x,float y);
float max(float,float);
```

该语句的作用是声明在本函数中将要调用已经定义好的名为 max 的单精度实型函数，并且该函数有两个单精度实型的形参。

【例 7.7】求 n!。

算法分析：设计函数 factorial()，求一个数的阶乘，其形参为 int n，返回值为 float 类型。

参考程序：

```
#include <stdio.h>
int main()
{
   int n;
   float g,factorial(int n);
   printf("n=");
   scanf("%d",&n);
   g=factorial(n);
   printf("%d!=%g\n",n,g);
   return 0;
}
float factorial(int n)
{
   int i;
   float f=1;
   for(i=2;i<=n;i++)
      f=f*i;
   return(f);
```

```
}
```

程序运行结果如下：

```
n=5
5!=120
Press any key to continue
```

另外，可以将 factorial() 函数改写成：

```
float factorial(int n)
{
   float f=1;
   while(n)
      f*=n--;
   return(f);
}
```

请读者仔细阅读、分析该函数。

【说明】

（1）函数声明行放在函数体的声明部分，可以和变量定义在一起，和变量共享一个类型标识符。

如：
```
int main()
    {
       float max(float x,float y),n,i;
       char a,b;
       ……
    }
```

（2）函数声明与函数定义的说明部分虽然格式相似（仅差一个分号），但含义完全不同。函数声明是为了主调函数能够调用被调函数而进行的声明，被调用的函数一定是已存在的；函数定义是为完成某一功能而设计的源代码。

（3）函数声明时，使用形式 1 和形式 2 的效果是相同的，因为编译系统不检查参数名，所以有形参时，形参的名字也不必与定义时相同。

例如，函数“float max(float x,float y)”在主调函数中可以这样声明：

float max(float x,float y);

或这样声明：

float max(float a,float b);

也可以这样声明：

float max(float,float);

但不能这样声明：

float max();

（4）在主调函数中声明的被调函数，其位置可以在主调函数之前，也可以在主调函数之后，甚至可以在其他的源程序文件中（外部函数）。

（5）也可以在函数之外对被调函数进行声明，函数声明之后的所有函数均可以调用已声明的被调函数，而不必在主调函数中再声明。如：

```
float max(float x,float y);
int main()
{
  float n,i;
  char a,b;
  n=max(10,30);
  ……
}
```

（6）在主调函数之前定义的被调函数，主调函数中可省略声明，如例 7.6。因为编译系统是从上向下逐行进行编译的，当编译到函数定义时就已经知道被调函数的信息了，因此可以省略对被调函数的声明。建议初学者尽量用这种方法编写程序，将被调函数放于主调函数之前，这样可以不必对函数进行声明。

综上所述，为了避免因忘记声明或错误声明所造成的程序错误，提高程序设计的效率，在程序设计时，关于被调函数的声明，有如下建议：

（1）在函数之外、程序的最前面对被调函数进行声明，和编译预处理命令（如 #include <stdio.h>）写在一起。

（2）尽量将被调函数的定义写在前面，而将 main() 函数定义在最后。

【例 7.8】用函数编程验证“关于偶数的哥德巴赫猜想”（任一大于 2 的偶数都可写成两个素数之和）的正确性。

参考程序如下：

```
#include <stdio.h>
int main()
{
   int n,a,b,w=0;
   int fun(int n);
   do
   {
      printf("n=");
      scanf("%d",&n);
      if(n==4)
         printf("%d=%d+%d\n",n,2,2);
   }while(n<6||n%2!=0);
   for(a=3;a<=n/2;a+=2)
      if(fun(a)==1)
      {
         b=n-a;
         if(fun(b)==1)
         {
            printf("%d=%d+%d\n",n,a,b);
```

```
            w=w+1;
         }
      }
   if(w==0)
      printf("XXXXXX\n");
   return 0;
}
int fun(int n)
{
   int i;
   for(i=2;i<=n-1;i++)
      if(n%i==0)
         return(0);
   return(1);
}
```

请读者自己分析该程序。

7.5 函数的嵌套调用、递归调用

在C语言中，构成程序的所有函数都是并列的、平行的、平等的、独立的模块，通过调用与被调用相关联。函数调用除一般的调用方式外，还有嵌套调用和递归调用两种方式。

7.5.1 函数的嵌套调用

C语言规定，在一个函数中不能定义另一个函数，但在一个函数中可以调用另一个函数，这就是所谓的函数定义不能嵌套，函数调用可以嵌套。函数的嵌套调用是指在函数a中调用了函数b，而在函数b中又调用了函数c的调用方式。嵌套调用可以是两层，也可以是三层或多层。

【例7.9】m=5时打印出如下所示的图形：

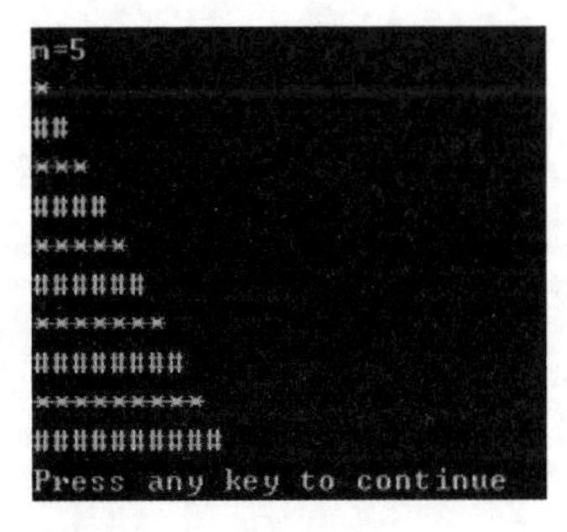

参考程序：

```
#include <stdio.h>
```

```
int pstar(int);                    // 函数声明
int pline(int);                    // 函数声明
int main()
{
    int m,k=1,i;
    void print(int);               // 函数声明
    printf("m=");
    scanf("%d",&m);
    print(m);                      // 函数调用
    return 0;
}
void print(int x)                  //print() 函数定义
{
    int i,k=1;
    for(i=1;i<=x;i++)
    {
        k=pstar(k);                // 函数调用
        k=pline(k);                // 函数调用
    }
    return;
}
int pstar(int n)                   //pstar() 函数定义
{
   int i;
   for(i=1;i<=n;i++)
        putchar('*');              // 打印一行 *
   putchar('\n');
   return(n+1);
}
int pline(int n)                   //pline() 函数定义
{
   int i;
   for(i=1;i<=n;i++)
        putchar('#');              // 打印一行 #
   putchar('\n');
   return(n+1);
}
```

请仔细分析函数嵌套调用的执行过程。

7.5.2 函数的递归调用

递归调用是嵌套调用的一种特殊情况。在调用一个函数的过程中，又直接或间接的调用该函数本身，称为函数的递归调用。递归调用可以分为两种：一种是直接递归调用，另一种是间接递归调用。

例如：→ f() → f() 为直接递归调用；→ f1() → f2() → f1() 为间接递归调用。

如图 7–1 所示，在调用 f() 函数的过程中，又需调用 f() 函数，这是直接调用函数本身，是直接递归调用。而图 7–2 中，在调用 f1() 函数时要调用 f2() 函数，而调用 f2() 函数的过程中又需调用 f1() 函数，这是间接调用函数本身，是间接递归调用。

从图 7–1 和图 7–2 可以看出，递归函数在无休止的直接或间接调用自身，而这种无休止的调用在程序中是不能出现的，因此必须在函数内加上终止递归调用的条件，当条件满足时就结束递归调用，逐层返回。下面举例说明递归调用的执行过程。

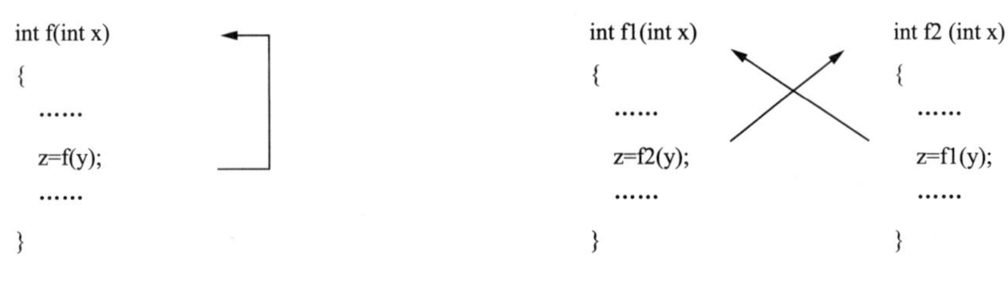

图 7–1　直接递归调用　　　图 7–2　间接递归调用

递归调用过程（两个阶段）：

（1）递推阶段。将原问题不断地分解为新的子问题，逐渐从未知向已知的方向推测，最终到达已知的条件（即递归结束条件），这时递推阶段结束。

（2）回归阶段。从已知条件出发，按照“递推”的逆过程，逐一求值回归，最终到达“递推”的开始处，结束回归阶段，完成递归调用。

【例 7.10】用递归法求 n!。

分析：n!=n*(n−1)*(n−2)*…*2*1=n*(n−1)!

如：5!=5*4*3*2*1=5*4!

将求阶乘的函数定义为 fun()，则 5!=fun(5)=5*4*3*2*1=5*4!，而 4! 也可以表示成 4!=fun(4)=4*3*2*1=4*3!，因此 5!=5*fun(5−1)!。

图 7–3 为用函数 fun() 求 5! 的过程。

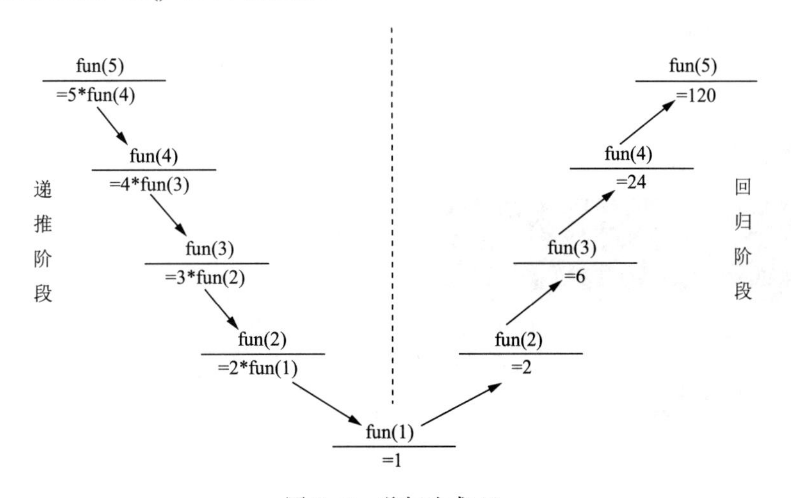

图 7–3　递归法求 5!

如果求 n!，只需将 5 换成 n 即可，即 fun(n)=n*fun(n−1)，但是还要注意一个隐含条件，就是 0 和 1 的阶乘都是 1，而用函数 fun() 来求阶乘 fun(0)、fun(1) 很明显是错误的。因此，要把当 n 等于 0 和 1 的时候分出来求。

用数学公式表述如下：

$$n!=\begin{cases}1 & (n=0,1)\\ n*(n-1)! & (n>1)\end{cases}$$

用递归公式表示如下：

$$fun(n)=\begin{cases}1 & (n=0,n=1)\\ n*fun(n-1) & (n>1)\end{cases}$$

程序设计如下：

```
#include <stdio.h>
int fun(int n)              // 定义求阶乘的递归函数
{
  int s;                    // 定义 s 为返回函数值的变量
  if(n==0||n==1)
      s=1;
  else
      s=n*fun(n-1);         // 调用函数本身
  return s;                 // 返回函数值
}
int main()
{
  int n;
  printf("n=");
  scanf("%d",&n);
  printf("%d!=%d\n",n,fun(n));
  return 0;
}
```

程序运行结果如下：

```
n=6
6!=720
```

7.6 数组作函数参数

访问数组一般是通过访问数组元素来实现的，访问数组元素与访问同类型变量的方法是一样的。因此，数组元素以及参加运算的表达式可以作函数的实参是没有疑问的。另外，数组名也可以作函数的形参和实参。

7.6.1 数组元素作函数的实参

函数的实参可以是表达式。由于数组元素与变量的使用是一样的，所以数组元素以及参加运算的表达式可以作函数的实参，但不能作函数的形参。

【例 7.11】求 10 个整数的最大数。

算法分析：函数 max() 是求两个数中的较大数，用数组 a 表示这 10 个数，用变量 m 表示最大数，则重复执行“m=max(m,a[i]);”，即可求出最大数。

参考程序：

```
#include <stdio.h>
int main()
{
    int a[10],i,m,max(int a,int b);
    for(i=0;i<10;i++)
    {
        printf("No.%d:",i+1);
        scanf("%d",&a[i]);
    }
    m=a[0];
    for(i=1;i<10;i++)
        m=max(m,a[i]);
    printf("max=%d\n",m);
    return 0;
}
int max(int a,int b)
{
    int c;
    c=a>b?a:b;
    return(c);
}
```

7.6.2 数组名作函数的参数

不仅简单变量和数组元素可以作函数的参数，数组名也可以作函数的参数，数组名作参数时，实参和形参都必须分别定义，并且类型要一致。此时调用函数时不是进行单向值传递，而是将实参数组的地址传递给形参数组，也就是说系统是将实参数组的存储单元再分配给形参数组，这样形参数组与实参数组就指向了相同的存储单元，而不为形参数组再分配新的存储单元。所以，在被调函数中通过形参数组可以直接访问到实参数组的数据，返回主调函数后，通过实参数组也可以访问到形参数组处理过的数据。

【例 7.12】求某班某门课程的平均成绩。

分析：设计函数 average() 求一组数的平均数，主调函数中用数组 a 表示某门课程的成绩，调用函数时用数组 a 作实参，函数 average() 中用数组 x 作形参。

参考程序：

```
#include <stdio.h>
int main()
{
   int m,i;
   float a[30],aver;
   float average(float x[],int n);
   printf("m=");
   scanf("%d",&m);
   for(i=1;i<=m;i++)
   {
      printf("No.%d:",i);
      scanf("%f",&a[i]);
   }
   aver=average(a,m);
   printf("average=%f\n",aver);
   return 0;
}
float average(float x[],int n)
{
   int i;
   float p=0;
   for(i=1;i<=n;i++)
      p=p+x[i];
   p=p/n;
   return(p);
}
```

本程序定义了一个实型函数 average()，形参为数组 x 和变量 n。在函数 average() 中，求出数组 x 的平均值并作为该函数的返回值。主函数 main() 中的“aver=average(a,m);”是调用函数 average() 并将返回值赋给变量 aver；调用函数 average() 时实参为数组 a 和变量 m。

【说明】

（1）数组名作函数参数时，形参、实参数组需要分别定义且类型一致。如本程序中，实参数组 a[30] 和形参数组 x[] 都为 float 型，且在主调函数与被调函数中分别定义。

（2）形参数组的长度与实参数组可以不同，在调用函数时，编译系统只传递数组地址而不检查形参数组的长度，通过形参数组可以访问到实参数组的部分或所有元素。

（3）形参数组的长度也可以不定义，一般用另一个形参来表示数组元素的个数。例如，形参可以写为：

```
int f(int a[],int n)
```

其中，形参数组a没有给出长度，而由n值动态地表示数组的长度。n的值由主调函数的实参进行传送。

若是字符型数组，则可以用字符串结束标志确定数组的长度。

（4）数组名作为函数参数时，形参数组值的改变会影响实参数组值的改变。这和普通变量作函数参数是不同的。在用数组名作函数参数时，不是进行值的传递，即不是把实参数组每一个元素的值赋予形参数组的各个元素。因为形参数组并不存在，编译系统不为形参数组分配内存空间。数组名作函数参数时进行的是地址的传递，也就是说把实参数组的首地址赋给形参数组。形参数组取得该首地址之后，就等于有了与实参数组相同的元素，即形参数组和实参数组为同一数组，拥有同一段内存空间。

7.6.3 多维数组名作函数参数

多维数组元素可以作函数的实参，和普通变量作函数实参的用法相同。另外，多维数组名也可以作函数的实参和形参。在被调函数中对形参数组进行定义时，可以指定每一维的大小，也可以省略第一维的大小。如：

int array[5][6]; 或 int array[ ][6];

二者都合法而且等价。但是不能把第二维以及其他更高维的大小省略。如下面是不合法的定义：

```
int array[ ][ ];
int array[5][ ];
```

另外一种情况，在第二维大小相同的前提下，形参数组的第一维可以与实参数组不同，如实参数组定义为：

```
int array[5][10];
```

而形参数组可以这样定义：

int array[3][10]; 或 int array[8][10];

因为二维数组都是由若干个一维数组构成的，而这时的形参数组和实参数组都是由相同类型和大小的一维数组组成的。C编译系统不检查第一维的大小。

【例7.13】有一个3×4的矩阵，求所有元素的最大值。

分析：先使变量max的初值为矩阵中第一个元素的值，然后将矩阵中各个元素的值与之比较，每次比较后都把“大者”存放到max中，所有元素比较完毕后，max的值就是所有元素中的最大值。

参考程序：

```
#include <stdio.h>
int max(int array[][4])
{
   int i,j,k,max;
   max=array[0][0];
   for(i=0;i<3;i++)
      for(j=0;j<4;j++)
```

```
        if(array[i][j]>max)
            max=array[i][j];
    return max;
}
int main()
{
    int a[3][4]={{3,1,7,5},{6,8,10,4},{9,2,13,15}};
    printf("max=%d\n",max(a));
    return 0;
}
```

程序运行结果如下：

```
max=15
Press any key to continue
```

如果将已知矩阵换成任意一个 3×4 矩阵，应该怎样修改程序？请回顾已学过的数组知识，并自己编写。

7.7 变量的作用域及存储类型

7.7.1 变量的作用域

所谓变量的作用域，是指变量在程序中能够访问或使用的范围。根据变量的作用域，把变量分成两类：一类是局部变量，一类是全局变量。

1. 局部变量

函数内部定义的变量及形参都是局部变量，其作用域是本函数，也就是说局部变量只能在本函数中使用，其他函数不能访问。到目前为止，前面所介绍的所有程序中的变量和形参都是局部变量，包括 main() 函数中的变量。如：

```
int fun1(char x,float y)
{
    int a,b,c;
    ……
}
int fun2(char a,float b)
{
    int i,j,k;
    ……
}
int main()
```

```
{
  double m,n;
  ……
}
```

函数 fun1() 中的 x、y、a、b、c 是函数 fun1() 的局部变量，其作用域是 fun1() 函数；同样，函数 fun2() 中的 a、b、i、j、k 是函数 fun2() 的局部变量，其作用域是 fun2() 函数；主函数中的 m、n 也是局部变量。

关于局部变量的几点说明：

（1）函数的形参及内部定义的变量都是局部变量，其作用域是本函数。

（2）不同函数中的局部变量可以重名，但它们表示的是不同的变量，分配不同的存储单元，可以存放不同的数据，互不干扰。

（3）在复合语句中也可以定义变量，这种变量也是局部变量，它们的作用域是本复合语句，在复合语句外不能使用。在这种局部变量起作用的复合语句中，重名的其他局部变量不能使用。例如：

```
float min(float x,float y)
{
  float z;
  {
    float q;
    if(x<y)   q=x;
    else      q=y;
    z=q;
  }
  return(z);
}
```

2. 全局变量

在函数外定义的变量是全局变量，可以在所有函数之前定义，和文件包含命令放在一起，也可以在函数之间定义，还可以在所有函数的最后定义。全局变量的作用域是从定义处开始后的所有函数。例如：

```
#include <stdio.h>
int a,b,c;
float fun1()
{
  ……
}
float x,y;
char fun2()
{
  ……
}
```

```
char c1,c2;
int main()
{
  ……
}
```

变量a、b、c、x、y、c1、c2都是全局变量,但它们的作用域不完全相同。变量a、b、c的作用域是所有函数,变量x、y的作用域是函数fun2()和函数main(),变量c1、c2的作用域是函数main()。可见,全局变量的作用域并不一定是全部函数,那么,怎样在全局变量定义前使用全局变量呢?

关于全局变量的几点说明:

(1) 若要在全局变量定义前的函数中引用全局变量,则应在该函数中使用关键字"extern"对要引用的全局变量加以说明,说明本函数要调用本函数之外的已定义好的某全局变量。

例如,上例中在函数fun1()中要调用变量c1、c2,则在函数fun1()中要对c1、c2进行如下说明:

```
float fun1()
{
  extern char c1,c2;
  ……
}
```

这样,函数fun1()中就可以调用变量c1、c2了。一般情况下是将全局变量定义在调用它的函数之前或所有函数之前,这样不用说明就可以直接调用全局变量。

(2) 全局变量的使用增加了函数间数据联系的渠道,使主调函数能获得更多的函数处理数据,减少了函数参数的数量,节省了内存资源,减少了参数传递的时间消耗,提高了程序运行的速度。

(3) 全局变量的使用虽有上述好处,但也有如下弊端:① 程序执行过程中,全局变量始终占用存储单元,就像班级的固定教室一样,资源得不到充分利用。② 全局变量的使用,使被调函数过多地依赖全局变量而运行,降低了函数的独立性、可移植性和可读性。因此,除非必要,一般不要使用全局变量。

(4) 当全局变量与局部变量重名时,在局部变量的作用域内,全局变量被"屏蔽",不能访问。

7.7.2 变量的存储类型(生存期)

各种变量的作用域不同,就其本质来说是因变量的存储类型不同。所谓存储类型,是指变量占用内存空间的方式,也称为存储方式。

变量的存储方式可分为静态存储和动态存储两种。

静态存储变量通常是在变量定义时就划分存储单元并一直保持不变,直至整个程序结束。全局变量即属于此类存储方式。动态存储变量是在程序使用时才分配存储单元,使用完毕立即释放。典型的例子是函数的形式参数,在函数定义时并不给形参分配存储单元,只是在函数被调用时,才予以分配,调用函数执行完毕立即释放。如果一个函数被多次调用，则会反复地分配、释放形参变量的存储单元。从以上分析可知，静态存储变量是一直存在的，而动态存储变量则时而存在时而消失。把这种由于变量存储方式不同而产生的特性称为变量的生存期，生存期表示了变量存在的时间。生存期和作用域是从时间和空间这两个不同的角度来描述变量的特性，这两者既有联系又有区别。一个变量究竟属于哪一种存储方式，并不能仅从其作用域来判断，还应有明确的存储类型说明。

在C语言中，变量的存储类型有以下四种：

（1）auto：自动变量；

（2）register：寄存器变量；

（3）extern：外部变量；

（4）static：静态变量。

自动变量和寄存器变量属于动态存储方式，外部变量和静态变量属于静态存储方式。在介绍了变量的存储类型之后，可以知道对一个变量的说明不仅应说明其数据类型，还应说明其存储类型。因此，变量说明的完整形式应为：

<存储类型说明符><数据类型说明符><变量名1,变量名2,…;>

例如：

```
static int a,b;                  // 说明a、b为静态类型变量
auto char c1,c2;                 // 说明c1、c2为自动字符变量
static int a[5]={1,2,3,4,5};     // 说明a为静态整型数组
extern int x,y;                  // 说明x、y为外部整型变量
```

下面分别介绍以上四种存储类型。

1. 自动变量

自动变量的类型说明符为auto。这种存储类型是C语言程序中使用最广泛的一种类型。C语言规定，函数内凡未加存储类型说明的变量均视为自动变量，也就是说自动变量可省去说明符auto。在前面各章的程序中所定义的变量凡未加存储类型说明符的都是自动变量。例如：

```
int main()
{
  int i,j,k;
  char c;
  ……
}
```

等价于：

```
int main()
{
  auto int i,j,k;
  auto char c;
  ……
}
```

自动变量具有以下特点：

（1）自动变量的作用域仅限于定义该变量的个体内。在函数中定义的自动变量，只在

该函数内有效。在复合语句中定义的自动变量只在该复合语句中有效。例如：

```
int kv(int a)
{
  auto int x,y;
  {
    auto char c;   } c 的作用域    } a,x,y 的作用域
  }
  ……
}
```

（2）自动变量属于动态存储方式，只有在被使用，即定义该变量的函数被调用时才给它分配存储单元，开始它的生存期。函数调用结束，释放存储单元，结束生存期。因此函数调用结束之后，自动变量的值不能保留。在复合语句中定义的自动变量，在退出复合语句后也不能再使用，否则将引起错误。例如以下程序：

```
#include <stdio.h>
int main()
{
  auto int a;
  printf("\n input a number:\n");
  scanf("%d",&a);
  if(a>0)
  {
    auto int s,p;
    s=a+a;
    p=a*a;
  }
  printf("s=%dp=%d\n",s,p);
  return 0;
}
```

s、p 是在复合语句内定义的自动变量，其作用域为该复合语句。但程序中却在退出复合语句之后用 printf 语句输出 s 和 p 的值，这显然会引起错误。

（3）由于自动变量的作用域和生存期都局限于定义它的个体内（函数或复合语句内），因此不同的个体中允许使用同名的变量而不会混淆。即使在函数内定义的自动变量也可与该函数内部复合语句中定义的自动变量同名。

【例 7.14】分析程序并写出运行结果。

```
#include <stdio.h>
int main()
{
  auto int a,s=100,p=100;
  printf("\n input a number:\n");
  scanf("%d",&a);
```

```
    if(a>0)
    {
      auto int s,p;
      s=a+a;
      p=a*a;
      printf("s=%d, p=%d\n",s,p);
    }
    printf("s=%d, p=%d\n",s,p);
    return 0;
}
```

程序运行结果如下：

```
input a number:
5
s=10, p=25
s=100, p=100
Press any key to continue
```

本程序在 main() 函数中和复合语句内两次定义了自动变量 s、p。按照 C 语言的规定，在复合语句内，应由复合语句中定义的 s、p 起作用，故 s 的值应为 a+a，p 的值为 a*a。退出复合语句后的 s、p 应为 main() 函数所定义的 s、p，其值在初始化时给定，均为 100。从运行结果可以分析出两个 s 和两个 p 虽变量名相同，但却是两个不同的变量。

2. 外部变量

外部变量的类型说明符为 extern。在前面介绍全局变量时已介绍过外部变量，这里再补充说明外部变量的几个特点：

（1）外部变量和全局变量是对同一类变量的两种不同提法。全局变量是从它的作用域角度提出的，外部变量则是从其存储方式角度提出的。

（2）当一个源程序由若干个源文件组成时，在一个源文件中定义的外部变量在其他的源文件中也有效。例如下面的源程序由源文件 F1.C 和 F2.C 组成。

源文件 F1.C：

```
int a,b;                    // 外部变量定义
char c;                     // 外部变量定义
int main()
{
  ……
}
```

源文件 F2.C：

```
extern int a,b;             // 外部变量说明
extern char c;              // 外部变量说明
fun c(int x,y)
{
  ……
```

}

在 F1.C 和 F2.C 两个文件中都要使用 a、b、c 三个变量。在 F1.C 文件中把 a、b、c 都定义为外部变量。在 F2.C 文件中用 extern 把三个变量说明为外部变量，表示这些变量已在其他文件中定义，并把这些变量的类型和变量名告诉编译系统，编译系统不再为它们分配内存空间。

3. 静态变量

静态变量的类型说明符为 static。静态变量属于静态存储方式，但是属于静态存储方式的变量不一定就是静态变量。例如，外部变量虽属于静态存储方式，但不一定是静态变量，必须由 static 加以说明后才能成为静态外部变量，或称静态全局变量。对于自动变量，前面已经介绍过它属于动态存储方式，但是也可以用 static 说明它为静态自动变量，或称静态局部变量，从而变为静态存储方式。

（1）静态局部变量。

在局部变量的定义前加上 static 说明符就构成静态局部变量。例如：

```
static int a,b;
static float array[5]={1,2,3,4,5};
```

静态局部变量属于静态存储方式，它具有以下特点：

① 静态局部变量在函数内定义，但不像自动变量那样，调用函数时就存在，退出函数时就消失。静态局部变量始终存在着，也就是说它的生存期为整个源程序。

② 静态局部变量的生存期虽然为整个源程序，但其作用域仍与自动变量相同，即只能在定义该变量的函数内被使用。退出该函数后，尽管该变量还存在，但不能继续被使用。

③ 允许对构造的静态局部变量赋初值。在数组一章中，介绍数组初始化时已做过说明。若未赋予初值，则由系统自动初始化为 0。

④ 对于基本类型的静态局部变量，若在说明时未赋初值，则系统自动初始化为 0。而自动变量不赋初值，则其值是不定的。根据静态局部变量的特点，可以看出它是一种生存期为整个源程序的变量。虽然离开定义它的函数后不能使用，但如再次调用定义它的函数时，它又可继续使用，而且保存了前次被调用后留下的值。因此，当多次调用一个函数且要求在调用之间保留某些变量的值时，可考虑采用静态局部变量。虽然用全局变量也可以达到上述目的，但全局变量有时会造成意外的副作用，因此仍以采用静态局部变量为宜。

【例 7.15】静态局部变量的应用。

```
#include <stdio.h>
int main()
{
    int i;
    void f();                    // 函数声明
    for(i=1;i<=5;i++)
      f();                       // 函数调用
    return 0;
}
void f()                         // 函数定义
```

```
  {
    auto int j=0;
    ++j;
    printf("%d\n",j);
    return;
  }
```

程序运行结果如下：

```
1
1
1
1
1
```

程序中定义了 f() 函数，其中的变量 j 为自动变量，并赋初值为 0。当 main() 函数中多次调用 f 时，j 均赋初值为 0，故每次输出值均为 1。现在把 j 改为静态局部变量，程序如下：

```
#include <stdio.h>
int main()
{
   int i;
   void f();
   for(i=1;i<=5;i++)
      f();
   return 0;
}
void f()
{ static int j;
  ++j;
  printf("%d\n",j);
  return;
}
```

程序运行结果如下：

```
1
2
3
4
5
```

由于 j 为静态局部变量，未被初始化，系统自动初始化为 0。j 能在每次调用后保留其值并在下一次调用时继续使用，所以输出值为累加的结果。读者可自行分析其执行过程。

（2）静态全局变量。

在全局变量（外部变量）的定义之前加说明符 static，就构成了静态的全局变量。全局变量本身就是静态存储方式，静态全局变量当然也是静态存储方式。这两者在存储方式上是相同的。两者的区别在于非静态全局变量的作用域是整个源程序，当一个源程序由多个源文件组成时，非静态全局变量在各个源文件中都是有效的；而静态全局变量则限制了其作用域，即只在定义该变量的源文件内有效，在同一源程序的其他源文件中不能使用。由于静态全局变量的作用域仅局限于定义它的源文件，即只能为该源文件内的函数共用，因此在不同的源文件中定义同名的静态全局变量不会引起错误。

从以上分析可以看出，把局部变量改变为静态变量后是改变了它的存储方式，即改变了它的生存期；而把全局变量改变为静态变量后则是改变了它的作用域，限制了它的使用范围。因此，static 这个说明符在不同的地方所起的作用是不同的，使用时应予以注意。

4. 寄存器变量

上述各类变量都存放在存储器内，因此当对一个变量频繁读写时，必须要反复访问内存储器，从而花费大量的存取时间。为此，C 语言提供了另一种变量，即寄存器变量。这种变量存放在 CPU 的寄存器中，使用时，不需要访问内存，而直接从寄存器中读写，这样可提高存取效率。寄存器变量的说明符是 register。对于循环次数较多的循环控制变量及循环体内反复使用的变量均可定义为寄存器变量。

【例 7.16】求 1+2+3+…+200 的值。

```
#include <stdio.h>
int main()
{
   register int i,s=0;
   for(i=1;i<=200;i++)
      s=s+i;
   printf("s=%d\n",s);
   return 0;
}
```

本程序 for 语句循环 200 次，i 和 s 都将频繁使用，因此可定义为寄存器变量。

对寄存器变量还需要说明以下几点：

（1）只有局部自动变量和形式参数才可以定义为寄存器变量，因为寄存器变量属于动态存储方式。凡需要采用静态存储方式的变量均不能定义为寄存器变量。

（2）Turbo C、MS C 等 C 语言编译软件中，实际上是把寄存器变量当成自动变量处理的，因此速度并未提高。而在程序中允许使用寄存器变量只是为了与标准 C 保持一致。

（3）即使能真正使用寄存器变量的机器，由于 CPU 中寄存器的个数是有限的，因此使用寄存器变量的个数也是有限的。

7.8 内部函数和外部函数

函数一旦定义后就可被其他函数调用。但当一个源程序由多个源文件组成时，在一个源文件中定义的函数能否被其他源文件中的函数调用呢？为此，C 语言又把函数分为两类：内部函数和外部函数。

7.8.1 内部函数

如果在一个源文件中定义的函数只能被本文件中的函数调用,而不能被同一源程序其他文件中的函数调用,这种函数称为内部函数。

定义内部函数的一般形式是:

static 类型说明符 函数名(形参表)

例如,定义如下内部函数:

```
static int f(int a,int b)
{
  ……
}
```

内部函数也称为静态函数。但此处静态 static 的含义已不是指存储方式,而是指对函数的调用范围只局限于本文件,因此在不同的源文件中定义同名的静态函数不会引起混淆。

【说明】

(1) 内部函数定义时,static 关键词不能省略。

(2) 内部函数又称为静态函数,其使用范围仅限于定义它的模块(源文件)。对于其他模块它是不可见的。内部函数常用于以下场合:

① 有一些涉及机器硬件、操作系统的底层函数,如果使用不当或错误使用可能出现问题。为避免其他程序员直接调用,可以将此类函数定义为静态函数,而开放本模块的其他高层函数,供其他程序员使用。

② 还有一种情况就是,程序员认为某些函数仅是程序员自定义模块中其他函数的底层函数,这些函数不必由其他程序员直接调用,此时也常将这些函数定义为静态函数。

(3) 不同模块中的内部函数可以同名。但其作用域不同,事实上根本就是不同的函数。

7.8.2 外部函数

外部函数是能被任何源文件(模块)中的任何函数所调用的函数。外部函数在整个源程序中都有效。

其定义的一般形式为:

extern 类型说明符 函数名(形参表)

例如:定义如下外部函数:

```
extern int f(int a,int b)
{
  ……
}
```

如果在函数定义中没有说明 extern 或 static,则默认为 extern,即缺省说明时默认为外部函数。在一个源文件的函数中调用其他源文件中定义的外部函数时,应使用 extern 关键字说明被调用的函数为外部函数。例如:

源文件 F1.C

```
int main()
{ extern int f1(int i);        // 外部函数说明,表示 f1 函数在其他源文件中已经定义
```

```
    ……
}
源文件 F2.C
extern int f1(int i)            // 外部函数定义
{
    ……
}
```

习 题

1. 函数可以嵌套调用，但是不可以嵌套________；函数直接或者间接的自己调用自己，被称为函数的________。

2. C 语言规定，简单变量作实参时，和它对应的参数之间的传递方式是________；若用数组名作为函数调用的实参，传递给形参的将是数组的________。

3. 按照变量在函数中作用域的不同，可以将变量分为________和________。

4. C 语言中函数的类型是由________决定的。

A. 定义函数时指定的类型　　B. return 语句中的表达式类型

C. 调用该函数时的实参的数据类型　　D. 形参的数据类型

5. 在一个源文件中定义的全局变量的作用域是________。

A. 本文件的全部范围　　B. 本程序的全部范围

C. 本函数的全部范围　　D. 从定义该变量开始至本文件结束

6. 在 C 语言中，形参的缺省存储类型是________。

A. auto　　B. register　　C. static　　D. extern

7. 在主函数中任意输入一个整数，设计一函数使其有如下功能：计算整数的各位数字之和。如：输入 31，得结果为 4。

8. 由键盘任意输入两个整数，自定义两个函数分别来求两个整数的最大公约数和最小公倍数，在主函数中利用函数调用完成程序。

9. 已知 abc+bcc=1 333，其中 a、b、c 均为一位整数，编写一个函数，求出 a、b、c 分别代表什么数字。

【提示】 a、b、c 为 0~9 内的任意整数，abc、bcc 是分别由三个整数组成的一个三位数。

10. 有一个一维数组，存放 10 个学生成绩，写一个函数求平均分、最高分和最低分。

11. 求 100~1 000 的所有个位数与十位数之和被 10 除所得余数恰好是百位数的素数（如 293），并求出各位上的数字之和。要求：编写两个被调函数，一个用来求满足条件的素数，另一个求各位上的数字之和。

12. 写一个函数，使输入的一个字符串按反序存放，在主函数中输入和输出字符串。

13. 编写一个函数，由实参传递一个字符串，统计此字符串中字母、数字、空格及其他字符的个数，在主函数中输入字符串，并输出上述结果。

14. 设计一函数 long repl(int x)，其功能为：将整数 x 转换成相应的二进制数并以长整型数的形式输出。

15. 有 n 个人坐一块，问第 n 个人多大？他说比第 n-1 个人大 2 岁。问第 n-1 个人多大？他说比第 n-2 个人大 2 岁。这样一直问下去，直到问到第一个人时，他说他 10 岁。求第 n 个人的年龄。

【提示】 n 值由主函数输入，利用递归函数调用完成程序。

第8章 指 针

指针是C语言的一种数据类型，也是C语言中一个非常重要的概念。灵活地运用好指针，可有效地表示复杂的数据结构，方便地使用数组和字符串；用指针作参数调用函数，可得到多个结果；使用指针可直接处理内存单元地址，等等。指针的概念，极大地丰富了C语言的功能，是最能体现C语言特色的部分，也是C语言的灵魂，同时也是C语言中最危险的特性之一。正确使用指针编程，可使程序简洁、紧凑、高效，若使用不当，很可能引入难以排除的程序错误。因此，学习C语言，一定要学习和掌握指针的使用，否则就没学到C语言的精华。同时，指针也是学习C语言的难点之一，在学习中除了要正确理解基本概念，还必须多进行编程练习、多上机调试程序。

本章学习目标

- ✧ 理解指针的概念和本质。
- ✧ 掌握指针变量的定义和引用方法。
- ✧ 熟练使用指针来操作数组和字符串。
- ✧ 了解指针指向函数的应用。
- ✧ 了解指向指针的指针。

8.1 地址和指针的概念

8.1.1 地址的概念

为了说清楚什么是指针，必须弄清楚数据在内存中是如何存储的，又是如何读取的。

1. 变量的地址

如果在程序中定义了一个变量，在编译时就要给这个变量分配内存单元。系统根据程序中定义的变量类型，分配一定长度的空间。例如，在Visual C++系统中，为整型变量分配4个字节的存储空间，为单精度实型变量分配4个字节的存储空间，为字符型变量分配1个字节的存储空间。

内存可划分为若干个存储单元，每个单元可以存放8位二进制数，即一个字节。

内存单元采用线性地址编码，每个单元具有唯一的编码，即"地址"，相当于旅馆中的房间号。数据存放在地址所标识的内存单元中，相当于旅馆中各个房间里居住的旅客。

假设程序中有如下语句：

```
int i,j,k;
```

则编译时系统分配 2000H 到 2003H 共 4 个字节的存储空间给变量 i，2004H 到 2007H 的 4 个字节给变量 j，2008H 到 200BH 的 4 个字节给变量 k。

在程序中一般是通过变量名来对内存单元进行存取操作的。但实际上程序经过编译后已经将变量名转换为变量的地址，对变量值的存取都是通过地址进行的。

2. 变量的访问方式

访问计算机内存中的数据（如变量或数组元素的值）时，有直接访问和间接访问两种方式。

（1）直接访问。

如“int a=3;”，即将 3 直接送入变量 a 所占的存储单元（如图 8-1 所示，地址为 12ff7c），这种访问为直接访问。看下面的例子：

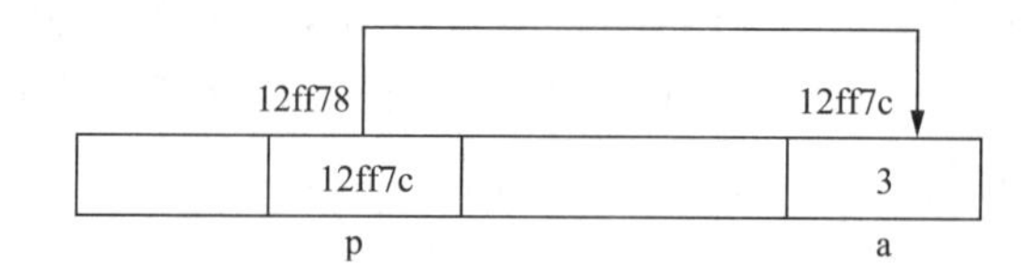

图 8-1　变量在内存中的地址分配

【例 8.1】用直接访问方式访问变量中的数据。

```
#include <stdio.h>
int main()
{
    int a;
    printf("Please input an integer:");
    scanf("%d",&a);
    printf("The output:\n");
    printf("%d\n",a);          // 输出变量 a 的值
    printf("%x\n",&a);         // 输出变量 a 的地址
    return 0;
}
```

程序运行结果如下：

```
Please input an integer:20
The output:
20
12ff7c
```

该程序在编译时，编译系统为程序中定义的整型变量 a 分配 4 个字节的存储空间，此次程序执行分配的 4 个字节的地址为 12ff7cH、12ff7dH、12ff7eH 和 12ff7fH。当执行 scanf() 函数时，键盘输入的数据“20”被存放到地址为上述 4 个地址代表的存储空间中；当执行 printf() 函数时，将从该存储空间中取出数据“20”，并显示在屏幕上。scanf() 函数中的“&a”表示变量 a 所占用的内存空间首字节地址为 12ff7cH；printf() 函数中的“a”表示存储在变量 a 所在内存空间中的数据。

（2）间接访问。

定义一个变量 p，用于存放整型变量 a 的地址，通过 p 访问 a，就是间接访问。那么如何定义 p 呢？如何获取变量 a 的地址呢？又如何通过 p 访问 a 呢？请看下面的例子：

【例 8.2】间接访问方式访问变量中的数据。

```
#include <stdio.h>
int main()
{
    int a,*p;
    p=&a;
    printf("Please input an integer:");
    scanf("%d",p);
    printf("The output:\n");
    printf("%d\n",a);
    printf("%x\n",&a);
    printf("%d\n",*p);
    printf("%x\n",p);
    printf("%x\n",&p);
    return 0;
}
```

程序运行结果如下：

```
Please input an integer:20
The output:
20
12ff7c
20
12ff7c
12ff78
```

程序中定义了整型变量 a 和另一个特殊的变量 p，p 中存放的是 a 的地址，表示指针变量 p 指向了变量 a。程序在编译的时候，编译系统为变量 a 分配了 4 个存储单元，其地址从 12ff7cH 到 12ff7fH，而为指针变量 p 分配地址从 12ff78H 到 12ff7bH 的 4 个字节的存储空间，p 中存放的是 12ff7cH，从程序中可以看出，这恰恰是变量 a 的首字节地址。即在执行 scanf() 函数时，从键盘输入的数据将被存放到 p 所指的地址 12ff7cH 中。用 printf() 函数输出 *p 表示访问 p 所指的存储空间 12ff7cH~12ff7fH 中的值，即变量 a 的值（详见图 8-1）。

8.1.2 指针的概念

变量所分配的内存空间的首字节地址称为该变量的指针。定义指针的目的是通过指针去访问内存单元。严格地说，“指针”是地址值，是常量；而“指针变量”是指值为地址的变量，可以被赋予不同的指针值。

既然指针变量的值是一个地址，这个地址不仅可以是变量的地址，也可以是其他数据结构的地址，那么在一个指针变量中存放一个数组或一个函数的首地址有何意义呢？因为数组或函数都是连续存放的，通过访问指针变量取得数组或函数的首地址，也就找到了该数组或函数，所以，只要将数组或函数的首地址赋给指针变量，那么该数组或函数就可以用一个指针变量来表示。这样做，将会使程序的概念更加清楚，程序本身也更精练、高效。

在C语言中，一种数据类型或数据结构往往占用一组连续的内存单元。用“地址”这个概念并不能很好地描述一种数据类型或数据结构，而“指针”虽然本质上也是一个地址，但它却是一个数据结构的首地址，它是“指向”一个数据结构的，因而概念更为清楚，表达的意义更为明确。这也是引入“指针”概念的一个重要原因。

8.2 指针变量的定义和引用

如上节所述，变量所分配的内存空间的首地址称为该变量的指针。而指针变量是专门用来存放变量地址的特殊变量。

在学习C语言时，搞清指针和指针变量之间的关系是非常必要的。二者之间的关系是：指针存放在指针变量中，指针变量的值就是指针。当一个指针变量p存放了某个变量a的地址时，就说p指向了变量a，这种“指向”是通过指针实现的。

为了表示指针变量和它所指向的变量之间的关系，在程序中用“*”符号表示“指向”，例如，p代表指针变量，而*p是p所指向的变量。

因此，若指针p指向整型变量a，则下面两个语句作用相同：

a=5;

*p=5;

第二条语句的含义是将5赋给指针变量p所指向的变量，如图8–2所示。

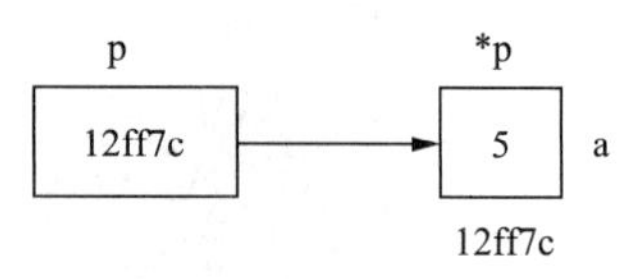

图8–2　p与*p的关系

8.2.1 指针变量的定义

C语言中规定，所有的变量在使用前必须先定义，指定其类型，并按此分配内存单元。指针变量不同于其他类型的变量（如整型、浮点型），它是专门用来存放地址的，所以必须将其定义为“指针类型”。

对指针变量的定义包括三方面内容：

（1）指针类型说明，即定义变量为一个指针变量；

（2）指针变量名；

（3）其值（即指针）所指向的变量的数据类型。

其一般形式为：

[存储类型] 类型说明符 * 变量名1[,* 变量名2[,…]];

其中，“*”是一个说明符（在这里它不是乘法运算符），表示这是一个指针变量，变量名即为定义的指针变量名，类型说明符表示本指针变量所指向的变量的数据类型。指针和普通变量一样，也有auto、register、static和extern四种存储类型，它决定了指针的生存周期和作用域；指针定义在程序的不同位置上，决定了指针的使用范围。例如：

int *p1;

表示 p1 是一个指针变量，它的值是某个整型变量的地址，或者说 p1 指向一个整型变量。至于 p1 究竟指向哪一个整型变量，应由向 p1 赋予的地址来决定。再如：

```
int *p2;    // p2 是指向整型变量的指针变量
float *p3;  // p3 是指向浮点型变量的指针变量
char *p4;   // p4 是指向字符型变量的指针变量
```

【说明】

（1）指针变量前的“*”表示该变量的类型为指针。在上面的例子中，指针变量名分别是 p2、p3 和 p4，而不是 *p2、*p3 和 *p4。

（2）一个指针变量只能指向同类型的变量，如 p3 只能指向浮点型变量，不能时而指向一个浮点型变量，时而又指向一个字符型变量。

8.2.2 指针变量的引用

指针变量同普通变量一样，使用前不仅要定义说明，而且必须赋予具体的值，未经赋值的指针变量不能使用。而且，只能为指针变量赋予地址，决不能赋予任何其他数据，否则将引起错误。在 C 语言中，变量的地址是由编译系统分配的，对用户来说是完全透明的，用户不知道变量的具体地址。

与指针变量有关的运算符有两种，一是地址运算符，二是指针运算符(或称“间接访问”运算符)。

1. 取地址运算符

C 语言中提供了“&”(地址运算符)来表示变量或数组元素的地址。其一般形式为：

  & 变量名;

这种形式在 scanf() 函数中已经大量使用过。使用时变量或数组本身必须预先说明。

对“&”运算符的两点说明：

（1）“&”是一个一元运算符，其优先级和结合性均与其他一元运算符相同，将它施加在变量或数组元素上，就可以得到该变量或数组元素的地址。需要注意的是，“&”不能施加在常量或表达式上。例如，不能对数组名施加“&”运算，数组名代表的是数组的首地址，是一个常量；也不能对诸如“20”或“a+b”这样的常量或表达式施加“&”运算。

（2）“&”在形式上与位操作中的“按位与”运算符相同，但是“按位与”运算符是一个二元运算符，所以二者在使用上不会发生混淆。

当变量或数组定义后，就可以用“&”运算符来查看其地址。请看下面的例子。

【例 8.3】分析下列程序。

```
#include <stdio.h>
int main()
{
    int a=1;
    float b=2;
    double c=3;
    int d[3];
    printf("Address of a is %p\n",&a);
    printf("Address of b is %p\n",&b);
```

```
    printf("Address of c is %p\n",&c);
    printf("Address of array d is %p\n",d);
    printf("Address of d[0] is %p\n",&d[0]);
    printf("Address of d[1] is %p\n",&d[1]);
    return 0;
}
```

程序运行结果如下：

```
Address of a is 0012FF7C
Address of b is 0012FF78
Address of c is 0012FF70
Address of array d is 0012FF64
Address of d[0] is 0012FF64
Address of d[1] is 0012FF68
```

本例中，printf() 函数使用了“%p”来控制地址变量的输出格式，也可以使用“%x”，它们都能输出十六进制的地址，其区别在于：前者输出的地址固定为 8 位十六进制数，不足 8 位时使用前导 0 来补充，而后者则不加前导 0。

这里需要注意的是：编译系统根据机器的具体配置、程序的规模以及变量定义的先后顺序来分配各个变量的地址，所以说各变量的值在不同的机器上，甚至在同一机器不同的运行状态下可能发生变化。

2. 访问地址运算符

用指针访问变量值的时候需要使用访问地址运算符。访问地址运算符有两个：“*”和“[]”。它们的使用形式不同，但在功能上是等价的，即都用来访问指定地址中的数据。

（1）“*”运算符。

使用形式：*ptr

其中，ptr 为指针变量或地址表达式。

【说明】

① *ptr 的功能是访问 ptr 所代表的地址中的数据。例如，&a 是地址，*&a 表示取地址 &a 中的值。

②“*”运算符为一元运算符，它和“&”处于相同的优先级上，结合性为从右向左，因此，*&a 和 *(&a) 是等价的。

③ 注意“*”运算符与乘法运算符的区别，虽然它们在形式上相同，但乘法运算符是二元运算符，二者在使用上是不会产生混淆的。

（2）“[]”运算符。

“[]”运算符又称为下标运算符，其使用形式为：add[exp]

其中，add 是一个地址量，exp 为整型表达式。在数组中，数组元素 a[2] 就是一个访问地址运算符，“a”表示数组的首地址，“2”表示从首地址开始向后移动两个元素的位置，“[]”表示访问该位置中的值。

【说明】

①“add[exp]”的功能是从地址 add 开始，向高地址方向移动 exp 个数据单元后，取该地址中的值。例如，a[0] 可以理解为数组 a 的第 1 个元素（下标为 0）的值，也可以理解为从地址 a（数组名即该数组的首地址）开始向地址增大的方向移动 0 个数据单元后，取该地址

中的值；a[2] 既可以理解为数组 a 的第 3 个元素的值，也可以理解为从地址 a 开始向地址递增的方向移动两个数据单元后，取该地址中的值。注意，这里所说的数据单元指的是某种类型的数据所占据的存储单元的总数。例如，一个 int 类型的数据单元是 4 个字节，一个 double 型的数据单元是 8 个字节等。

②“[]”运算符不仅可以施加在数组名上，也可以施加于简单变量上。例如，var 是一个简单变量，&var 是该变量的地址，(&var)[0] 就表示取 var 的值，相当于 *(&var)。所以，不要误认为只有数组才会使用“[]”运算符。

③“[]”是一个二元运算符，其优先级要高于“&”和“*”，结合性为从左向右，例如，b[2][3] 表示先访问数组 b 的第 3 行，然后再访问第 4 列。

8.2.3 指针的运算

由于指针的运算实际上就是地址的运算，所以指针运算不同于普通变量的运算，它只允许几种有限的运算。指针的运算包括指针的赋值、指针移动、两个指针相减、指针与指针或指针与地址之间进行比较等。

1. 移动指针

指针移动可以通过两种方法来实现：一是将指针加减一个整数，二是对指针赋值。例如：p+n、p−n、p++、p−−、++p、−−p，其中，n 是整数。

（1）指针加减整数。

将指针 p 加上或减去一个整数 n，表示 p 向地址增大或减小的方向移动 n 个数据单元，得到一个新地址，从而可以访问新地址中的数据。其中，每个数据单元的字节数取决于指针的数据类型。若指针 p 为 int 类型，则 p+1 表示 p 中的地址值增加 4 个字节。

【例 8.4】移动指针示例（指针增减一个整数）。

```
#include <stdio.h>
int main()
{
    int a=10,b=20,c=30,d=40;
    int *pb=&b;
    printf("%x\t%x\t%x\t%x\n",&a,&b,&c,&d);
    printf("%d\t%d\t%d\t%d\n",a,b,c,d);
    printf("%d\t%d\t%d\t%d\n",*(pb+1),*pb,*(pb-1),*(pb-2));
    printf("%x\n",pb);
    printf("%x\n",&pb);
    return 0;
}
```

程序运行结果如下：

```
18ff44  18ff40  18ff3c  18ff38
10      20      30      40
10      20      30      40
18ff40
18ff34
```

本程序中，int 类型的指针 pb 中存放的是同类型变量 b 的地址(18ff40H)，即 pb 指向变量 b。pb+1 表示 pb 的值在 18ff40H 的基础上增加 4，其结果为 18ff44H，而这恰恰是变量 a 的地址，所以，*(pb+1) 表示访问变量 a 的值。同样，*(pb-1) 表示访问地址 18ff3cH，即变量 c 的值，*(pb-2) 表示访问地址 18ff38H，即变量 d 的值。

【注意】在 Visual C++ 2010 中，变量地址的分配机制和 Turbo C 是不同的。

本程序中各变量的存储情况及指针移动情况如图 8-3 所示。从图中可以看出：当指针 pb 进行了 pb±n 的运算后，结果是一个新地址，但是 pb 本身的值并未改变，即它的指向没有发生变化。

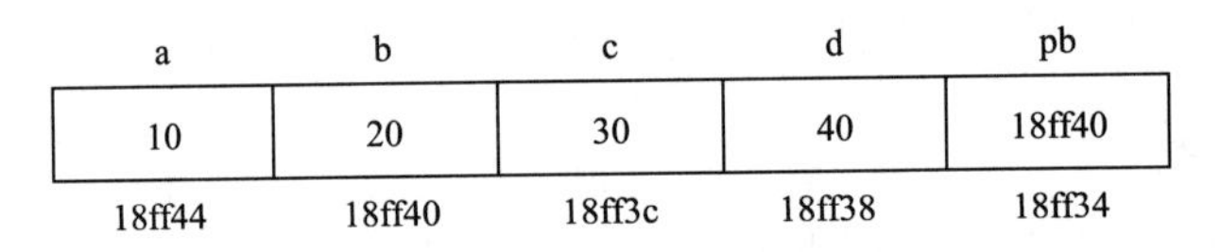

图 8-3　指针移动示意图

(2) 指针赋值。

如果通过赋值的方式改变指针变量值的话，指针的指向将发生变化，从而指向一个新地址。例如，对指针进行了 ++p 运算后，指针将指向下一个运算单元。

【例 8.5】指针赋值示例(指针被赋值后，指针的指向发生变化)。

```
#include <stdio.h>
int main()
{
  float x=2.5;
  int a=10,b=20;
  int *p=&b;
  float *q=&x;
  printf("%d\n",*p);
  printf("%x\n",p);
  p++;
  printf("%d\n",*p);
  printf("%x\n",p);
  p++;
  printf("%x\n",p);
  printf("%f\n",*p);
  printf("%x\n",q);
  printf("%f\n",*q);
  return 0;
}
```

程序运行结果如下：

```
20
12ff74
10
12ff78
12ff7c
0.000000
12ff7c
2.500000
```

程序在运行时，p指向变量b，进行第一次p++运算后，p的值增加4，此时指向了变量a；进行第二次p++运算后，p的值又增加了4，此时指向了变量x，而x占用4个字节的存储单元，当用p来访问时，虽然未出现错误提示，但是其输出却是错误的。所以在移动指针时，一定要保证与存储单元中的数据类型相同。另外，本例中还设置了指针变量q，其目的是正确输出x的值，以便进行比较。

在进行p++运算之前和之后，各个变量的存储位置以及指针的指向问题，请读者自己思考。

【说明】普通变量a++和指针++的区别。前者指的是a单元中的内容加1，而后者表示指针移到下一个元素，移动的距离由元素的类型来决定。

2. 两个同类型的指针相减

两个同类型的指针可以相减。如果这两个指针之间存储的数据类型与指针相同(通常是数组的情况)，则相减的结果是这两个指针之间所包含的数据的个数。显然两个指针相加是无意义的。

【例8.6】两个同类型指针相减示例。

```
#include <stdio.h>
int main()
{
    float x[10];
    float *p,*q;
    p=&x[2];
    q=&x[8];
    printf("q-p=%d\n",q-p);
    return 0;
}
```

程序运行结果如下：

```
q-p=6
```

指针p指向数组元素x[2]，指针q指向数组元素x[8]，其间相差6个数据单元，即6个数组元素。

3. 指针比较

指针比较一般用于两个或多个指针指向共同对象的情况。两个同类型的指针，或者一个指针和一个地址量可以进行比较，包括>、<、>=、<=、==和!=等几种。比较的结果可以反映出两个指针所指向的目标存储位置之间的前后关系，或者反映出一个指针所指向的目标存储位置与另一个地址之间的前后关系。

（1）利用关系表达式可以实现两个指针的比较。如果指针 p 和 q 都指向同一数组的成员，或指向数据类型相同的连续存储区，则当关系表达式“p<q”成立时，表示 p 所指向的数据位于 q 所指向的数据之前。例如，以下语句是有效的：

```
if(p<q)
    printf("p points to lower memory than q \n");
```

（2）指针与 0 之间进行相等性比较，即 p==0 或 p!=0（0 也可以写成 '\0' 或 NULL），常用来判断指针 p 是否为空指针。

8.2.4 空指针和 void 指针

这是两种比较特殊的指针，在不同场合各自有着不同的用法。

1. 空指针

有时候程序中需要这样一种指针，它并不指向任何对象，这种指针被称为空指针。空指针的值为 NULL，NULL 是在 <stddef.h> 头文件中定义的一个宏，它的值和任何有效指针的值都不同。NULL 是一个纯粹的零，它可能会被强制转换成 void * 或 char * 类型，也就是说 NULL 可能是 0、0L 或 (void *)0 等。

指针的值不能是整型值，但空指针是一个例外，空指针可以是一个纯粹的零。在编译时产生的任意一个表达式，只要它是零，就可以作为空指针的值。在程序运行时，最好不要出现一个为零的整型变量）。

要注意绝对不要间接引用一个空指针，否则，程序可能会得到毫无意义的整型变量，或者得到一个全部是零的值，或者会突然停止运行。

在使用 malloc() 函数申请动态内存的时候，可以用空指针来判断是否申请成功。

2. void 指针类型

void 指针类型，可以定义一个不指定它指向哪种数据类型的指针变量。例如，用动态存储分配函数返回 void 指针时，它可以用来指向一个抽象类型的数据，再将它的值赋给另一指针变量时，需要进行强制类型转换使之适合于被赋值的变量的类型，如：

```
char *p1;
void *p2;
……
p1=(char *)p2;
```

或

```
p2=(void *)p1;
```

也可以将一个函数定义为 void * 类型，如：

```
void *fun(char ch1,char ch2)
```

表示函数 fun() 返回的是一个地址，它指向“空类型”，如需要引用此地址，就要根据情况对它进行类型转换，如：

```
p1=(char *)fun(ch1,ch2);
```

【说明】

（1）一个指向任何对象类型的指针都可以赋值给类型为 void * 的变量，void * 可以赋值给另一个 void *，两个 void * 可以比较相等与否，而且可以显式地将 void * 转换为另一个类型。

（2）要使用 void * 就必须将其转换为某个指向特定类型的指针，其他操作都是不安全的，因为编译器并不知道实际被指的是哪种对象。因此，对 void* 做其他任何操作都将引起编译错误。例如不能做自加操作，但如果把它转换为合适的类型则是可以进行运算的。

3. 空指针与 void 指针的区别

void * 不叫空指针，应该称为无确切类型指针。这个指针指向一块内存，却没有告诉程序该用何种方式来解释这块内存。所以这种类型的指针不能直接进行内容的存取操作，必须先转换为特定类型的指针才可以把内容解释出来。

'\0' 也不是空指针所指的内容。'\0' 表示一个字符串的结尾，并不是 NULL 的意思。空指针的真正含义是：这个指针没有指向任何一块有意义的内存。例如：

```
char *k;
```

这里的 k 就叫空指针，并未让它指向任何内存空间。或者：

```
char *k=NULL;
```

这里的 k 也叫空指针，因为它指向 NULL，也就是 0，需要注意它是整数 0，而不是 '\0'。一个空指针无法进行内容的存取操作，只有在真正指向了一块有意义的内存后才可以，例如当加上“k="hello world!";”时，k 就不再是空指针了。

8.3 数组和指针

一个变量有一个地址，一个数组包含若干数组元素，每个数组元素在内存中都占用存储单元，且都有相应的地址，而且数组中的数组元素在内存中占用连续的存储单元。所谓数组的指针，是指数组的起始地址，数组元素的指针是数组元素的地址（每个数组元素都可以看作是一个变量）。

对数组元素的引用可以采用下标法（如 a[5]），也可以采用指针法。指针法是通过指向数组元素的指针找到所需的数组元素，该方法能使目标程序占用的内存更少，运行速度更快。

8.3.1 指向数组元素的指针

一个数组是由连续的内存单元组成的，数组名就是这块连续内存单元的首地址，即数组中第一个数组元素的地址，例如“int a[10];”，则数组名 a 就相当于 &a[0]。一个数组也是由各个数组元素（下标变量）组成的。每个数组元素按其类型不同占用几个连续的内存单元。一个数组元素的首地址也是指它所占用的几个内存单元的首字节地址。

定义一个指向数组元素的指针变量的方法，与定义指针变量相同。例如：

```
int a[10];  // 定义 a 为包含 10 个整型数据的数组
int *p;     // 定义 p 为指向整型变量的指针
```

应当注意，指针变量的类型要和数组的类型相同，此处数组为 int 型，所以指针变量也应为指向 int 型的指针变量。下面是对指针变量赋值：

```
p=&a[0];
```

表示把 a[0] 元素的地址赋给指针变量 p。也就是说，p 指向 a 数组的第一个数组元素（其下标为 0）。

C 语言规定，数组名代表数组的首地址（形参数组除外，因为形参数组不占据实际的存储单元），也就是第 0 号元素的地址。因此，下面两条语句等价：

```
p=&a[0];
p=a;
```

在定义指针变量的同时可以赋初值，如：

```
int *p=&a[0];
```

等效于：

```
int *p;
p=&a[0];
```

当然定义时也可以写成：

```
int *p=a;
```

p、a、&a[0] 均指向同一内存单元，它们是数组 a 的首地址，也是下标为 0 的元素 a[0] 的首地址。应该说明的是，p 是变量，而 a、&a[0] 都是常量。在编程时应予以注意。

数组指针变量的说明形式一般为：

```
类型说明符 *指针变量名;
```

其中，“类型说明符”表示所指数组的类型。从说明形式可以看出指向数组的指针变量和指向普通变量的指针变量的说明是相同的。

8.3.2 利用指针引用数组元素

指针和数组的关系十分密切。在 C 语言中，如果指针变量 p 已指向数组中的一个元素，则 p+1 指向同一数组中的下一个元素，而不是简单地将 p 的地址值加 1。p 所指向的地址值加多少个字节，由数组元素的类型来决定。例如，若数组元素为 float 类型，则每个数组元素占 4 个字节，则 p+1 使得 p 的值（地址值）加 4 个字节。p+1 所代表的地址实际上是 (p+1)×d，其中 d 为一个数组元素所占的字节数。

引入指针变量后，就可以用指针来访问数组元素了。

如图 8-4 所示，假定 p 的初值为 &a[0]，则：

（1）p+i 和 a+i 都是 a[i] 的地址，或者说它们指向 a 数组的第 i+1 个元素。

（2）*(p+i) 或 *(a+i) 就是 p+i 或 a+i 所指向的数组元素，即 a[i]。例如，*(p+5) 或 *(a+5) 就是 a[5]。

（3）指向数组的指针变量也可以带下标，如 p[i] 与 *(p+i) 等价。

可见，引用一个数组元素可以用以下两种方法：

（1）下标法，即用 a[i] 的形式访问数组元素。前面介绍数组时都是采用这种方法。

（2）指针法，即采用 *(a+i) 或 *(p+i) 的形式，用间接访问的方法来访问数组元素，其中 a 是数组名，p 是指向数组的指针变量，其初值可以是 p=a。

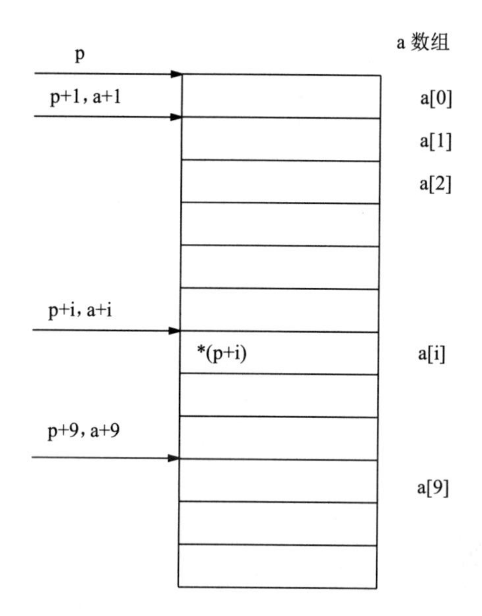

图 8-4 指针与数组

【例 8.7】用下标法输出数组中的全部元素。

```
#include <stdio.h>
int main()
{
  int a[10],i;
  for(i=0;i<10;i++)
    a[i]=i;
  for(i=0;i<10;i++)
    printf("a[%d]=%d\n",i,a[i]);
  return 0;
}
```

【例 8.8】输出数组中的全部元素(通过数组名计算元素的地址，找出元素的值)。

```
#include <stdio.h>
int main()
{
  int a[10],i;
  for(i=0;i<10;i++)
    *(a+i)=i;
  for(i=0;i<10;i++)
    printf("a[%d]=%d\n",i,*(a+i));
  return 0;
}
```

【例 8.9】输出数组中的全部元素(用指针变量指向元素)。

```
#include <stdio.h>
```

```
int main()
{
   int a[10],i,*p;
   p=a;
   for(i=0;i<10;i++)
      *(p+i)=i;
   for(i=0;i<10;i++)
      printf("a[%d]=%d\n",i,*(p++));
   return 0;
}
```

上述三个例子的运行结果都为：

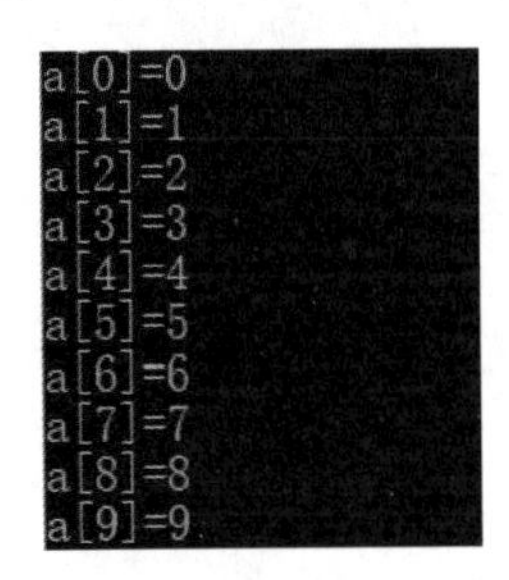

三种方法的比较：

（1）例 8.7 和例 8.8 这两种方法的执行效率是相同的。虽然将 a[i] 转换为 *(a+i) 来处理，但都要先计算元素的地址，故采用这两种方法表示数组元素时速度较慢。

（2）例 8.9 是用指针变量直接指向了元素，不用每次都重新计算地址，而且像 p++ 这样的自加操作执行速度较快，所以大大提高了执行效率。

（3）用下标法的优点是直观，可以直接知道是第几个元素。用地址法或指针变量方法的缺点是不直观，难以快速地判断出当前处理的是哪一个元素。

【例 8.10】指针和数组的例子。

```
#include <stdio.h>
int main()
{
   int a[10],i,*p=a;
   for(i=0;i<10;)
   {
      *p=i;
      printf("a[%d]=%d\n",i++,*p++);
   }
   return 0;
}
```

【说明】

（1）指针变量可以实现本身值的改变。如 p++ 是合法的，而 a++ 是错误的。因为 a 是数组名，它是数组的首地址，是常量。

(2) 要注意指针变量的当前值。请看下面的程序。

【例 8.11】找出下面程序中的错误。

```
#include <stdio.h>
int main()
{
  int *p,i,a[10];
  p=a;
  for(i=0;i<10;i++)
    *p++=i;
  for(i=0;i<10;i++)
    printf("a[%d]=%d\n",i,*p++);
  return 0;
}
```

程序运行结果如下：

```
a[0]=0
a[1]=1245052
a[2]=1245120
a[3]=4199033
a[4]=1
a[5]=3675024
a[6]=3675208
a[7]=2367460
a[8]=1243068
a[9]=2147315712
```

从程序运行结果可以看出：输出的数值并不是我们所期望的各数组元素的值。问题出在哪儿呢？

仔细分析一下程序，可以发现问题就出在指针变量 p 的指向上。第一个 for 循环语句结束后，p 已经指向了 a 数组末尾(即最后一个元素后的地址)。执行第二个 for 循环时，p 的起始值已经不再是 a[0] 的地址了，而是 a+10。解决办法见例 8.12。

【例 8.12】例 8.11 的正确程序。

```
#include <stdio.h>
int main()
{
  int *p,i,a[10];
  p=a;
  for(i=0;i<10;i++)
      *p++=i;
  p=a;                              //使指针变量 p 重新指向 a[0]
  for(i=0;i<10;i++)
    printf("a[%d]=%d\n",i,*p++);
  return 0;
}
```

(3) 从以上例子可以看出，虽然定义数组时指定它包含 10 个元素，但指针变量可以指到数组以后的内存单元，系统并不认为非法。尽管这样做是合法的，但程序得不到预期的结果，应避免出现这样的情况。

（4）对于 *p++ 来说，由于“++”和“*”同优先级，结合方向从右向左，等价于 *(p++)。*(p++) 与 *(++p) 的作用不同。若 p 的初值为 a，则 *(p++) 等价于 a[0]，*(++p) 等价于 a[1]；而 (*p)++ 表示 p 所指向的元素值加 1。

（5）如果 p 当前指向 a 数组中的第 i 个元素，则 *(p--) 相当于 a[i--]；*(++p) 相当于 a[++i]；*(--p) 相当于 a[--i]。

8.3.3　数组名作为函数参数

数组名可以作函数的实参和形参。例如：

```
int main()
{
  int array[10];
  ……
  f(array,10);
  ……
}

void f(int arr[],int n);
{
   ……
}
```

array 为实参数组名，arr 为形参数组名。在学习指针变量之后就更容易理解这个问题了。数组名就是数组的首地址，实参向形参传送数组名实际上就是传送数组的地址，形参得到该地址后也指向同一数组。这就好像同一件物品有两个不同的名称一样(如图 8-5 所示)。

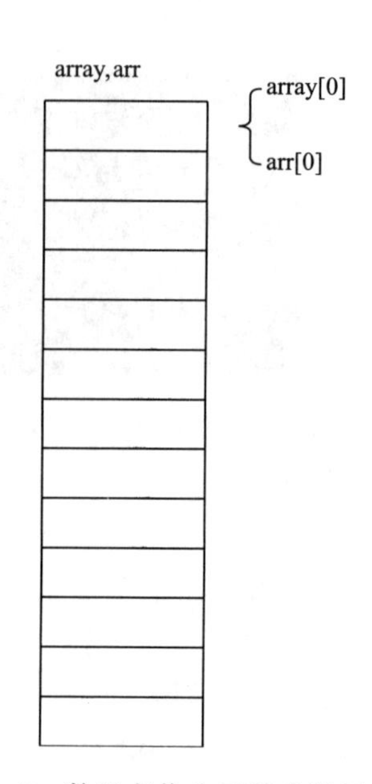

图 8-5　数组名作为函数参数示意图

指针变量的值是地址，同样，数组指针变量的值即为数组的首地址，当然也可作为函数的参数使用。

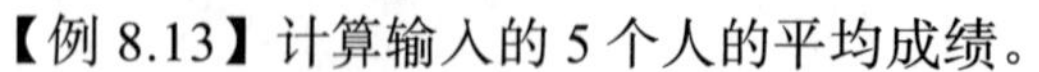

【例 8.13】计算输入的 5 个人的平均成绩。

```
#include <stdio.h>
float aver(float *pa);
int main()
{
  float sco[5],av,*sp;
  int i;
  sp=sco;
  printf("\n input 5 scores:\n");
  for(i=0;i<5;i++)
```

```
        scanf("%f",&sco[i]);
    av=aver(sp);
    printf("average score is %5.2f\n",av);
    return 0;
}
float aver(float *pa)
{
    int i;
    float av,s=0;
    for(i=0;i<5;i++)
        s=s+*pa++;
    av=s/5;
    return av;
}
```

程序的编译、运行，请读者自行完成。

【例 8.14】将数组 a 中的 n 个整数按相反顺序存放。

算法分析：可采用数组元素交换的方法来实现。具体做法是将 a[0] 与 a[n-1] 对换，再将 a[1] 与 a[n-2] 对换……，直到将 a[(n-1)/2] 与 a[n-1-(n-1)/2] 对换。用循环很容易实现该算法，可设两个指示位置的变量 i 和 j，i 的初值为 0，j 的初值为 n-1。将 a[i] 与 a[j] 交换，然后使 i 的值加 1，j 的值减 1，再将 a[i] 与 a[j] 交换，直到 i=(n-1)/2 为止，如图 8-6 所示。

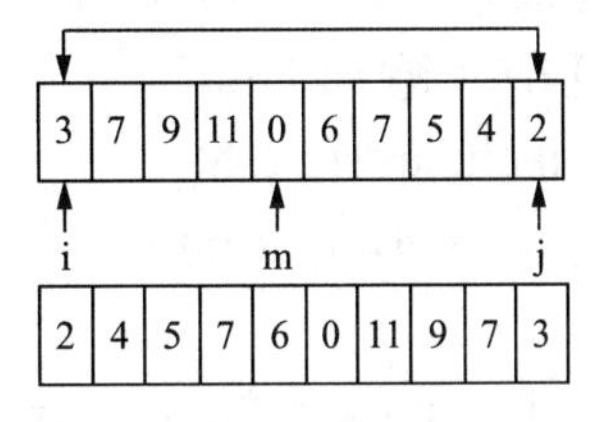

图 8-6 例 8.14 的算法图

程序实现如下：

```
#include <stdio.h>
void inv(int x[],int n)         // 形参 x 是数组名
{
    int temp,i,j,m=(n-1)/2;
    for(i=0;i<=m;i++)
    {
        j=n-1-i;
        temp=x[i];
        x[i]=x[j];
        x[j]=temp;
    }
    return;
}
int main()
{
    int i,a[10]={3,7,9,11,0,6,7,5,4,2};
    printf("The original array:\n");
    for(i=0;i<10;i++)
```

```
        printf("%d,",a[i]);
    printf("\n");
    inv(a,10);
    printf("The array has been inverted:\n");
    for(i=0;i<10;i++)
        printf("%d,",a[i]);
    printf("\n");
    return 0;
}
```

也可将 inv() 函数改为:

```
void inv(int x[],int n)
{
    int temp,i,j;
    for(i=0,j=n-1;i<j;i++,j--)
    {
        temp=x[i];
        x[i]=x[j];
        x[j]=temp;
    }
    return;
}
```

修改后的 inv() 函数也可将一组数按相反顺序存放。

【例 8.15】对例 8.14 做一些改动，将 inv() 函数中的形参 x 改成指针变量。

程序实现如下:

```
#include<stdio.h>
void inv(int *x,int n)            // 形参 x 为指针变量
{
    int *p,temp,*i,*j,m=(n-1)/2;
    i=x;j=x+n-1;p=x+m;
    for(;i<=p;i++,j--)
    {
        temp=*i;
        *i=*j;
        *j=temp;
    }
    return;
}
int main()
{
    int i,a[10]={3,7,9,11,0,6,7,5,4,2};
```

```
    printf("The original array:\n");
    for(i=0;i<10;i++)
      printf("%d,",a[i]);
    printf("\n");
    inv(a,10);
    printf("The array has been inverted:\n");
    for(i=0;i<10;i++)
      printf("%d,",a[i]);
    printf("\n");
    return 0;
}
```

其运行结果与例 8.14 相同,请读者自行完成该程序的编译、运行。

【例 8.16】找出 10 个数中的最大值和最小值。

调用一个函数只能得到一个返回值,用全局变量可以在函数之间“传递”多个数据。程序实现如下:

```
int max,min;          // 定义全局变量
void max_min_value(int array[],int n)
{
    int *p,*array_end;
    array_end=array+n;
    max=min=*array;
    for(p=array+1;p<array_end;p++)
      if(*p>max)
        max=*p;
      else if (*p<min)
        min=*p;
    return;
}
int main()
{
    int i,number[10];
    printf("enter 10 integer numbers:\n");
    for(i=0;i<10;i++)
       scanf("%d",&number[i]);
    max_min_value(number,10);
    printf("\n max=%d,min=%d\n",max,min);
    return 0;
}
```

【说明】

(1) 在函数 max_min_value() 中求出的最大值和最小值放在 max 和 min 中。由于它

们是全局变量，因此在主函数中可以直接使用。

（2）函数 max_min_value() 中的语句：

max=min=*array;

array 是数组名，它接收从实参传来的数组 number 的首地址。*array 相当于 *(&array[0])。上述语句与“max=min=array[0];”等价。

（3）在执行 for 循环时，p 的初值为 array+1，也就是使 p 指向 array[1]。以后每次执行 p++，使 p 指向下一个元素。每次都将 *p 和 max 与 min 比较，将大者放入 max，小者放入 min。

（4）函数 max_min_value() 的形参 array 可以改为指针变量类型。实参也可以不用数组名，而用指针变量传递地址。

【例 8.17】例 8.16 可改为（如图 8-7 所示）：

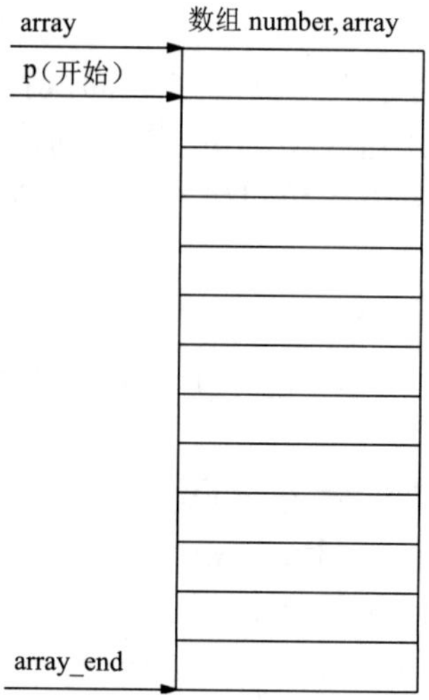

```
int max,min;          // 全局变量
void max_min_value(int *array,int n)
{
   int *p,*array_end;
   array_end=array+n;
   max=min=*array;
   for(p=array+1;p<array_end;p++)
      if(*p>max)
        max=*p;
     else if (*p<min)
        min=*p;
     return;
}
int main()
{
   int i,number[10],*p;
   p=number;                               // 使 p 指向 number 数组
   printf("enter 10 integer umbers:\n");
   for(i=0;i<10;i++,p++)
        scanf("%d",p);
   p=number;
   max_min_value(p,10);
   printf("\n max=%d,min=%d\n",max,min);
   return 0;
}
```

图 8-7　例 8.16 的内存分配图

归纳总结，如果一个实参数组想在函数中改变数组元素的值，实参与形参的对应关系可有以下 4 种：

（1）形参和实参都是数组名。

int main()

```
{
   int a[10];
   ……
   f(a,10);
   ……
}
void f(int x[],int n)
{
   ……
}
```

形参数组接收了实参数组首元素的地址，因此可以认为在函数调用期间，形参数组和实参数组共用一段内存单元，也可以说，a 和 x 指的是同一个数组。

（2）实参用数组名，形参用指针变量。

```
int main()
{
   int a[10];
   ……
   f(a,10);
   ……
}
void f(int *x,int n)
{
   ……
}
```

实参 a 为数组名，形参 x 为指针变量。函数开始执行时，x 指向数组 a 的第一个元素，即 x=&a[0]。通过 x 值的改变，可以指向数组 a 中的任何一个元素。

（3）实参、形参都用指针变量。

```
int main()
{
   int a[10],*p=a;
   ……
   f(p,10);
   ……
}
void f(int *x,int n)
{
   ……
}
```

先让实参指针变量指向数组 a，此时 p=&a[0]，然后将 p 的值传给形参指针变量 x，x 的值也为 &a[0]。通过 x 值的改变，可以指向数组 a 中的任何一个元素。

（4）实参为指针变量，形参为数组名。

```
int main()
{
  int a[10],*p=a;
  ……
  f(p,10);
  ……
}
void f(int x[],int n)
{
  ……
}
```

实参指针变量 p 指向 a[0]。编译系统把形参数组名 x 作为指针变量来处理，把 a[0] 的地址传给形参 x，因此 x 的值为 &a[0]。也可以理解为形参数组 x 和 a 共用同一段内存单元。函数执行过程中，可以使 x[i] 的值发生变化，而 x[i] 即是 a[i]，所以函数就可以使用变化了的数组元素值。

【例 8.18】用实参指针变量改写将 n 个整数按相反顺序存放的程序。

```
#include <stdio.h>
void inv(int *x,int n)
{
  int *p,m,temp,*i,*j;
  m=(n-1)/2;
  i=x;j=x+n-1;p=x+m;
  for(;i<=p;i++,j--)
  {
    temp=*i;
    *i=*j;
    *j=temp;
  }
}
int main()
{
  int i,arr[10]={3,7,9,11,0,6,7,5,4,2},*p;
  p=arr;
  printf("The original array:\n");
  for(i=0;i<10;i++,p++)
    printf("%d,",*p);
  printf("\n");
  p=arr;
  inv(p,10);
```

```
    printf("The array has benn inverted:\n");
    for(p=arr;p<arr+10;p++)
        printf("%d,",*p);
    printf("\n");
    return 0;
}
```

【注意】main()函数中的指针变量p是有确定值的。即如果用指针变量作实参，必须使指针变量有确定值，指向一个已定义的数组。

【例8.19】用选择法对10个整数排序。

```
#include <stdio.h>
void sort(int x[],int n)
{
    int i,j,k,t;
    for(i=0;i<n-1;i++)
    {
        k=i;
        for(j=i+1;j<n;j++)
            if(x[j]>x[k])
                k=j;
        if(k!=i)
        {
            t=x[i];
            x[i]=x[k];
            x[k]=t;
        }
    }
}
int main()
{
    int *p,i,a[10]={3,7,9,11,0,6,7,5,4,2};
    printf("The original array:\n");
    for(i=0;i<10;i++)
        printf("%d ",a[i]);
    printf("\n");
    p=a;
    sort(p,10);
    for(p=a,i=0;i<10;i++)
    {
        printf("%d ",*p);
        p++;
```

```
    }
    printf("\n");
    return 0;
}
```

【说明】sort() 函数用数组名作形参，也可以用指针变量作形参，这时函数的首部可改写为"sort(int *x,int n)"，函数的其他部分无须改动。请读者自行完成该程序的编译、运行。

8.3.4 指向多维数组的指针和指针变量

指针变量可以指向一维数组中的元素，也可以指向多维数组中的元素。但是在概念和使用上，多维数组的指针要复杂得多。

本节以二维数组为例介绍多维数组的指针变量。只要定义了指向二维数组的指针，就可以用指针来访问二维数组的各个元素。与一维数组不同的是：一维数组的逻辑结构和存储结构是一致的，都表现为线性空间；而二维数组的逻辑结构和存储结构是不同的，其逻辑结构是二维空间，存储结构则是线性空间。根据读者思考问题的逻辑习惯，同时兼顾二维数组存储结构的效率，C 语言为二维数组提供了三种指针形式，本节主要介绍与二维数组逻辑结构一致的行指针和指针数组。

1. 多维数组的地址

设有整型二维数组 a[3][4] 如下：

0 1 2 3

4 5 6 7

8 9 10 11

在程序中可做如下定义：

int a[3][4]={{0,1,2,3},{4,5,6,7},{8,9,10,11}};

设数组 a 的首地址为 1000H，各下标变量的首地址及其值如图 8-8 所示。

前面介绍过，C 语言允许把一个二维数组分解为多个一维数组来处理，即可以把一个二维数组看成若干个行向量，每个行向量都是一个一维数组。因此，数组 a 可分解为三个一维数组，即 a[0]、a[1]、a[2]。每一个一维数组又含有四个元素。如图 8-9 所示。

1000H 0	1004H 1	1008H 2	100CH 3
1010H 4	1014H 5	1018H 6	101CH 7
1020H 8	1024H 9	1028H 10	102CH 11

图 8-8 二维数组各元素的地址及值的对应关系

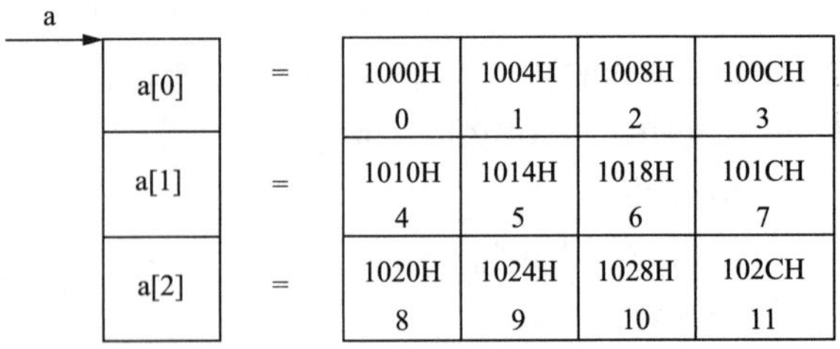

a →

a[0]	=	1000H 0	1004H 1	1008H 2	100CH 3
a[1]	=	1010H 4	1014H 5	1018H 6	101CH 7
a[2]	=	1020H 8	1024H 9	1028H 10	102CH 11

图 8-9 二维数组分解示意图

例如 a[0] 数组，含有 a[0][0]、a[0][1]、a[0][2]、a[0][3] 四个元素。

数组及数组元素的地址表示如图 8-10 所示。

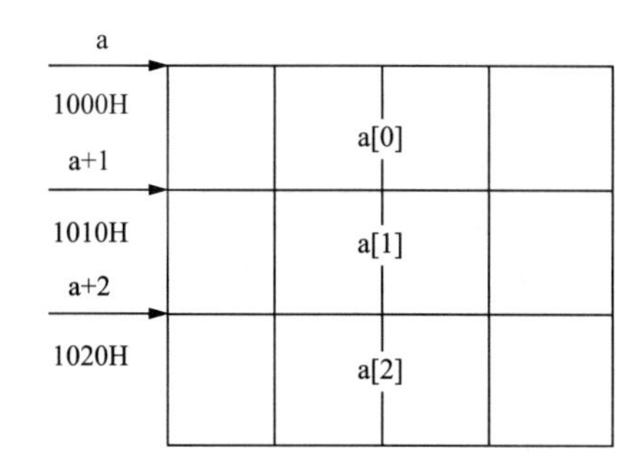

图 8-10　二维数组与行向量

从二维数组的角度来看，a 是二维数组名，代表整个二维数组的首地址，也是二维数组第 0 行的首地址，等于 1000H。a+1 代表第一行的首地址，等于 1010H。a+2 代表第二行的首地址，等于 1020H。

a[0] 是第一个一维数组的数组名和首地址，因此也为 1000H。*(a+0) 或 *a 是与 a[0] 等效的，它表示一维数组 a[0] 的 0 号元素的首地址，也是 1000H。&a[0][0] 是二维数组 a 的 0 行 0 列元素的首地址，同样为 1000H。因此，a、a[0]、*(a+0)、*a、&a[0][0] 是相等的。

同理，a+1 是二维数组第一行的首地址，等于 1010H。a[1] 是第二个一维数组的数组名和首地址，因此也为 1010H。&a[1][0] 是二维数组 a 的 1 行 0 列元素地址，也是 1010H。因此，a+1、a[1]、*(a+1)、&a[1][0] 是等同的。由此可得出：a+i、a[i]、*(a+i)、&a[i][0] 是等同的。

此外，&a[i] 和 a[i] 也是等同的。因为在二维数组中不存在元素 a[i]，所以不能把 &a[i] 理解为元素 a[i] 的地址。C 语言规定，a[i] 是一种地址计算方法，表示数组 a 的第 i 行首地址。由此可得出：a[i]、&a[i]、*(a+i) 和 a+i 也都是等同的。

另外，a[0] 也可以看成是 a[0]+0，即一维数组 a[0] 的 0 号元素的首地址，而 a[0]+1 则是 a[0] 的 1 号元素首地址，由此可得出：a[i]+j 是一维数组 a[i] 的 j 号元素首地址，它等同于 &a[i][j]。

由 a[i]=*(a+i) 得 a[i]+j=*(a+i)+j。由于 *(a+i)+j 是二维数组 a 的 i 行 j 列元素的首地址，所以，该元素的值等于 *(*(a+i)+j)，如图 8-11 所示。

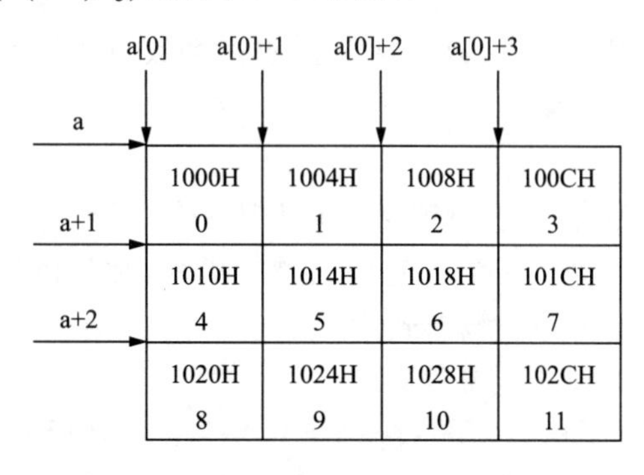

图 8-11　a[i]+j 与 a+i 的关系示意图

【例 8.20】输出二维数组有关的值。

```
#include <stdio.h>
int main()
{
```

```
    int a[3][4]={0,1,2,3,4,5,6,7,8,9,10,11};
    printf("%d,",a);
    printf("%d,",*a);
    printf("%d,",a[0]);
    printf("%d,",&a[0]);
    printf("%d\n",&a[0][0]);
    printf("%d,",a+1);
    printf("%d,",*(a+1));
    printf("%d,",a[1]);
    printf("%d,",&a[1]);
    printf("%d\n",&a[1][0]);
    printf("%d,",a+2);
    printf("%d,",*(a+2));
    printf("%d,",a[2]);
    printf("%d,",&a[2]);
    printf("%d\n",&a[2][0]);
    printf("%d,",a[1]+1);
    printf("%d\n",*(a+1)+1);
    printf("%d,%d\n",*(a[1]+1),*(*(a+1)+1));
    return 0;
}
```

程序运行结果如下：

```
1245008,1245008,1245008,1245008,1245008
1245024,1245024,1245024,1245024,1245024
1245040,1245040,1245040,1245040,1245040
1245028,1245028
5,5
```

请读者自行仔细分析程序结果，以加深对指向多维数组的指针和指针变量的理解。

2. 指向多维数组的指针变量

（1）行指针的定义。

行指针依据的是二维数组的递归定义，可以把一个二维数组看成若干个行向量，每个行向量都是一个一维数组。定义一个指向行向量的指针，称为行指针。

二维数组行指针变量说明的一般形式为：

类型说明符 (*指针变量名)[长度]

其中，“类型说明符”为所指数组的数据类型。“*”表示其后的变量是指针类型。“长度”表示二维数组分解为多个一维数组时，一维数组的长度，也就是二维数组的列数。应注意“(* 指针变量名)”两边的括号不可少，若缺少括号则表示是指针数组（本章后面将介绍），意义就完全不同了。

定义一个二维数组：

int a[3][4];

将二维数组 a 分解为一维数组 a[0]、a[1]、a[2] 之后，设 p 为指向二维数组的指针变量，即行指针。其定义形式为：

int (*p)[4];

它表示 p 是一个行指针变量，它指向包含 4 个元素的一维数组。由于“[]”的优先级高于“*”，用圆括号将 *p 括起来，让 p 先与 * 相结合，表明 p 是一个指针，然后再与 [4] 相结合，表明 p 指向一个含有 4 个元素的二维数组。若指向第一个一维数组 a[0]，其值等于 a、a[0] 或 &a[0][0] 等。而 p+i 则指向一维数组 a[i]。从前面的分析可知，*(p+i)+j 是二维数组 i 行 j 列元素的地址，而 *(*(p+i)+j) 则是 i 行 j 列元素的值。

【例 8.21】用行指针输出二维数组的值。

```
#include <stdio.h>
int main()
{
    int a[3][4]={0,1,2,3,4,5,6,7,8,9,10,11};
    int(*p)[4];
    int i,j;
    p=a;
    for(i=0;i<3;i++)
    {
        for(j=0;j<4;j++)
            printf("%2d",*(*(p+i)+j));
        printf("\n");
    }
    return 0;
}
```

（2）用行指针访问二维数组的方法。

用行指针 p 来访问二维数组 a 时，先将行指针移到指定行上，然后再移到指定列上。其中，p+i 表示指针指向 a 的第 i 行，而 p[i]+j 则表示指针指向第 i 行的第 j 列，如图 8–12 所示。

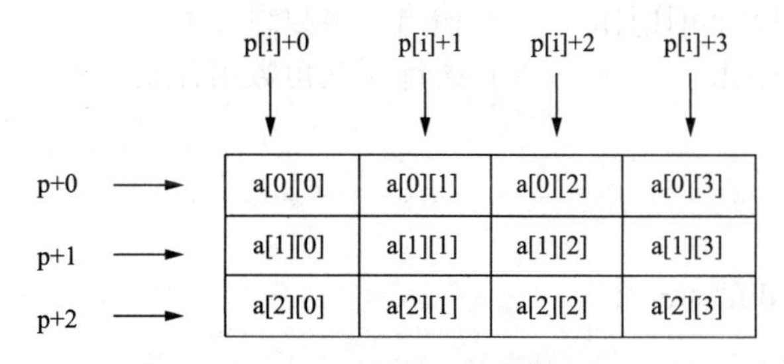

图 8–12　行指针移动示意图

（3）用行指针访问二维数组的等价形式。

在定义了行指针以后，访问数组元素的主要等价形式见表 8–1。

表 8-1 用行指针访问二维数组元素地址及数据的各种等价形式

对象	数组元素 a[0][0]		数组元素 a[i][j]	
访问方式	数组名	指针	数组名	指针
地址访问形式	a &a[0][0] a[0] &a[0]	p &p[0][0] p[0] &p[0]	&a[i][j] a[i]+j *(a+i)+j	&p[i][j] p[i]+j *(p+i)+j
数据访问形式	a[0][0] *(a[0]) **a (*a)[0]	p[0][0] *(p[0]) **p (*p)[0]	a[i][j] *(a[i]+j) *((*a+i)+j) (*(a+i))[j]	p[i][j] *(p[i]+j) *((*p+i)+j) (*(p+i))[j]

【例 8.22】用行指针和指针移动的方法输出方阵 a[M][M] 的下三角矩阵，并求下三角矩阵元素之和。

一个矩阵的下三角矩阵由对角线以下的各个元素（包括对角线）组成。程序实现如下：

```
#include <stdio.h>
#define M 5
int main()
{
   static int a[M][M],(*pa)[M]=a;
   int i,j,sum=0;
   for(i=0;i<M;i++)
      for(j=0;j<M;j++)
         scanf("%d",&pa[i][j]);        // 输入二维数组
   for(i=0;i<M;i++)
   {
      for(j=0;j<=i;j++)
      {
         printf("%4d",pa[i][j]);       // 输出二维数组元素
         sum+=pa[i][j];                // 统计下三角数组元素的和
      }
      printf("\n");
   }
   printf("sum=%d\n",sum);
   return 0;
}
```

8.3.5 指针数组

若一个数组的元素值为指针，则该数组是指针数组。指针数组是一组有序的指针的集合。指针数组的所有元素都必须是具有相同存储类型和指向相同数据类型的指针变量。

指针数组说明的一般形式为：

类型说明符*数组名[数组长度]

其中，“类型说明符”为指针值所指向的变量的类型。例如：

int *pa[3]

表示 pa 是一个指针数组，它有三个数组元素，每个元素值都是一个指针，指向整型变量。“[]”的优先级要比“*”高，因此 pa 先与 [3] 结合，形成 pa[3] 的形式，这显然是数组形式，然后再与“*”结合，表示此数组是指针类型的。

通常可用一个指针数组来指向一个二维数组。指针数组中的每个元素被赋予二维数组每一行的首地址，因此也可理解为指向一个一维数组。

【例 8.23】指针数组的应用。

```
#include <stdio.h>
int main()
{
   int a[3][3]={1,2,3,4,5,6,7,8,9};
   int *pa[3]={a[0],a[1],a[2]};
   int *p=a[0];
   int i;
   for(i=0;i<3;i++)
      printf("%d,%d,%d\n",a[i][2-i],*a[i],*(*(a+i)+i));
   for(i=0;i<3;i++)
      printf("%d,%d,%d\n",*pa[i],p[i],*(p+i));
   return 0;
}
```

程序运行结果如下：

```
3,1,1
5,4,5
7,7,9
1,1,1
4,2,2
7,3,3
```

本例程序中，pa 是一个指针数组，三个元素分别指向二维数组 a 的各行，然后用循环语句输出指定的数组元素。其中 *a[i] 表示 i 行 0 列的元素值；*(*(a+i)+i) 表示 i 行 i 列的元素值；*pa[i] 表示 i 行 0 列的元素值；由于 p 与 a[0] 相同，故 p[i] 表示 0 行 i 列的值；*(p+i) 表示 0 行 i 列的值。读者可仔细领会元素值的各种不同的表示方法。

应该注意：指针数组和二维数组指针变量虽然都可用来表示二维数组，但是两者的表示方法和意义是不同的。

二维数组指针变量是单个的变量，其一般形式中“(*指针变量名)”两边的括号不可少。而指针数组类型表示的是多个指针（一组有序指针），在一般形式中，“*指针数组名”两边不能有括号。例如：

int (*p)[3];

表示一个指向二维数组的指针变量。该二维数组的列数为 3 或分解为一维数组的长度为 3。

```
int *p[3]
```

表示 p 是一个指针数组，有三个下标变量 p[0]、p[1]、p[2]，均为指针变量。

指针数组也常用来表示一组字符串，这时指针数组的每个元素被赋予一个字符串的首地址。指向字符串的指针数组的初始化更简单。例如，在下面的例子中采用指针数组来表示一组字符串，其初始化赋值为：

```
char *name[]={"Illagal day",
              "Monday",
              "Tuesday",
              "Wednesday",
              "Thursday",
              "Friday",
              "Saturday",
              "Sunday"
             };
```

完成这个初始化赋值后，name[0] 即指向字符串 "Illegal day"，name[1] 指向 "Monday"，……

指针数组也可以用作函数参数。

【例 8.24】阅读并分析下列程序。

```
#include <stdio.h>
#include <stdlib.h>
int main()
{
   static char *name[]={"Illegal day",
                        "Monday",
                        "Tuesday",
                        "Wednesday",
                        "Thursday",
                        "Friday",
                        "Saturday",
                        "Sunday"
                       };
   char *ps;
   int i;
   char *day_name(char *name[],int n);
   printf("input Day No:\n");
   scanf("%d",&i);
   if(i<0)
      exit(1);
   ps=day_name(name,i);
   printf("Day No:%2d-->%s\n",i,ps);
```

```
  return 0;
}
char *day_name(char *name[],int n)
{
  char *pp1,*pp2;
  pp1=*name;
  pp2=*(name+n);
  return((n<1||n>7)? pp1:pp2);
}
```

程序运行结果如下：

```
input Day No:
4
Day No: 4-->Thursday
```

在本例主函数中，定义了一个指针数组 name，并对 name 进行了初始化，其每个指针数组元素均指向一个字符串。然后又以 name 作为实参调用指针型函数 day_name，在调用时把数组名 name 赋予形参变量 name，输入的整数 i 作为第二个实参赋予形参 n。在 day_name() 函数中定义了两个指针变量 pp1 和 pp2，pp1 被赋予 name[0] 的值（即 *name），pp2 被赋予 name[n] 的值，即 *(name+n)。由条件表达式决定返回 pp1 或 pp2 指针给主函数中的指针变量 ps。最后输出 i 和 ps 的值。

【例 8.25】输入 5 个国家名称，并按字母顺序排列后输出。

```
#include <stdio.h>
#include <string.h>
int main()
{
  void sort(char *name[],int n);
  void print(char *name[],int n);
  static char *name[]={"CHINA","AMERICA","AUSTRALIA","FRANCE","GERMANY"};
  int n=5;
  sort(name,n);
  print(name,n);
  return 0;
}
void sort(char *name[],int n)
{
  char *pt;
  int i,j,k;
  for(i=0;i<n-1;i++)
  {
    k=i;
    for(j=i+1;j<n;j++)
```

```
            if(strcmp(name[k],name[j])>0)
                k=j;
        if(k!=i)
        {
            pt=name[i];
            name[i]=name[k];
            name[k]=pt;
        }
    }
}
void print(char *name[],int n)
{
    int i;
    for (i=0;i<n;i++)
        printf("%s\n",name[i]);
}
```

程序运行结果如下：

```
AMERICA
AUSTRALIA
CHINA
FRANCE
GERMANY
```

在以前的例子中采用了普通的排序方法，逐个比较之后交换字符串的位置。交换字符串的物理位置是通过字符串复制函数完成的。反复的交换会使程序执行的速度变慢，同时由于各字符串（国家名称）的长度不同，又增加了内存管理的负担。用指针数组则可以很好地解决这些问题。本程序的做法是：把所有字符串的首地址放在一个指针数组中，当需要交换两个字符串时，只需交换指针数组相应两元素的内容（地址）即可，而不必交换字符串本身。

本程序定义了两个函数，一个函数名为 sort，用于排序，其形参为指针数组 name，即为待排序的各字符串数组的指针，形参 n 为字符串的个数。另一个函数名为 print，用于排序后字符串的输出，其形参与 sort 的形参相同。主函数 main() 中，定义了指针数组 name 并做了初始化赋值。然后分别调用 sort() 函数和 print() 函数完成排序和输出。要说明的是，在 sort() 函数中，对两个字符串进行比较采用了 strcmp() 函数，strcmp() 函数允许参与比较的字符串以指针方式出现。name[k] 和 name[j] 均为指针，因此是合法的。字符串比较后需要交换时，只交换指针数组元素的值，而不交换具体的字符串，这样将大大缩短时间，从而提高运行效率。

8.4 字符串和指针

8.4.1 字符串的表示形式

在 C 语言中，可能会出现两种字符串：有名字符串和无名字符串。

1. 用指针处理有名字符串

（1）有名字符串的概念。

C 语言不提供字符串变量，字符串的存储和处理要借助于字符型数组来实现。如果将一个字符串放在字符型数组中，这个字符串就是有名字符串，其名字就是数组名。有名字符串被分配在一块连续的存储单元中，以数组名作为这块存储空间的首地址。在程序运行期间，有名字符串所占用的存储空间的首地址不会发生改变，任何时候都可以用数组名来引用和处理。

（2）有名字符串的处理方法。

在访问有名字符串的时候有两种方法：用字符数组处理和用字符型指针处理。

【例 8.26】定义一个字符数组，对其进行初始化，然后输出该字符串。

```
#include <stdio.h>
int main()
{
   char string[]="I love China!";
   printf("%s\n",string);
   return 0;
}
```

【说明】如图 8-13 所示，string 是数组名，它代表字符数组的首地址。

string →		string →
I	string[0]	I
	string[1]	
l	string[2]	l
o	string[3]	o
v	string[4]	v
e	string[5]	e
	string[6]	
C	string[7]	C
h	string[8]	h
i	string[9]	i
n	string[10]	n
a	string[11]	a
!	string[12]	!
\0	string[13]	\0

图 8-13　例 8.26 的内存分配图

【例 8.27】编写一个程序，将字符串 t 复制到字符串 s 中（不要使用 strcpy() 函数）。

算法实现：定义两个字符型数组 t[] 和 s[]，t 为源字符串，s 为目的字符串。将 t 中各个字符依次存入数组 s 中，直到数组 t 中遇到 '\0' 字符为止。

```
#include <stdio.h>
int main()
{
   char s[20],t[]="I am a student";
```

```
    int i=0;
    while(s[i]=t[i])
        i++;
    printf("%s\n",s);
    printf("%s\n",t);
    return 0;
}
```

程序的编译、运行，请读者自行完成。

程序中的循环条件为 s[i]=t[i]，当未遇到字符串 t 末尾的 '\0' 字符时，执行字符串复制功能，当复制到字符串 t 末尾的 '\0' 字符时，复制过程结束。

【例 8.28】用字符型指针来实现例 8.27 的功能。

```
#include <stdio.h>
int main()
{
    char s[20],t[]="I am a student";
    char *s1=s,*t1=t;
    while(*s1++=*t1++)
        ;
    printf("%s\n",s);
    printf("%s\n",t);
    return 0;
}
```

用字符型指针引用字符串时，需要定义两个指针 s1 和 t1，使之分别指向字符数组 s 和 t。程序中用表达式“*s1++=*t1++”同时完成指针的移动、赋值和循环测试三重功能。

【例 8.29】编写程序，统计从键盘输入的一个字符串的长度（不要使用 strlen() 函数）。

```
#include <stdio.h>
int main()
{
    int len;
    char str[80],*pstr=str;
    gets(str);
    for(len=0;*pstr++;len++);
    printf("The length of string is %d",len);
    return 0;
}
```

当指针 pstr 指向第一个字符（即 str[0] 代表的字符）时，计数器 len 置为 0；当 pstr 指到 str 中的 '\0' 字符时，len 的值就是字符串的长度。

2. 用指针处理无名字符串

（1）无名字符串的概念。

当程序中出现字符串常量时，C 编译系统将其安排在内存的常量存储区。虽然字符串常量也占用一块连续的存储空间，也有自己的首地址，但是这个首地址没有名字，也就无法在程序中对其加以控制和改变，故称为无名字符串。可以将字符串常量理解成一个无名的字符型数组。由于无名字符型数组的起始地址及各个字符元素都没有具体的名字，所以就不能用数组名来引用和处理，只能通过指针来实现。

（2）用字符型指针处理无名字符串。

如果定义一个字符型指针，并且用字符串常量对其进行初始化，或者用字符串常量直接对其赋值，那么该指针就存放了无名字符串的首地址，即该指针指向无名字符串。

【例 8.30】用字符型指针指向一个字符串。

```
#include <stdio.h>
int main()
{
   char *string="I love China!";
   printf("%s\n",string);
   return 0;
}
```

指向字符的指针变量与指向字符变量的指针变量的定义是相同的，它们的区别在于对指针变量的赋值不同，对指向字符变量的指针变量应赋予该字符变量的地址。例如：

```
char c,*p=&c;
```

表示 p 是一个指向字符变量 c 的指针变量。而

```
char *s="C Language";
```

则表示 s 是一个指向字符串的指针变量，把字符串的首地址赋予 s。

【例 8.31】输出字符串中 n 个字符后的所有字符。

```
#include <stdio.h>
int main()
{
   char *ps="This is a book";
   int n=10;
   ps=ps+n;
   printf("%s\n",ps);
   return 0;
}
```

程序运行结果如下：

```
book
```

在程序中对 ps 初始化时，即把字符串的首地址赋予 ps，当执行“ps=ps+10”之后，ps 指向字符“b”，因此输出为“book”。

（3）用指针处理无名字符串应注意的几个问题：

① 无论通过初始化还是赋值方式使指针指向某个无名字符串时，指针中存放的只是字符串的首地址，不要误认为指针中存放的就是该字符串。

例 8.30 中，首先定义 string 是一个字符指针变量，然后把字符串的首地址赋给 string

（应写出整个字符串，以便编译系统把该字符串装入一块连续的内存单元）。即它不是把“I love China!”这些字符放到 string 中（指针变量只能存放地址），也不是把字符串赋值给 string，而只是把“I love China!”的第一个字符的地址赋给指针变量 string。

这里需要注意的是，定义的指针变量只能指向一个字符变量或其他字符型数据，不能同时指向多个字符数据。

再如：

```
char *ps="C Language";
```

等效于：

```
char *ps;
ps="C Language";
```

② 字符型指针处理无名字符串时，由于每个无名字符串都占用各自的存储区，即使两个字符串完全相同，它们的地址也不一样。因此，当一个指针被多次赋值后，该指针将指向最新赋值的字符串，而原先指向的字符串就不能再用该指针变量继续访问了。例如：

```
char *str="Pascal Language";
printf("%s\n",str);
str="C Language";
```

指针 str 首先指向“Pascal Language”，然后又指向“C Language”，“Pascal Language”并没有被“C Language”替换，因为两个字符串各自占用自己的存储单元，具有不同的起始地址。指针指向了“C Language”就不再指向“Pascal Language”，此时若没有其他指针指向“Pascal Language”，那么，“Pascal Language”就不能继续访问了。

③ 单独使用指针只能处理字符串常量，不宜企图通过输入的方式处理任意字符串。请看下面的程序：

```
#include <stdio.h>
int main()
{
  char *s;
  gets(s);                    // scanf("%s",s);
  printf("%s\n",s);           // puts(s);
  return 0;
}
```

在程序规模很小、内存空间空余很大的时候，程序也能正常运行，但是这种方法是很不可靠的。编译系统只定义了指针变量 s，但 s 中没有确定的值，即没有确切的指向。当用输入函数 scanf() 或 gets() 输入时，没有确定的地址来存放该字符串，而将该字符串安排在常量存储区中并取其首地址作为 s 的值。随着程序规模的扩大，无“指向”指针的增加，当常量存储区不敷使用的时候，就可能占用其他变量甚至程序代码已经使用的存储空间，轻者造成混乱，重者使程序瘫痪。

3. 用字符型指针数组处理多个字符串

字符型指针数组既可以和二维数组联合使用来处理有名字符串，也可以单独使用来处理多个无名字符串。例如，定义

```
char static str[5][80],*st[5];
```

或

```
char *str={"abcd","efgh","ijkl","mnopqr","xyz"};
```

都可以用来处理五个字符串。前一种情况可以处理存放在数组 str 中的有名字符串，后一种情况用来处理无名字符串。

在用字符型指针处理有名字符串时，由于这些字符串属于同一数组，所以它们占用的是连续的存储空间，无论指针的指向如何改变，总可以通过修改指针的指向重新访问任何一个字符串。当用字符型指针处理无名字符串时，虽然每个无名字符串也占用连续的存储空间，但各个字符串之间所占用的空间可能并不连续，它们之间的联系只能依赖于指针，一旦某个指针中的地址被重新赋值，那么它所指向的字符串就不能继续访问，除非该字符串还有其他指针指向它。

【例 8.32】用选择法对给定的 10 个字符串按从小到大的顺序排序，并按 5 个一行分两行输出。

算法实现：先定义一个存放 10 个字符串的二维字符型数组 s[10][80]，再定义一个指向 s 的字符型指针数组 ch[10]，使每个元素都指向一个字符串，并从键盘输入这些字符串存入字符型数组。在选择排序中，通过指针数组将每一个字符串作为整体进行比较，在需要交换的时候，只交换指针数组元素的指向即可，并不交换数组中的字符。排序完成后，按指针数组元素的顺序输出各个字符串。

```
#include <stdio.h>
int main()
{
   static char s[10][80],*ch[10];
   char *temp;
   int i,j,k;
   for(i=0;i<10;i++)
      ch[i]=s[i];
   for(i=0;i<10;i++)
      gets(s[i]);
   for(i=0;i<9;i++)
   {
      k=i;
      for(j=i+1;j<10;j++)
         if(strcmp(ch[k],ch[j])>0)
            k=j;
      temp=ch[k];
      ch[k]=ch[i];
      ch[i]=temp;
   }
   for(i=0;i<10;i++)
   {
      printf("%s\t",ch[i]);
```

```
      if((i+1)%5==0)
         printf("\n");
    }
  return 0;
}
```

【例 8.33】指定 11 个字符串，按照顺序从各个字符串中取出与字符串位置对应的第 1、第 2、……、第 11 个字符，形成一个新的字符串。

算法实现：用初始化的方法定义一个字符型指针数组 str[11]，通过循环顺序取出各个字符串对应位置上的字符并存入另一个一维字符型数组 s 中。

```
#include <stdio.h>
int main()
{
  char *str[11]={"Icon","saw","memory","array","across","furcated","hypercube",
                 "independent","incurvate","indeteminate","indifferent"};
  char s[12];
  int i;
  for(i=0;i<11;i++)
     s[i]=str[i][i];
  s[i]='\0';
  printf("%s\n",s);
  return 0;
}
```

程序运行结果如下：

```
Iamastudeat
```

【例 8.34】在输入的字符串中查找有无“k”字符。

```
#include <stdio.h>
int main()
{
   char st[20],*ps;
   int i;
   printf("input a string:\n");
   ps=st;
   scanf("%s",ps);
   for(i=0;ps[i]!='\0';i++)
      if(ps[i]=='k')
      {
         printf("there is a 'k' in the string\n");
         break;
      }
```

```
    if(ps[i]=='\0')
        printf("There is no 'k' in the string\n");
    return 0;
}
```

程序的编译、运行，请读者自行完成。

【例 8.35】利用把字符串指针作为函数参数的方法，把一个字符串的内容复制到另一个字符串中（不能使用 strcpy 函数）。

【说明】cprstr() 函数的形参为两个字符指针变量，pss 指向源字符串，pds 指向目标字符串。注意表达式“(*pds=*pss)!='\0'”的用法。

```
#include <stdio.h>
void cpystr(char *pss,char *pds)
{
    while((*pds=*pss)!='\0')
    {
        pds++;
        pss++;
    }
    return;
}
int main()
{
    char *pa="CHINA",b[10],*pb;
    pb=b;
    cpystr(pa,pb);
    printf("string a=%s\nstring b=%s\n",pa,pb);
    return 0;
}
```

在本例中，程序完成了两项工作：一是把 pss 指向的源字符串复制到 pds 所指向的目标字符串中；二是判断所复制的字符是否为 '\0'，若是则表明源字符串结束，不再循环，否则，pds 和 pss 都加 1，指向下一字符。在主函数中，以指针变量 pa、pb 为实参，分别取得确定值后调用 cpystr() 函数。由于采用的指针变量 pa 和 pss、pb 和 pds 均指向同一字符串，因此在主函数和 cpystr() 函数中均可使用这些字符串。也可以把 cpystr() 函数简化为以下形式：

```
cpystr(char *pss,char *pds)
{
    while ((*pds++=*pss++)!='\0');
}
```

即把指针的移动和赋值合并在一条语句中。进一步分析还可发现 '\0' 的 ASCⅡ码为 0，对于 while 语句，只要表达式的值为非 0 就执行循环，为 0 则结束循环，因此也可省去“!='\0'”这一判断，而写为以下更为精简的形式：

```
cpystr (char *pss,char *pds)
{
  while (*pds++=*pss++);
}
```

表达式的意义可解释为：源字符向目标字符赋值，若所赋值为非 0 则移动指针继续循环，否则结束循环。这样使程序更加简洁，但对初学者来说不太容易理解。

【例 8.36】简化例 8.35 的程序。

```
#include <stdio.h>
void cpystr(char *pss,char *pds)
{
  while(*pds++=*pss++);
}
int main()
{
  char *pa="CHINA",b[10],*pb;
  pb=b;
  cpystr(pa,pb);
  printf("string a=%s\n,string b=%s\n",pa,pb);
  return 0;
}
```

8.4.2 使用字符串指针变量与字符数组的区别

用字符数组和字符指针变量都可实现字符串的存储和运算，但是两者是有区别的。在使用时应注意以下几个问题：

（1）字符串指针变量本身是一个变量，用于存放字符串的首地址。而字符串本身存放在从该首地址开始的一块连续的内存空间中，并以 '\0' 作为结束符。而字符数组是由若干个数组元素组成的，用来存放整个字符串。

（2）赋值方式的区别。对字符指针变量可以采用以下方法赋值：

```
char *ps="C Language";
```

可以写为：

```
char *ps;
ps="C Language";
```

要注意赋给 ps 的不是字符，而是字符串第一个元素的地址。

而对字符数组的赋值方式为：

```
static char st[]={"C Language"};
```

它不能写为：

```
char st[20];
st={"C Language"};
```

即数组可以在定义时整体赋初值，但不能在赋值语句中整体赋值，只能对字符数组的各元素逐个赋值。

（3）如果定义了一个字符型数组，在编译时为其分配存储单元，那么它就有确定的地址。而定义一个字符型指针变量时，给指针变量分配存储单元，在其中可以存放一个字符变量的地址，即该指针变量可以指向一个字符型数据，但若未对它赋值（地址值），则它并未具体指向一个确定的字符型数据（请参看用指针处理无名字符串应注意的几个问题）。

（4）指针变量的值是可以改变的。

【例 8.37】改变指针变量的值。

```
#include <stdio.h>
int main()
{
    char *str="I am a student."
    str=str+7;
    printf("%c ",*str);
    printf("%s\n",str);
    return 0;
}
```

程序运行结果如下：

```
    s student.
```

程序说明：用一个字符型指针 str 指向该字符串，然后移动指针到第 8 个字符的位置上，如果用“%c”控制，输出的是 str 所指向的字符；如果用“%s”控制，输出的是从第 8 个字符开始直到字符串末尾的子串。

而数组名虽然代表地址，但它是常量，其值是不能改变的。下面的例子是错误的：

```
char a[]={"I am a student."};
a=a+7;
printf("%s",a);
```

如果定义了一个指针变量，并使它指向一个字符串，就可以用下标的形式引用指针变量所指字符串中的字符。

【例 8.38】用带下标的字符指针变量引用字符串中的字符。

```
#include <stdio.h>
int main()
{
    char *str="I am a student.";
    int i;
    printf("The sixth character is %c\n",str[5]);
    for(i=0;str[i]!= '\0';i++)
        printf("%c",str[i]);
    printf("\n");
    return 0;
}
```

程序运行结果如下：

```
The sixth character is a
I am a student.
```

程序中虽然没有定义数组 str，但字符串在内存中是以字符数组的形式存放的。str[5] 按 *(str+5) 来处理，即从 str 当前所指向的元素下移 5 个元素的位置，取出其单元中的值。

（5）可用指针变量指向一个格式字符串，代替 printf 函数中的格式字符串。

【例 8.39】分析下列程序。

```
#include <stdio.h>
int main()
{
    static int a[3][4]={0,1,2,3,4,5,6,7,8,9,10,11};
    char *PF;
    PF="%d,%d,%d,%d,%d\n";
    printf(PF,a,*a,a[0],&a[0],&a[0][0]);
    printf(PF,a+1,*(a+1),a[1],&a[1],&a[1][0]);
    printf(PF,a+2,*(a+2),a[2],&a[2],&a[2][0]);
    printf("%d,%d\n",a[1]+1,*(a+1)+1);
    printf("%d,%d\n",*(a[1]+1),*(*(a+1)+1));
    return 0;
}
```

本例是将指针变量指向一个格式字符串，用在 printf() 函数中，用于输出二维数组的各种地址表示的值。在 printf() 语句中用指针变量 PF 代替格式字符串，也是程序中常用的方法。本例中的 printf() 函数称为可变格式的输出函数。它也可以用字符数组实现。例如：

```
char PF[]="%d,%d,%d,%d,%d\n";
printf(PF,a,*a,a[0],&a[0],&a[0][0]);
```

从以上几点可以看出字符串指针变量与字符数组在使用时的区别，同时也可以看出使用指针变量更加方便。

8.5 指针与函数

8.5.1 函数指针变量

在 C 语言中，可以用指针变量指向一个变量、字符串、数组，也可以指向一个函数。一个函数总是占用一段连续的内存区，而函数名就是该函数所占内存区的首地址。可以把函数的这个首地址（或称入口地址）赋予一个指针变量，使该指针变量指向此函数，然后通过指针变量就可以找到并调用这个函数。把这种指向函数的指针变量称为“函数指针变量”。

函数指针变量定义的一般形式为：

类型说明符 (*指针变量名)(函数参数列表);

其中，“类型说明符”表示函数的返回值的类型。“(*指针变量名)”中“*”后面定义的是指针变量。最后的括号表示指针变量所指的是一个带参数的函数，当然参数列表可以为空。

例如：

```
int (*pf)( );
```

表示 pf 是一个指向函数入口的指针变量，该函数的返回值(函数值)是整型的。

【例 8.40】求 x 和 y 中的较大者。

(1)用一般的函数调用方法实现，程序如下：

```
#include <stdio.h>
int max(int a,int b)
{
  if(a>b)
    return a;
  else
    return b;
}
int main()
{
  int x,y,z;
  scanf("%d,%d",&x,&y);
  z=max(x,y);
  printf("x=%d,y=%d,max=%d\n",x,y,z);
  return 0;
}
```

main() 函数中的“z=max(x,y);”语句调用了 max() 函数。每个函数都占用一块内存单元，并且有一个起始地址，所以，可以用一个指针变量指向一个函数，并通过指针变量来访问它所指向的函数。

(2)用指针形式实现对函数调用的方法。可以将 main() 函数做如下修改：

```
int main()
{
  int max(int a,int b);
  int (*p)(int,int);
  int x,y,z;
  p=max;
  printf("input two numbers:\n");
  scanf("%d%d",&x,&y);
  z=(*p)(x,y);
  printf("x=%d,y=%d,max=%d\n",x,y,z);
  return 0;
}
```

其中，“int (*p)(int,int);”语句用来定义一个指向函数的指针变量，*p 两侧的括号不能省略，表示 p 先与“*”结合，是指针变量，然后再与后面的“()”结合，表示此指针变量指向函数，函数的返回值是整型的。如果写成“int *p(int,int);”，则由于“()”的优先级高于“*”，此语句就成了声明一个 p 函数了，而这个函数的返回值是指向整型变量的指针。

赋值语句“p=max;”的作用是将 max() 函数的入口地址赋给指针变量 p。

从上述程序可以看出，用函数指针变量形式调用函数的步骤如下：

（1）先定义函数指针变量，如 main() 函数中的“int (*p)(int,int);”语句，定义 p 为函数指针变量，它不是固定指向哪一个函数的，而只是表示定义了这样一个类型的变量，并专门用来存放函数的入口地址。在程序中把哪一个函数的地址赋给它，它就指向哪一个函数。在一个程序中，一个指针变量可以先后指向相同类型的不同函数。

（2）把被调函数的入口地址（函数名）赋予该函数指针变量，如程序中的“p=max;”语句。在给函数指针变量赋值的时候只需给出函数名而不必给出参数，这里是将函数入口地址赋给 p，而不涉及实参和形参传值的问题，因而不能写成：

p=max(x,y);

（3）用函数指针变量形式调用函数，如程序中的“z=(*p)(x,y);”，只需用 (*p) 代替函数名即可，再根据需要写上实际参数。这里要注意函数的返回值的类型。

（4）调用函数的一般形式为：

(* 指针变量名)(实参表);

使用函数指针变量还应注意以下三点：

（1）函数的调用可以通过函数名调用，也可以通过函数指针调用。

（2）函数指针变量不能进行算术运算，这是与数组指针变量不同的。数组指针变量加减一个整数可移动指针使其指向后面或前面的数组元素，而函数指针的移动，如 p++、p+n、p-- 等运算是无意义的。

（3）函数调用中“(*指针变量名)”两边的括号不可少，其中的“*”不应该理解为求值运算，在此处它只是一种表示符号。

8.5.2 指针型函数

前面已经介绍过，所谓函数类型是指函数返回值的类型。在 C 语言中允许一个函数的返回值是一个指针（即地址），这种返回指针值的函数称为指针型函数。

定义指针型函数的一般形式为：

```
类型说明符 * 函数名 (形参表)
{
   ……                       // 函数体
}
```

其中，函数名之前加了“*”号表明这是一个指针型函数，即返回值是一个指针。类型说明符表示返回的指针值所指向的数据类型。返回类型可以是任何基本类型和复合类型。返回指针的函数用途十分广泛。事实上，每一个函数，即使不带有返回某种类型的指针，它本身也有一个入口地址，该地址相当于一个指针。比如，函数返回一个整型值，实际上也相当于返回一个指针变量的值，不过这时的变量是函数本身，即整个函数相当于一个“变量”。如：

```
int *ap(int x,int y)
{
```

```
    ……                          // 函数体
    }
```

表示 ap 是一个返回指针值的指针型函数，它返回的指针指向一个整型变量。请注意在 *ap 的两侧没有括号，其两侧分别为“*”运算符和“()”运算符。“()”运算符的优先级高于“*”运算符，因此 ap 先与 () 结合，很显然这是函数形式。而 * 则表示该函数为指针型函数。

【例 8.41】分析下列程序。

```
#include <stdio.h>
float *find(float(*pointer)[4],int n)          // 定义指针函数
{
  float *pt;
  pt=*(pointer+n);
  return(pt);
}
int main()
{
  static float score[][4]={{60,70,80,90},{56,89,34,45},{34,23,56,45}};
  float *p;
  int i,m;
  printf("Enter the number to be found:");
  scanf("%d",&m);
  printf("the score of NO.%d are:\n",m);
  p=find(score,m);
  for(i=0;i<4;i++)
    printf("%5.2f\t",*(p+i));
  return 0;
}
```

学生学号从 0 号算起，函数 find() 被定义为指针函数，形参 pointer 是指针，指向包含 4 个元素的一维数组的指针变量。pointer+1 指向 score 的第一行。*(pointer+1) 指向第一行的第 0 个元素。pt 是一个指针变量，它指向浮点型变量。在 main() 函数中调用 find() 函数，将 score 数组的首地址传给 pointer。

【例 8.42】输入一个 1~7 之间的整数，输出对应的星期名。

```
#include <stdio.h>
#include <stdlib.h>
char *day_name(int n)
{
  static char *name[]={ "Illegal day",
                        "Monday",
                        "Tuesday",
                        "Wednesday",
                        "Thursday",
```

```
                        "Friday",
                        "Saturday",
                        "Sunday"
                       };
    return((n<1||n>7)?name[0]:name[n]);
}
int main()
{
    int i;
    char *day_name(int n);
    printf("input Day No:\n");
    scanf("%d",&i);
    if(i<0)
      exit(1);
    printf("Day No:%2d-->%s\n",i,day_name(i));
    return 0;
}
```

本例中定义了一个指针型函数 day_name(),它的返回值指向一个字符串。该函数中定义了一个静态指针数组 name。name 数组初始化赋值为 8 个字符串,分别表示各个星期名及出错提示信息。形参 n 表示与星期名所对应的整数。在主函数中,把输入的整数 i 作为实参,在 printf 语句中调用 day_name() 函数并把 i 值传送给形参 n。day_name() 函数中的 return 语句包含一个条件表达式,n 值若大于 7 或小于 1,则把 name[0] 指针返回主函数,输出出错提示字符串“Illegal day”,否则返回主函数输出对应的星期名。主函数中的“if(i<0)”是个条件语句,其语义是:如果输入为负数(i<0),则终止程序运行退出程序。exit 是一个库函数,exit(1) 表示发生错误后退出程序,exit(0) 表示正常退出。

应该特别注意的是,函数指针变量和指针型函数这两者在写法和意义上的区别,如 int (*p)() 和 int *p() 是完全不同的。

int (*p)() 是一个变量说明,它说明 p 是一个指向函数入口的指针变量,该函数的返回值是整型量,(*p) 两边的括号不能少。

int *p() 则是函数说明而非变量说明,它说明 p 是一个指针型函数,其返回值是一个指向整型量的指针,*p 两边没有括号。作为函数说明,在括号内最好写入形式参数,这样便于与变量说明相区别。

对于指针型函数定义,int *p() 只是函数说明部分,一般还应该有函数体部分。

8.5.3　main() 函数的参数

前面介绍的 main() 函数都是不带参数的,因此 main() 后的括号都是空括号。实际上,main() 函数可以带参数,这个参数可以认为是 main() 函数的形式参数。C 语言规定,main() 函数的参数只能有两个,习惯上把这两个参数写为 argc 和 argv。因此,main() 函数的函数说明可写为:

```
int main (argc,argv);   // 函数类型也可以是 int 或其他类型
```

C语言还规定argc（第一个形参）必须是整型变量，argv（第二个形参）必须是指向字符串的指针数组。加上形参说明后，main() 函数的函数说明应写为：

int main (int argc,char *argv[]);

由于main() 函数不能被其他函数调用，因此不可能在程序内部取得实际值。那么，在何处把实参值赋予main() 函数的形参呢？实际上，main() 函数的参数值是从操作系统命令行上获得的。当要运行一个可执行文件时，在DOS提示符下键入文件名，再输入实际参数即可把这些实参传送到main() 函数的形参中去。

DOS提示符下命令行的一般形式为：

C:\> 可执行文件名 参数 参数……

应该特别注意的是：main() 函数的两个形参和命令行中的参数在位置上不是一一对应的。因为main() 函数的形参只有两个，而命令行中的参数个数原则上未加限制。argc参数表示了命令行中参数的个数（注意：文件名本身也算一个参数），argc的值是在输入命令行时由系统按实际参数的个数自动赋予的。

例如，有如下命令行：

C:\>E24 BASIC foxpro FORTRAN

由于文件名E24本身也算一个参数，所以共有4个参数，因此argc的值为4。argv参数是字符串指针数组，其各元素的值为命令行中各字符串（参数均按字符串处理）的首地址。指针数组的长度即为参数个数。数组元素初值由系统自动赋予。其表示如图8-14所示。

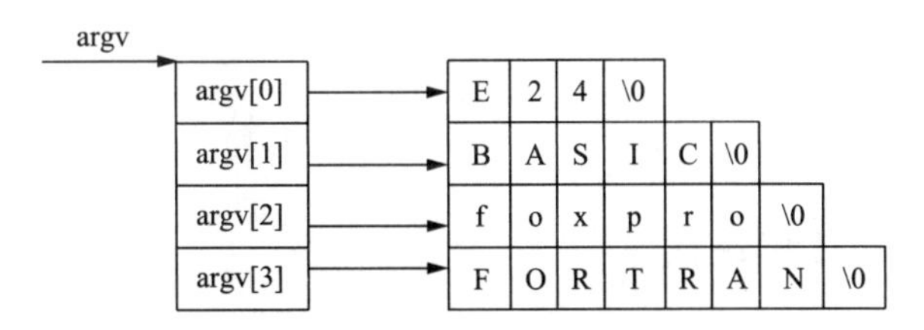

图8-14 数组元素初值

【例8.43】显示DOS命令行中输入的参数。

```
#include <stdio.h>
int main(int argc,char *argv)
{
  while(argc-->1)
    printf("%s\n",*++argv);
  return 0;
}
```

如果本例的可执行文件名为e24.exe，存放在D盘内，输入的命令行为：

C:\>d:e24 BASIC foxpro FORTRAN

则运行结果为：

```
BASIC
foxpro
FORTRAN
```

该行共有 4 个参数，执行 main() 函数时，argc 的初值即为 4。argv 的 4 个元素分别为 4 个字符串的首地址。执行 while 语句，每循环一次，argc 的值减 1，当 argc 等于 1 时停止循环，共循环三次，因此共可输出三个参数。在 printf() 函数中，由于输出项 *++argv 是先加 1 再输出，故第一次输出的是 argv[1] 所指的字符串 BASIC。第二、三次循环分别输出后两个字符串。而参数 e24 是可执行文件名，不必输出。

8.6 指向指针的指针

8.6.1 一级指针和二级指针的概念

如果一个指针变量存放的又是另一个指针变量的地址，则称这个指针变量为指向指针的指针。

前面已经介绍过，通过指针访问变量称为间接访问。由于指针变量直接指向变量，所以称为“单级间址”或“一级指针”。而如果通过指向指针的指针变量来访问变量则构成“二级间接地址”，或者称为“二级指针”，实际上就是指向指针的指针（如图 8-15 所示）。

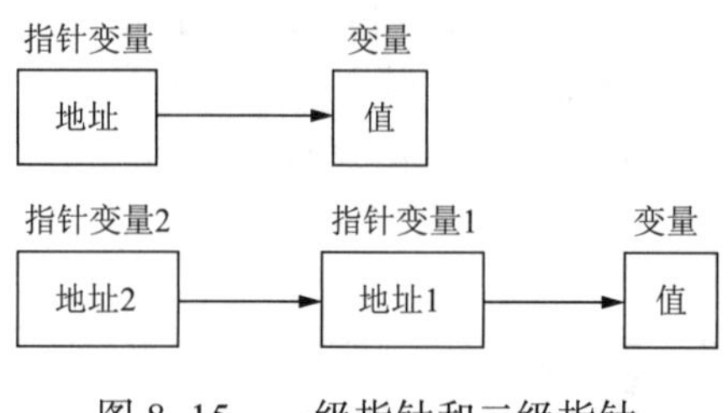

图 8-15　一级指针和二级指针

8.6.2 二级指针的定义和使用

1. 二级指针的定义

二级指针的定义形式为：

[存储类型] 数据类型** 指针名

其中，指针名前有两个 *，表示是一个二级指针。例如，有如下定义：

```
int a,*p1a,**p2a;
p1a=&a;
p2a=&p1a;
```

指针 p1a 存放变量 a 的地址，即指向了变量 a；指针 p2a 存放一级指针 p1a 的地址，即指向了 p1a。因此，p1a 是一级指针，p2a 是二级指针。对于变量 a 的访问，既可以用一级指针 p1a 来访问，也可以用二级指针 p2a 来访问，即 a、*p1a、**p2a 都表示访问变量 a 的值，三者是等价的。

以图 8-16 为例来说明二级指针的使用。name 是一个指针数组，它的每一个元素是一个指针型数据，其值为地址。name 是一个数组，它的每一个元素都有相应的地址。数组名 name 代表该指针数组的首地址。name+1 是 name[1] 的地址，name+i 就是指向指针型数据的指针（地址）。还可以设置一个二级指针变量 p，使它指向指针数组元素，p 就是指向指针型数据的指针变量。

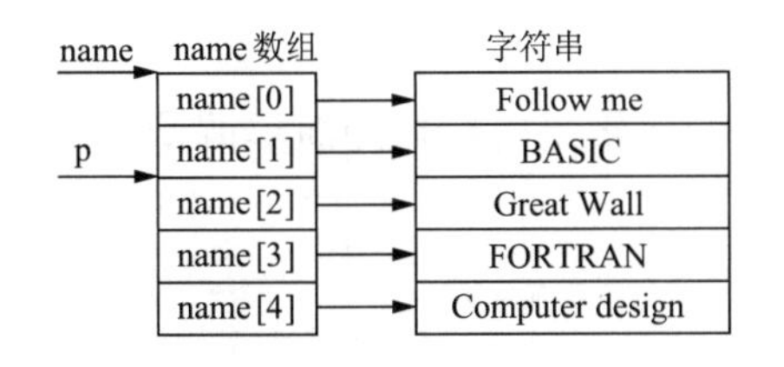

图 8-16　二级指针的使用

如果有：

p=name+2;

printf("%o\n",*p);

printf("%s\n",*p);

则第一个 printf 函数输出 name[2] 的值（它是一个地址），第二个 printf 函数以字符串形式（%s）输出字符串"Great Wall"。

2. 二级指针的使用

一级指针可以指向变量、一维数组和二维数组。用一级指针存取数据，可以通过移动指针来指向不同的数据单元，有的取一次地址运算就能访问数据对象（如简单变量和一维数组），有的则需要取两次地址运算才能访问数据对象（如二维数组）。二级指针和一级指针联合使用，可以间接访问变量和数组。在处理简单问题时，没有必要使用二级指针。在实际应用中，经常会遇到要求在函数之间传递指针数据的问题，因此，理解和掌握一级指针和二级指针之间的关系是十分必要的。

一般来说，二级指针必须与一级指针联合使用才有意义，不能将二级指针直接指向数据对象。

【例 8.44】使用指向指针的指针（二级指针的使用）。

```
#include <stdio.h>
int main()
{
  char *name[]={"Follow me","BASIC","Great Wall","FORTRAN",
                "Computer design"};
  char **p;
  int i;
  for(i=0;i<5;i++)
  {
    p=name+i;
    printf("%s\n",*p);
  }
  return 0;
}
```

【说明】p 是指向指针的指针变量。执行第一次循环的时候，赋值语句"p=name+i;"，使 p 指向 name 数组的 0 号元素 name[0]，*p 是 name[0] 的值，也就是第一个字符串的起始地址，然后用 printf 语句输出该字符串。指针数组的元素也可以指向其他的数据类型，如整型和实型数据。

【例 8.45】一个指针数组的元素指向数据的简单例子。

```
#include <stdio.h>
int main()
{
   static int a[5]={1,3,5,7,9};
   int *num[5]={&a[0],&a[1],&a[2],&a[3],&a[4]};
   int **p,i;
   p=num;
   for(i=0;i<5;i++)
   {
      printf("%d\t",**p);
      p++;
   }
   return 0;
}
```

程序运行结果如下：

```
1 3 5 7 9
```

【说明】 指针数组的元素只能存放地址。所以，如果把第 5 行写成“int *num[5]={1,3,5,7,9};”就是错误的。

8.7 用指针进行内存动态分配

C 编译系统主要采用两种方法来使用内存：一种是由编译系统分配的内存区，另一种是采用内存的动态分配方式，动态地为程序分配存储区。动态分配的存储区位于用户程序之外，它不是由编译系统分配的，而是由用户在程序中通过动态分配来获取的。使用动态内存分配至少有以下三个优点：

（1）可以更加有效地使用内存。

（2）同一段内存可以有不同的用途，使用时申请，用完后释放。

（3）允许建立链表等数据结构。

8.7.1 如何进行动态内存分配

进行动态内存分配时要注意以下几点：

（1）确切地规定需要多少内存空间，以避免过多的分配造成内存空间的浪费，也可以为其他数据预留一部分空间。

（2）利用 C 编译系统提供的动态分配函数来分配所需要的存储空间。

（3）使指针指向获得的内存空间，以便利用指针在该空间内实施运算或操作。

（4）当动态内存使用完毕后，一定要释放该空间，否则可能把堆中的内存用完。

8.7.2 常用的动态内存分配函数

C 动态内存分配函数从堆(heap)(系统自由内存区)取得内存空间。堆中的自由内存量一般都很大。

使用动态内存分配,通常要用到 4 个函数:calloc() 和 malloc() 函数用于动态内存空间的申请;realloc() 函数用于重新改变已分配的动态内存的大小;free() 函数用于释放不再使用的动态内存。C 动态分配系统的核心由 malloc() 和 free() 两个函数组成,其他函数使用较少。ANSI 建议将这 4 个函数定义在头文件 stdlib.h 中。因此,如果在 C 编程环境中使用动态内存的话,一定要包含 stdlib.h 文件。

1. 内存申请函数

malloc() 函数用来申请动态内存,其函数原型为:

```
void *malloc(size_t number_of_bytes);
```

其中,number_of_bytes 是申请的字节数(size_t 在 stdlib.h 中的定义一般是 unsigned int)。函数 malloc() 返回 void 型指针,表示可以赋给各类指针,在具体使用时,可以通过强制类型转换将该地址转换成某种数据类型的地址。当 malloc() 执行成功时,调用返回指针,指向堆中分得的内存区的第一个字节。当堆中内存不够时调用失败,返回 NULL 或 0(大多数编译程序提供的库函数允许用户在运行时获得对堆栈大小的估算,但是这类函数并不是标准 C 定义的)。尽管堆栈的尺寸很大,但也是有限的,也是可以被耗尽的。

申请 500 个 float 型数据的动态内存,可以使用以下代码段来实现:

```
float *p;
p=(float *)malloc(500*sizeof(float));
if(p==NULL)                    // 申请失败
    exit(1);
```

如果申请成功,可以得到供 500 个实型数据分配的动态内存的起始地址,并把此起始地址赋给指针变量 p,利用该指针就可以对该区域里的数据进行操作或运算。若申请不成功,则退出程序,返回操作系统。

【说明】因为堆的空间是有限的,所以分配内存后都必须检查 malloc() 的返回值,确保指针使用前它是非 NULL(空指针)。因为空指针常常会造成程序瘫痪。以下代码段是描述内存分配和测试指针有效性的正确方法:

```
p=malloc(100);
if(!p)
{
   printf("Out of memory!\n");
   exit(1);
}
```

当然也可以用某种错误处理函数来替换 exit() 函数,目的是绝不使用空指针。

【补充】calloc() 函数也可以在内存的动态存储区中分配 n 个长度为 size 的连续空间,函数返回一个指向分配起始地址的指针;如果分配不成功,返回 NULL。calloc() 函数的头文件为 stdlib.h,其用法如下:

```
void *calloc(unsigned n,unsigned size);
```

calloc() 函数与 malloc() 函数的区别在于，calloc 在动态分配完内存后，自动初始化该内存空间为零，而 malloc 不初始化，里边数据是随机的垃圾数据。

2. 释放内存函数

free() 函数可以看作 malloc() 函数的逆函数，它把由 malloc() 函数申请的内存空间交还给系统。内存被交还后，仍然可以被 malloc() 函数再次使用。函数 free() 的原型是：

```
void free(void *p);
```

其中，p 是指向先前使用 malloc() 分配的内存的指针。由于函数没有返回值，故定义为 void 型。这里要注意的是：绝对不能用无效指针调用 free() 函数，否则将破坏自由表。

【例 8.46】编写程序利用动态内存分配存放一个包含 n 个整数的一维数组，n 的值在程序运行过程中指定，然后从键盘输入任意 n 个整数存入该数组中，并计算其各个元素的平方和。

算法分析：先用 scanf() 函数输入 n 的值，然后用 calloc() 函数申请能存放 n 个 int 型数据的动态内存。若申请成功，就得到动态内存的首地址，并将该地址赋给指针变量 p，通过移动指针存入 n 个整数，再通过移动指针取出各数并计算它们的平方和。程序如下：

```
#include <stdio.h>
#include <stdlib.h>
int main()
{
  int n,s,i,*p;
  printf("Enter the demension of array:");
  scanf("%d",&n);
  if((p=(int *)calloc(n,sizeof(int)))==NULL)
  {
    printf("Not able to allocate memory.\n");
    exit(1);
  }
  printf("Enter %d values of array:\n",n);
  for(i=0;i<n;i++)
    scanf("%d",p+i);
  s=0;
  for(i=0;i<n;i++)
    s=s+*(p+i)*(*(p+i));
  printf("%d\n",s);
  free(p);
  return 0;
}
```

动态内存申请得到的是一个没有名字、只有首地址的连续的存储空间，相当于一个无名的一维数组。本程序中动态内存的首地址经过强制类型转换成 int 型，并存放在指针变量 p 中，通过移动指针 p 来存取各个数据。

8.8 有关指针的数据类型与运算的使用说明

8.8.1 有关指针的数据类型小结

有关指针的数据类型见表 8-2。

表 8-2 指针的数据类型

定 义	含 义
int i;	定义整型变量 i
int *p	p 为指向整型数据的指针变量
int a[n];	定义整型数组 a，它有 n 个元素
int *p[n];	定义指针数组 p，它由 n 个指向整型数据的指针元素组成
int (*p)[n];	p 为指向含 n 个元素的一维数组的指针变量
int f();	f 为返回整型函数值的函数
int *p();	p 为返回一个指针的函数，该指针指向整型数据
int (*p)();	p 为指向函数的指针，该函数返回一个整型值
int **p;	p 是一个指针变量，它指向一个指向整型数据的指针变量

8.8.2 指针运算小结

指针运算包括以下几种运算：

（1）指针变量加(减)一个整数。

例如：p++、p--、p+i、p-i、p+=i、p-=i。

一个指针变量加(减)一个整数并不是简单地将原值加(减)一个整数，而是将该指针变量的原值(是一个地址)和它指向的变量所占用的内存单元字节数相加(减)。

（2）指针变量赋值：将一个变量的地址赋给一个指针变量。

```
p=&a;            // 将变量 a 的地址赋给 p
p=array;         // 将数组 array 的首地址赋给 p
p=&array[i];     // 将数组 array 第 i 个元素的地址赋给 p
p=max;           // max 为已定义的函数，将 max 的入口地址赋给 p
p1=p2;           // p1 和 p2 都是指针变量，将 p2 的值赋给 p1
```

注意，如下语句是错误的：

```
p=1000;
```

（3）指针变量可以有空值，即该指针变量不指向任何变量。

```
p=NULL;
```

（4）两个指针变量可以相减：如果两个指针变量指向同一个数组的不同元素，则两个指针变量值之差是两个指针之间的元素个数。

（5）两个指针变量比较：如果两个指针变量指向同一个数组的元素，则两个指针变量可以进行比较。指向前面的元素的指针变量“小于”指向后面的元素的指针变量。

8.8.3 几种常见的指针错误

由前面的内容可以了解到，指针的功能特别强大，而且对许多问题来说又是必需的。但是，如果指针使用错误的话，会引入难以排除的错误。

指针错误难以定位，是因为指针本身并没有问题，而问题在于指针错误操作时程序对未知内存区进行了读或写操作。进行读操作时，最坏的情况是取得无用的数据；而进行写操作时，可能会冲掉其他代码或数据。这种错误可能直到程序执行相当一段时间后才会出现，因此会把排除工作引入歧途。

指针错误的性质特别严重，所以使用指针必须仔细研究，力求做到正确使用。

下面研究几种常见的指针错误。

（1）指针错误的一个典型例子是未初始化的指针。通过下面的程序进行说明：

```
int main()
{
  int x,*p;
  x=10;
  *p=x;                         // 错误，p 未初始化
  return 0;
}
```

该程序把整型数据 10 写到了未知的内存位置。原因是，程序中从未向指针 p 赋值，p 的内容不能确定。这种问题很难引起人们的注意，因为比较小的程序在运行时，p 中的随机地址指向“安全区”的可能性很大，既不指向程序的代码和数据，也不指向操作系统。但是，随着程序的增加，p 指向重要区域的可能性会增加，致使程序不能正常工作。在这个例子中，大多数编译程序会发出错误警告，说明用户试图使用未初始化的指针，而同样的错误可能会以更随机的方式出现，编译程序则无法检测到。

（2）第二种常见的错误是由误解指针的用法引起的。看下面的例子：

```
#include <stdio.h>
int main()
{
  int x,*p;
  x=10;
  p=x;
  printf("%d",*p);
  return 0;
}
```

此程序并不显示 x 的值 10，输出的内容不确定，原因在于赋值语句：

```
p=x;
```

是错误的。该语句把 10 赋给指针 p，而 p 的内容应该是地址。正确的做法是：

```
p=&x;
```

（3）另一种错误是对内存中数据放置的错误假定。一般来说，程序员不能确保数据处

于内存的同样位置，不能确保各种机器都用同样的格式保存数据，也不能确保多种编译程序处理数据的办法完全相同。由于这些原因，在比较指向不同对象的指针时，容易产生意外的结果。看下面的例子：

```
char x[80],y[80];
char *p1,*p2;
p1=x;
p2=y;
if(p1<p2)
……
```

这个例子在概念上就错了，只有在特殊条件下才能由此确定变量的相对位置，但这种情况是比较少见的。

与之类似的错误是假设相邻数组顺序排列，从而简单地对指针增值，希望在使用这两个数组时可以跨越数组的边界，像是在使用一个数组。看下面的例子：

```
int frist[10],second[10];
int *p,t;
p=first;
for(t=0;t<20;++t)
  *p++=t;
```

尽管这种方法在某些条件下适用于某些编译程序，但这是在假定两个数组在内存中先存放 first，紧接着存放 second 的前提下实现的。这种情况并不总是常有的，所以这不是用 0~19 初始化数组 first 和 second 数组的好办法。

【例 8.47】找出下面程序中的错误。

```
#include <stdio.h>
#include <string.h>
int main()
{
  char *p;
  char a[80];
  p=a;
  do
  {
    gets(a);                    // 读入一个字符串
    while(*p)
      printf("%d",*p++);
  }while(strcmp(a,"done"));
  return 0;
}
```

该程序通过指针 p 打印出数组 a 中各个字符的 ASCII 值。程序中只对 p 赋值一次。第一轮循环中，p 指向了 a 中的首字符。第二轮循环时，因未再次置 a 的起始位置，p 值便从第一轮的结束点位置继续，此时，p 可能指向了另外一个字符串，或是变量，甚至是程序的某一段内存区域。所以，每次使用指针前，都应该初始化。正确的程序请读者自行完成。

错用指针可能会导致很微妙的错误，但这并不能成为弃用指针的理由。在使用指针时要小心谨慎，使用前首先应确定其指向什么位置。

习 题

1. 语句 int *p 中，指针变量名为＿＿＿＿＿；指针变量作为函数的参数时，实参与形参之间传递的是＿＿＿＿＿。

2. 若定义：char ch;

使指针 p 指向变量 ch 的定义语句是＿＿＿＿＿＿＿＿＿＿；

通过指针 p 给变量 ch 赋值字符 a 的语句是＿＿＿＿＿＿＿＿＿＿。

3. 设 int a[10],*p=a; 则对 a[3] 的引用方法有＿＿＿＿＿、＿＿＿＿＿、＿＿＿＿＿。

4. 以下程序段运行后，*(p+3) 的值为＿＿＿＿。

```
#include <stdio.h>
int main()
{
   char a[]="good";
   char *p;
   p=a;
   return 0;
}
```

A. 'd'　　B. '\0'　　C. 存放 'd' 的地址　　D. 'o'

5. 下面程序的输出结果是＿＿＿＿。

```
#include <stdio.h>
int main()
{
   static char a[]="COMPUTE",b[]="COmpUte";
   char *p1,*p2;
   int k;p1=a;p2=b;
   for(k=0;k<=7;k++)
      if(*(p1+k)==*(p2+k))
         printf("%c",*(p1+k));
   printf("\n");
   return 0;
}
```

A. CO　　B. mpte　　C. COU　　D. MPTE

6. 编写一个 C 程序，使用指针实现冒泡排序。

7. 输入 3 个整数，按从大到小的顺序输出。

8. 编写一个程序，输入 15 个整数存入一维数组，再按逆序重新存放后再输出。

9. 输入 10 个整数，将其中的最大数与最后一个数交换，最小数与第一个数交换。

【提示】程序应考虑这样一种特殊情况，即最后一个元素正是最小元素，它在与最大元素交换后，位置已移到原先存储最大元素的位置。程序应保证最大元素移到末尾，最小元素移到最前端。

10. 编写一个函数，求一个字符串的长度。在 main() 函数中输入字符串，并输出其长度。

11. 输入一个字符串，逆序输出其中的全部字符。

12. 编写一个函数（要求用指针实现），交换数组 a 和数组 b 中的对应元素。

13. 已知一包含 n 个字符的字符串，要求实现将此字符串中从第 m 个字符开始的全部字符复制成为另外一个字符串。

14. 在 main() 函数中输入一行文字，找出其中大写字母、小写字母、空格、数字及其他字符各有多少。

15. 编程实现两个字符串比较的函数（即实现函数 strcmp()）。

16. 输入一个 3×6 的二维整型数组，输出其中的最大值、最小值及其所在的行列下标。

17. 编写一个程序，输入月份名，输出该月的英文名称。例如，输入“5”，则输出“May”，要求用指针数组进行处理。

18. 假设已知某班的 4 名学生，5 门课程，请分别编写 3 个函数实现以下 3 个要求：

（1）求第 1 门课程的平均分；

（2）找出有两门以上课程不及格的学生，并输出他们的学号和全部课程成绩及平均成绩；

（3）找出平均成绩在 90 分以上或全部课程成绩在 85 分以上的学生。

19. 从键盘输入一个字符串 str1，并在字符串中的最大元素后边插入字符串 str2(str2[]="ab")。

20. 用指向二维数组的指针作函数的参数，实现对二维数组的按行相加。

第9章 结构体与共用体

前面章节已经介绍了一些基本数据类型(整型、实型、字符型)的定义和应用,还介绍了派生数据类型数组(一维数组、二维数组)、指针的定义和应用。这些数据类型的特点是:当定义某一特定数据类型时,就限定了该类型变量的存储特性和取值范围。对基本数据类型来说,既可以定义单个的变量,也可以作为数组中的元素,而数组的全部元素都具有相同的数据类型。

在实际应用中,一组数据往往具有不同的数据类型。例如,在学生管理系统中,学号可以定义为整型或字符型,姓名为字符型,年龄为整型,性别为字符型,成绩可为整型或实型。如何将描述一个学生属性的不同类型的数据定义成一个整体呢?为了解决这个问题,C语言中给出了另一种构造数据类型——结构体(structure)。

本章学习目标

- 掌握结构体的类型说明,结构体变量的定义、引用及初始化方法。
- 掌握结构体数组的定义与初始化。
- 正确理解指向结构体类型的指针并能正确引用。
- 熟练使用结构体类型构建应用程序。

9.1 结构体概述

结构体是一种构造类型,它是由若干"成员"组成的。其中,每一个成员可以是一个基本数据类型,也可以是一个构造类型。既然结构体是一种"构造"而成的数据类型,那么在使用之前必须先声明它,也就是构造它,如同在定义和调用函数之前要先声明函数一样。

声明一个结构体的一般形式为:

```
struct 结构体名
{成员列表};
```

其中,struct是声明结构体类型时必须使用的关键字。

成员列表由若干个成员组成,每个成员都是该结构体的一个组成部分。对每个成员也必须作类型说明,其形式为:

```
类型说明符 成员名;
```

成员名的命名应符合标识符的命名规则。例如:

```
struct student
{
```

```
    int num;
    char name[20];
    char sex;
    float score;
};
```

在该结构体声明中，结构体名为 student，由 4 个成员组成。第 1 个成员为 num，整型变量；第 2 个成员为 name，字符数组；第 3 个成员为 sex，字符型变量；第 4 个成员为 score，实型变量。

【注意】大括号后的分号是必不可少的。结构体声明之后，就可以进行变量定义。凡定义为结构体 struct student 类型的变量均由上述 4 个成员组成。由此可见，结构体是一种复杂的数据类型，是由数目固定、类型不同的若干有序变量组成的集合。

9.2 定义结构体类型变量的方法

上一节只是声明了一个类型名为 struct student 的结构体类型，它只是一个模型，并没有具体数据，所以编译系统并不真正分配内存单元。为了能在程序中处理结构体类型的数据，应当定义结构体类型的变量，就像处理整型数据前先定义整型变量一样。

定义结构体类型变量有三种方法，以上一节定义的结构体类型 struct student 为例来加以说明。

1. 先定义结构体，再定义结构体变量

例如：

```
struct student body1, body2;          // 结构体类型名  结构体变量名
```

定义了两个变量 body1 和 body2，它们均为 struct student 结构体类型。需要注意的是，student 为结构体名，而 struct student 才是结构体类型名。

也可以用宏定义使一个符号常量表示一个结构体类型。例如：

```
#define STU struct student
STU
{
  int num;
  char name[20];
  char sex;
  float score;
};
STU body1,body2;
```

在定义了结构体变量后，系统会为该变量分配内存单元。例如，body1 和 body2 在内存中各占 29 个字节（4+20+1+4）。

2. 声明结构体类型的同时定义结构体变量

声明结构体类型的同时定义结构体变量的一般形式为：

```
    struct 结构体名
```

```
    {
        成员列表
    } 变量名列表;
```

例如：

```
struct student
{
  int num;
  char name[20];
  char sex;
  float score;
}body1,body2;
```

3. 直接定义结构体类型变量

直接定义结构体类型变量的一般形式为：

```
    struct
    {
        成员列表
    } 变量名列表;
```

例如：

```
struct
{
  int num;
  char name[20];
  char sex;
  float score;
}body1,body2;
```

第三种方法与第二种方法的区别在于：第三种方法中省去了结构体名，而直接给出结构体变量。上述三种方法中定义的 body1、body2 变量都具有图 9-1 所示的结构。

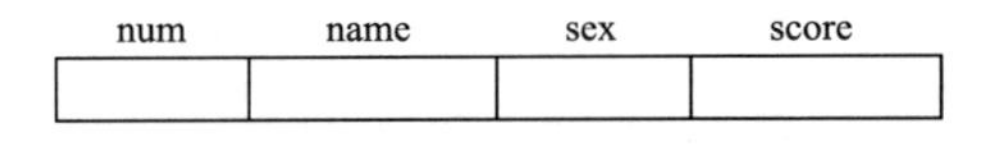

图 9-1　结构体变量示意图

定义了 body1、body2 变量后，即可向这两个变量中的各个成员赋值。在上述 student 结构体声明中，所有的成员都是基本数据类型或数组类型。

关于结构体类型，有四点说明：

（1）结构体类型与结构体变量是不同的概念，不要混淆。类型是一个模型，是用来定义变量的。在编译时，对类型是不分配空间的，只对定义的变量分配空间。

（2）结构体中的成员（又称“域”），其作用与地位相当于普通变量。对成员的引用方法见 9.3 节。

（3）结构体中成员也可以又是一个结构体，即可以构成嵌套的结构体，如图 9-2 所示。

<table>
<tr><td rowspan="2">num</td><td rowspan="2">name</td><td rowspan="2">sex</td><td colspan="3">birthday</td><td rowspan="2">score</td></tr>
<tr><td>month</td><td>day</td><td>year</td></tr>
</table>

图 9-2 结构体嵌套

```
struct date
{
  int month;
  int day;
  int year;
};
struct
{
  int num;
  char name[20];
  char sex;
  struct date birthday;
  float score;
}body1,body2;
```

首先定义一个结构体 date，由 month（月）、day（日）、year（年）三个成员变量组成。在定义并说明变量 body1 和 body2 时，其中的成员 birthday 被说明为 date 结构体类型。

（4）成员名可与程序中其他变量同名，互不干扰。

9.3 结构体变量的引用

定义了结构体变量之后，就可以引用这个变量。引用变量时有四点规则：

（1）不能把结构体变量作为一个整体进行输入输出，这点同数组一样。在 ANSI C 中除了允许具有相同类型的结构体变量相互赋值以外，一般对结构体变量的使用，包括赋值、输入、输出、运算等都是通过结构体变量的成员来实现的。

引用结构体变量成员的一般形式是：

结构体变量名 . 成员名

“.”是成员运算符，它在所有的运算符中优先级最高，因此可以把“结构体变量名 . 成员名”作为一个整体看待。例如：

```
body1.num        // 第一个学生的学号
body2.sex        // 第二个学生的性别
```

如果要输出变量 body1 所有成员的值，应该这样引用：

```
printf("%d,%s,%c,%f\n",body1.num,body1.name,body1.sex,body1.score);
```

而不能这样引用：

```
printf("%d,%s,%c,%f\n",body1);
```

（2）如果成员本身又是一个结构体，则必须逐级找到最低级的成员才能使用。例如：

body1.birthday.month

【注意】不能用“body1.birthday”来访问 body1 变量中的成员 birthday，因为 birthday 也是一个结构体变量，而不是一个基本数据类型的成员变量。

（3）结构体变量的成员可以像普通变量一样进行赋值、输入、输出和运算。例如：

```
body1.num=101;
printf("%d",body1.birthday.year);
sum=body1.score+body2.score;
```

（4）变量都有地址，可以引用结构体变量或其成员的地址，例如：

```
scanf("%f",&body1.score);        // 即输入成员变量 body1.score 的值
printf("%o",&body2);             /* 即输出结构体变量 body2 的首地址（也就是成员
                                    变量 body2.num 的地址）*/
```

9.4 结构体变量的初始化

和其他类型的变量一样，结构体变量也可以在定义时进行初始化。

【例 9.1】对结构体变量进行初始化。

```
#include <stdio.h>
int main()
{
    struct student
    {
        int num;
        char name[20];
        char sex;
        float score;
    }body1,body2={102, "Zhang ping",'M',92.5};
    body1=body2;
    printf("NO.:%d\nNAME:%s\n",body2.num,body2.name);
    printf("SEX:%c\nSCORE:%f\n",body1.sex,body1.score);
    return 0;
}
```

本例中，body1、body2 均被定义为结构体变量，并对 body2 进行了初始化。在 main() 函数中，把 body2 的值整体赋给 body1，然后用两条 printf 语句输出各成员变量的值。

程序运行结果如下：

```
NO.:102
NAME:Zhang ping
SEX:M
SCORE:92.500000
```

【注意】相同类型的结构体变量可以互相赋值。

9.5 结构体数组

前面已经学习过数组，数组用来处理同类型的数据。如果要处理 10 个学生的数据，而每个学生的数据都包括学号、姓名、性别和成绩时，显然应该使用数组，即每个学生是同类型的结构体时，这种数组就称作结构体数组。

在实际应用中，经常用结构体数组来表示具有相同数据结构的一个群体。如一个班的学生档案，一个企业员工的工资表等。

9.5.1 结构体数组的定义

定义方法和结构体变量相似，只需声明它为数组类型即可。

例如：

```
struct student
{
  int num;
  char name[20];
  char sex;
  float score;
}body[5];
```

定义了一个结构体数组 body，共有 5 个数组元素，即 body[0]~body[4]，每个数组元素都是 struct student 的结构体类型，如图 9-3 所示。

【注意】完全可以将结构体数组按图 9-3 所示的二维表的形式来处理，这样更加直观。

	num	name	sex	score
body[0]	101	Li ping	M	45
body[1]	102	Zhang ping	M	92.5
body[2]	103	He fang	F	82.5
body[3]	104	Cheng ling	M	87
body[4]	105	Wang ming	M	58

图 9-3　结构体数组

9.5.2 结构体数组初始化

和其他类型的数组一样，可以对结构体数组进行初始化。例如：

```
struct student
{
  int num;
  char name[20];
  char sex;
  float score;
}body[5]={{101,"Li ping",'M',45},
          {102,"Zhang ping",'M',92.5},
```

```
        {103,"He fang",'F',82.5},
        {104,"Cheng ling",'F',87},
        {105,"Wang ming",'M',58}
       };
```

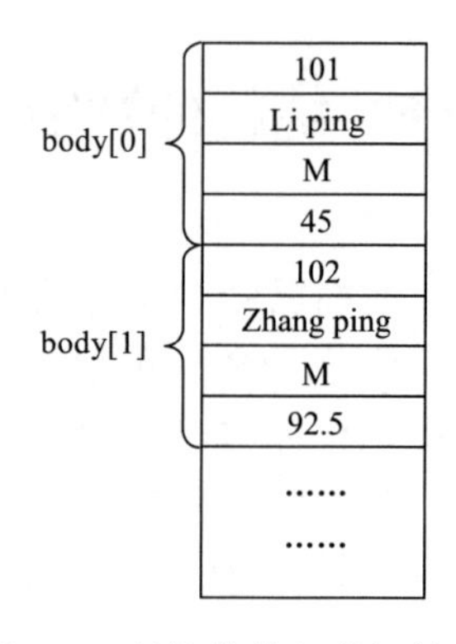

图 9-4　结构体数组的初始化

初始化后数组各元素在内存中是连续存放的，如图 9-4 所示。

结构体数组初始化时，需要注意以下两点：

（1）结构体数组初始化的一般形式就是在定义数组的后面加上“={初值列表}”。

（2）当对全部数组元素进行初始化时，可不给出数组长度。例如：

```
struct student
{
  ……
}body[]={{…},{…},{…},{…},{…}};
```

编译时，系统会根据给出结构体常量的个数来确定数组元素的个数。

9.5.3　结构体数组应用举例

【例 9.2】计算图 9-3 给出的学生的平均成绩和不及格的人数。

```
#include <stdio.h>
struct student                 // 声明全局结构体数组
{
  int num;
  char name[20];
  char sex;
  float score;
}body[5]={                     // 初始化结构体数组
          {101,"Li ping",'M',45},
          {102,"Zhang ping",'M',92.5},
          {103,"He fang",'F',82.5},
          {104,"Cheng ling",'F',87},
          {105,"Wang ming",'M',58},
         };
int main()
{
  int i,count=0;
  float ave,sum=0;
  for(i=0;i<5;i++)
  {
     sum+=body[i].score;       // 累加求总分 sum
```

```
    if(body[i].score<60)
      count+=1;                 // 累加求不及格人数 count
  }
    printf("s=%f\n",sum);
    ave=sum/5;
    printf("average=%f\n,count=%d\n",ave,count);
    return 0;
}
```

程序运行结果如下：

```
s=365.000000
average=73.000000
,count=2
```

本例程序中定义了一个包含 5 个元素的结构体数组 body，并对其进行初始化。在 main() 函数中用 for 语句逐个累加各元素的 score 成员值并保存于变量 sum 中，如果 score 的值小于 60（不及格），计数器 count 加 1，循环完毕后计算平均成绩，并输出全班的总分、平均分和不及格的人数。

【例 9.3】编程建立同学通讯录。

```
#include <stdio.h>
#define NUM 3
struct member                          // 声明全局结构体数组
{
  char name[20];
  char phone[12];
};
int main()
{
  struct member man[NUM];          // 定义结构体数组
  int i;
  for(i=0;i<NUM;i++)
  {
    printf("input name:\n");
    gets(man[i].name);              // 输入第一个成员，即 name
    printf("input phone:\n");
    gets(man[i].phone);             // 输入第二个成员，即 phone
  }
  printf("name\t\t\tphone\n ");
  for(i=0;i<NUM;i++)
    printf("%s\t\t\t%s\n",man[i].name,man[i].phone);
  return 0;
```

```
}
```

程序运行结果如下：

```
input name:
zhao
input phone:
88901201
input name:
qian
input phone:
88901202
input name:
sun
input phone:
88901203
name                    phone
 zhao                   88901201
qian                    88901202
sun                     88901203
```

本程序中定义了一个结构体 member，它有两个成员数组 name 和 phone，分别用来表示姓名和电话号码。在主函数中定义 man 为具有 struct member 类型的结构体数组。在 for 语句中，用 gets() 函数分别输入各元素中两个成员的值，然后又用 printf() 函数输出各元素中两个成员的值。

9.6 指向结构体类型数据的指针

9.6.1 指向结构体变量的指针

设一个指针变量，当该指针变量指向一个结构体变量时，称为结构体指针变量。结构体指针变量中的值是所指向的结构体变量的首地址。通过结构体指针即可访问该结构体变量，这与数组指针和函数指针的情况相同。

结构体指针变量定义的一般形式为：

struct 结构体名 *结构体指针变量名;

例如：

```
struct student *pstu;
```

定义一个指针变量 pstu，它指向一个 struct student 类型的数据。

当然也可在声明结构体时，同时定义指针变量。例如：

```
struct student
{
  int num;
  char name[20];
  char sex;
  float score;
}body,*pstu;
```

与前面讨论的各类指针变量一样，结构体指针变量也必须要先赋值后使用。赋值是把

结构体变量的首地址赋予该指针变量，而不能把结构体名赋予该指针变量。如果 body 是被说明为 student 类型的结构体变量，则

pstu=&body;

是正确的，而

pstu=&student;

是错误的。

【注意】结构体名和结构体变量是两个不同的概念，不能混淆。结构体名只能表示存在一个结构体形式，编译系统并不对其分配内存空间。只有当某变量被说明为这种类型的结构时，才对该变量分配存储空间。因此，上面的 &student 这种写法是错误的。有了结构体指针变量，就可以方便地访问结构体变量的各个成员。

其引用的一般形式为：

(结构体指针变量). 成员名

或

结构体指针变量 -> 成员名

例如：

(*pstu).num

或

pstu->num

应该注意："(*pstu)"两侧的括号不可少，因为"."的优先级高于"*"。如去掉括号写作"*pstu.num"，则等效于"*(pstu.num)"，这样意义就完全不对了。

下面通过例子来说明结构体指针变量的具体使用方法。

【例 9.4】结构体指针变量的使用方法举例。

```
struct student
{
  int num;
  char name[20];
  char sex;
  float score;
}body1={102,"Zhang ping",'M',92.5},*pstu;
int main()
{
  pstu=&body1;
  printf("Number=%d\nName=%s\n",body1.num,body1.name);
  printf("Sex=%c\nScore=%f\n\n",body1.sex,body1.score);
  printf("Number=%d\nName=%s\n",(*pstu).num,(*pstu).name);
  printf("Sex=%c\nScore=%f\n\n",(*pstu).sex,(*pstu).score);
  printf("Number=%d\nName=%s\n",pstu->num,pstu->name);
  printf("Sex=%c\nScore=%f\n\n",pstu->sex,pstu->score);
  return 0;
```

```
}
```

程序运行结果如下：

```
Number=102
Name=Zhang ping
Sex=M
Score=92.500000

Number=102
Name=Zhang ping
Sex=M
Score=92.500000

Number=102
Name=Zhang ping
Sex=M
Score=92.500000
```

本例程序声明了一个结构体 struct student，定义了 struct student 结构体类型的变量 body1，并进行了初始化，还定义了一个指向 struct student 结构体类型的指针变量 pstu。在 main() 函数中，pstu 被赋予 body1 的首地址，因此 pstu 指向 body1。程序最后用 printf 语句以三种形式输出 body1 的各个成员的值。从运行结果可以看出：

（1）结构体变量 . 成员名。

（2）(*结构体指针变量). 成员名。

（3）结构体指针变量 -> 成员名。

上述三种用于表示结构体成员的形式是完全等效的。

9.6.2 指向结构体数组的指针

指针变量可以指向一个结构体数组，这时结构体指针变量的值是整个结构体数组的首地址。结构体指针变量也可指向结构体数组的一个元素，这时结构体指针变量的值是该结构体数组元素的首地址。

设 ps 为指向结构体数组的指针变量，则 ps 指向该结构体数组的 0 号元素，ps+1 指向 1 号元素，ps+i 则指向 i 号元素。这与普通数组是一致的。

【例 9.5】用指针变量输出结构体数组。

```
struct student
{
   int num;
   char name[20];
   char sex;
   float score;
}body[5]={ {101,"Li ping",'M',45},
           {102,"Zhang ping",'M',92.5},
           {103,"He fang",'F',82.5},
           {104,"Cheng ling",'F',87},
           {105,"Wang ming",'M',58}
```

```
        };
int main()
{
  struct student *ps;
  printf("No\tName\t\t\tSex\tScore\t\n");
  for(ps=body;ps<body+5;ps++)
    printf("%d\t%-10s\t\t%c\t%f\t\n",ps->num,ps->name,ps->sex,ps->score);
  return 0;
}
```

程序运行结果如下：

```
No      Name            Sex     Score
101     Li ping         M       45.000000
102     Zhang ping      M       92.500000
103     He fang         F       82.500000
104     Cheng ling      F       87.000000
105     Wang ming       M       58.000000
```

在程序中，定义了 struct student 结构体类型的外部数组 body，并对其进行初始化。在 main() 函数中定义了 ps 为指向 struct student 类型的指针。在 for 循环语句的表达式 1 中，指针变量 ps 被赋予 body 的首地址，见图 9-5 中 ps 的指向。在第一次循环中输出 body[0] 各个成员的值。然后通过 ps++，使 ps 自加 1。ps 加 1 意味着 ps 所增加的值为结构体数组 body 的一个元素所占的字节数（在本例中为 4+20+1+4=29 字节）。第一次执行 ps++ 后，ps 的值等于 body+1，指向 body[1]，见图 9-5 中 ps 的指向。第二次执行 ps++ 后，ps 指向 body[2]，见图 9-5 中 ps 的指向。第五次执行 ps++ 后，ps 的值变为 body+5，已不再满足循环条件 ps<body+5，循环结束。

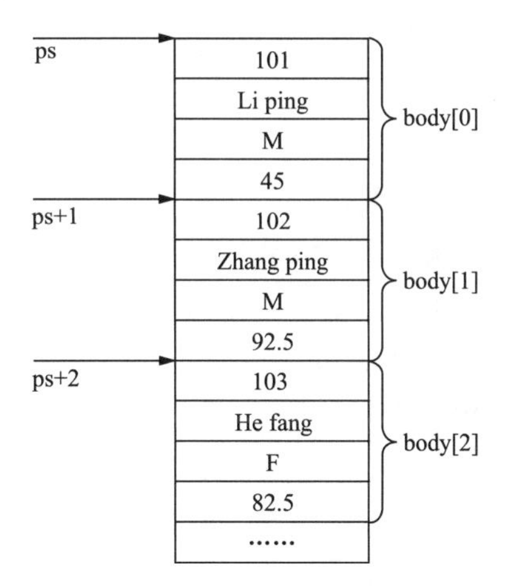

图 9-5　指向结构体数组的指针

【说明】

（1）一个结构体指针变量虽然可以用来访问结构体变量或结构体数组元素的成员，但是，不能使它指向一个成员，也就是说不允许将一个成员的地址赋给它。因此，下面的赋值是错误的。

ps=&body[1].sex;

正确的做法是：

ps=body;　　　　//赋予数组首地址

或

ps=&body[0];　　//赋予 0 号元素首地址

如果要将某一成员的地址赋给 ps，可以用强制类型转换，先将成员的地址转换成 ps 类型。例如：

ps=(struct student *)body[0].name;

此时，ps 的值是 body[0] 元素的 name 成员的起始地址，可以用“printf("%s",ps)”输出。

（2）注意以下两者的不同：

(++ps)->num 先使 ps 自加 1，然后得到它指向的元素中 num 成员的值，即 102。

(ps++)->num 先得到 ps->num 的值（即 101），然后使 ps 自加 1，使 ps 指向 body[1]。

9.6.3　结构体指针变量作函数参数

在 ANSI C 标准中，允许用结构体变量作函数参数进行数据传送。但是这种传送要将全部成员的值逐个进行传送，特别是成员为数组时会使传送的时间和空间开销很大，严重地降低了程序的运行效率。因此最好的办法就是使用指针，即用指针变量作函数参数进行传送，这时实参向形参传送的只是地址，从而减少了传送时的时间和空间开销。

【例 9.6】计算图 9–3 中学生的平均成绩和不及格人数（用结构体指针变量作函数参数）。

```
struct student
{
  int num;
  char name[20];
  char sex;
  float score;
}body[5]={ {101,"Li ping",'M',45},
           {102,"Zhang ping",'M',62.5},
           {103,"He fang",'F',92.5},
           {104,"Cheng ling",'F',87},
           {105,"Wang ming",'M',58}
         };
int main()
{
  void ave(struct student *ps);
  ave(body);
  return 0;
}
void ave(struct student *ps)
```

```
{
  int c=0,i;
  float ave,s=0;
  for(i=0;i<5;i++,ps++)
  {
    s+=ps->score;
    if(ps->score<60) c+=1;
  }
  printf("s=%f\n",s);
  ave=s/5;
  printf("average=%f\ncount=%d\n",ave,c);
}
```

程序运行结果如下：

```
s=345.000000
average=69.000000
count=2
```

本程序中 body 被定义为外部结构体数组，因此其作用域是整个源程序。在 main() 函数中调用函数 ave() 时，用结构体数组 body 的首地址作实参。定义函数 ave()，其形参为结构体指针变量 ps。在调用 ave() 函数时，将 body 的首地址传送给形参 ps，使 ps 指向 body 数组（如图 9-6 所示），然后通过 ps 在函数 ave() 中完成计算平均成绩和统计不及格人数的工作，并输出结果。由于本程序全部采用指针变量进行运算和处理，故程序运行速度更快、效率更高。

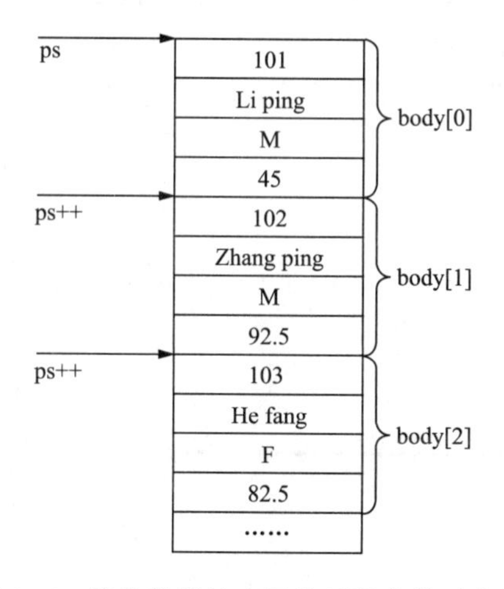

图 9-6　结构体指针变量作函数参数示意图

【注意】对于数组，包括结构体数组，用指针作函数参数比较好，只传递地址当然要比传递数组的所有数据要快。

9.7 共用体

9.7.1 共用体的概念

在用 C 语言进行某些算法的程序设计过程中，有时候需要在同一内存单元中存放不同类型的变量。这种几个不同的变量共同使用同一段内存的结构，称为共用体类型结构（简称共用体）。

例如：可把一个整型变量、一个字符型变量、一个实型变量放在同一个地址开始的内存单元中。以上三个变量在内存中占的字节数不同，但都从同一地址（图 9-7 中设地址为 1000H）开始存放，也就是使用覆盖技术，使几个变量互相覆盖，如图 9-7 所示。

声明共用体类型的一般形式：

```
union 共用体类型名
{成员列表};
```

例如：

```
union data
{
  int i;
  char ch;
  float f;
};
```

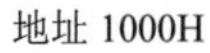

图 9-7　共用体示意图

定义共用体变量的方法同结构体的定义类似，也有三种。

（1）间接定义——先声明类型，再定义变量。

如上已声明共用体类型 union data，则定义共用体类型变量 un1、un2、un3 的语句如下：

```
union data un1,un2,un3;
```

（2）直接定义——定义类型的同时定义变量。例如：

```
union data
{
  int i;
  char ch;
  float f;
}un1, un2, un3;
```

（3）省略共用体名（匿名），直接定义变量。例如：

```
union
{
  int i;
  char ch;
  float f;
} un1, un2, un3;
```

【说明】

（1）共用体变量所占内存的长度等于最长的成员所占内存的长度。例如，上面定义

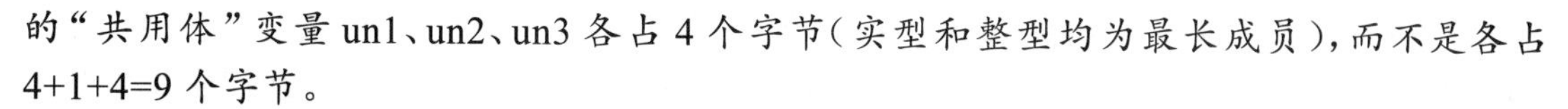

的“共用体”变量un1、un2、un3各占4个字节(实型和整型均为最长成员),而不是各占4+1+4=9个字节。

(2)国内有些C语言教材把union译为“联合”或“联合体”,但是“共用体”更能反映该类型占用内存的特点。

9.7.2　共用体变量的引用方式

对共用体变量的赋值和引用都是对变量的成员进行的。共用体变量成员表示方法:

共用体变量名.成员名

例如:

```
un1.i     //引用共用体变量中的整型变量 i
un1.ch    //引用共用体变量中的字符型变量 ch
un1.f     //引用共用体变量中的实型变量 f
```

【注意】 不能只引用共用体变量,例如:

```
printf("%d",un1);
```

是错误的。因为un1的存储区有好几种类型,分别占用不同长度的存储区,若引用共用体变量名un1,系统难以确定究竟是哪一个成员的值。故正确的语句应该是:

```
printf("%d",un1.i);
```

9.7.3　共用体类型数据的特点

共用体类型的数据有以下几个特点:

(1)同一内存段中可以存放不同类型的成员,但同一时刻只能存放其中的一种。即同一时刻只有一个成员起作用。

(2)共用体变量中起作用的成员是最后一次存放的成员,如果对新成员赋值后,就会把原有成员覆盖。

例如:在执行“un1.i=1;un1.ch='H';un1.f=3.6;”语句后,当前只有un1.f有意义(un1.i、un1.ch也可以访问,但没有实际意义)。

(3)共用体变量的地址和它的成员的地址是同一地址,即&un1.i=&un1.ch=&un1.f=&un1。

(4)除整体赋值外,不能对共用体变量进行赋值,不能通过引用共用体变量来得到成员的值,也不能在定义共用体变量时对它进行初始化,因为系统不清楚是为哪个成员赋初值。例如:

```
① un1=1;
② x=un1;
③ union
   {
     int i;
     char ch;
     float f;
   }un1={1,'H',3.6};
```

都是不对的。

（5）以前的 C 编译系统中，如 Turbo C 等，不能把共用体变量作为函数参数，也不能使函数返回共用体变量，但可以使用指向共用体变量的指针，这与结构体指针变量作参数的用法是类似的。Visual C++ 2010 中，共用体变量也可以作为函数的参数和返回值。

【例 9.7】共用体变量作为函数参数和返回值的例子。

```
#include <stdio.h>
#include <string.h>
typedef union
{
   int num;
   char array[10];
}unf;
unf fun1(unf dep)
{
   printf("函数调用成功！\n");
   return dep;
}
int main()
{
   unf d,e;
   strcpy(d.array,"123");
   printf("%s\n",d.array);
   e=fun1(d);
   printf("%s\n",e.array);
   printf("函数返回值成功！\n");
   return 0;
}
```

程序运行结果如下：

```
123
函数调用成功！
123
函数返回值成功！
Press any key to continue
```

【注】typedef 的作用是声明新的类型名来代替原有的类型名。

比如，“typedef int INTERGER;”或“typedef float REAL;”相当于用 INTERGER 来代表 int 类型，用 REAL 来代表 float 类型。此程序中是用 unf 来代表定义的共用体类型。

（6）定义共用体时，其成员可以包括结构体；定义结构体时，其成员可以包括共用体，即定义共用体或者结构体时可以相互嵌套。

（7）可以定义共用体数组。

【例 9.8】学校的人员数据管理。学校人员包括两类：教师和学生。教师的数据包括编号、姓名、性别、职务。学生的数据包括学号、姓名、性别、班号。现要求把它们放在同一表

格中，如图9-8所示。将两种数据放在同一个表格中，有一栏不同：对于教师登记教师的“职务”，对于学生则登记学生的“班号”（对于同一人员不可能同时出现）。

要求输入人员的数据，然后再输出，按此写出程序。

为了简化，只设图9-8所示的两个人。

num	name	sex	job	class/position
101	Li	F	s	201
102	Huang	M	t	prof

图9-8 学校人员数据管理示意图

源程序代码如下：

```
#include <stdio.h>
struct                        // 结构体类型定义
{ int num;
  char name[10];
  char sex;
  char job;
  union                       // 共用体类型定义，并定义变量 category 作为外层结构体的成员
  {
    int class;
    char position[10];
  }category;
}person[2];
int main()
{ int i;
  for(i=0;i<2;i++)
  { scanf("%d %s %c %c",&person[i].num, person[i].name, &person[i].sex,
                    &person[i].job);
   if(person[i].job=='s')                   // 如果是学生的信息
      scanf("%d",&person[i].category.banji);
   else if(person[i].job=='t')              // 否则是教师的信息
      scanf("%s",person[i].category.position);
   else printf("input error!");
  }
  printf("\n");
  printf("No. Name sex job class/position\n");
  for(i=0;i<2;i++)                          // 输出人员信息
  { if(person[i].job=='s')
        printf("%-6d%-10s%-3c%-3c%-6d\n",person[i].num,person[i].name,
                  person[i].sex, person[i].job, person[i].category.banji);
```

```
        else
          printf("%-6d%-10s%-3c%-3c%-6s\n",person[i].num,person[i].name,
                        person[i].sex, person[i].job, person[i].category.position);
    }
    return 0;
}
```

程序运行结果如下：

```
101 Li f s 201
102 Huang m t prof

No.  Name      sex job class/position
101   Li        f  s   201
102   Huang     m  t   prof
Press any key to continue
```

9.8 枚举类型

在实际问题中，有些变量的取值被限定在一个有限的范围内。例如，一个星期有7天，一年有12个月，一个班每周有6门课程，等等。如果把这些量说明为整型、字符型或其他类型显然是不妥的，为此，ANSI C增加了一种基本数据类型——枚举类型。

所谓“枚举”，是指将变量的值一一列举出来，变量取值不能超过此范围。当一个变量有几种可能的取值时，可以将它定义为枚举类型。应该说明的是，枚举类型是一种基本数据类型，而不是一种构造类型。

9.8.1 枚举类型的声明和枚举变量的定义

1. 枚举类型的声明

枚举类型声明的一般形式为：

enum 枚举名 {枚举值表};

在枚举值表中，应列出所有可用值，这些值也称为枚举元素。例如：

```
enum weekday{sun,mon,tue,wed,thu,fri,sat};
```

声明了一个枚举类型enum weekday，枚举值共有7个，即一周中的7天。凡被说明为enum weekday类型变量的取值只能是7天中的某一天。

2. 枚举变量的定义

同结构体和共用体一样，枚举变量也可用不同的方式定义，即先声明后定义，同时声明定义和直接定义。

设有变量a、b、c被说明为上述的enum weekday类型，可采用下述任一种方式定义：

```
enum weekday{sun,mon,tue,wed,thu,fri,sat};
enum weekday a,b,c;                                  // 先声明后定义
```

或

```
enum weekday{sun,mon,tue,wed,thu,fri,sat}a,b,c;      // 同时声明定义
```

或

```
enum {sun,mon,tue,wed,thu,fri,sat}a,b,c;                // 直接定义
```

9.8.2 枚举类型变量的赋值和使用

枚举类型在使用时有以下规定：

（1）枚举元素是常量，故也称为枚举常量，它不是变量，所以不能给枚举常量赋值。

例如，以下对枚举类型 enum weekday 元素的赋值：

```
sun=5;
mon=2;
sun=mon;
```

都是错误的。

（2）枚举元素本身由系统定义了一个表示序号的数值，从 0 开始顺序定义为 0，1，2，……。如在 enum weekday 中，sun 的值为 0，mon 的值为 1，……，sat 的值为 6，这些整数是可以输出的。例如：

```
workday=mon;
printf("%d",workday);
```

其中，workday 为 enum weekday 型枚举变量，将输出整数 1。

（3）枚举值可以用来作判断比较。例如：

```
if(workday<sat) ……
if(workday==sun) ……
```

枚举值的比较规则是按其在定义时的顺序号进行的。在定义枚举类型的变量时，若未显式地指定枚举元素的值，则第一个枚举元素的值默认为 0，以此类推，故 mon>sun，sat>fri。

（4）一个整数不能直接赋给一个枚举变量。例如：

```
workday=1;
```

是不对的。它们属于不同的类型，应先进行强制类型转换才能赋值。例如：

```
workday=(enum weekday)1;
```

它相当于将顺序号为 2 的枚举元素赋值给 workday，相当于：

```
workday=mon;
```

（5）枚举变量和常量一般可以参与整数的运算，如算术、关系、赋值等运算。如“workday=sun+1”的写法是正确的。

（6）枚举元素的数值也可以在定义枚举类型时显式地指定。例如：

```
enum weekday{sun=7, mon=1,tue,wed,thu,fri,sat}workday;
```

这里指定枚举常量 sun 的值为 7，mon 的值为 1，其他常量的值顺次加 1，即 sat 的值为 6。

（7）允许多个枚举元素有相同的值。没有被赋值的枚举元素，其值总是前一个枚举元素的值顺次加 1。例如：

```
enum Number{a=1,b,c=1,d};
```

b 和 d 的值均为 2。

【注意】 *以上枚举值都不能超过它的基础类型范围，否则会出错。*

【例 9.9】写出下列程序的运行结果。

```
#include <stdio.h>
int main()
{ enum weekday
  { sun,mon,tue,wed,thu,fri,sat } a,b,c;
  a=sun;
  b=mon;
  c=tue;
  printf("%d,%d,%d\n",a,b,c);
  return 0;
}
```

程序运行结果如下：

```
0,1,2
Press any key to continue
```

【例 9.10】写出下列程序的运行结果。

```
#include <stdio.h>
int main()
{
   enum body{a,b,c,d} month[31],j;            // month 是枚举数组
   int i;
   j=a;
   for(i=1;i<=30;i++)
   {
      month[i]=j;
      j++;
      if (j>d) j=a;
   }
   for(i=1;i<=30;i++)
   {
      switch(month[i])
      {
         case a:printf(" %2d %c\t",i,'a'); break;
         case b:printf(" %2d %c\t",i,'b'); break;
         case c:printf(" %2d %c\t",i,'c'); break;
         case d:printf(" %2d %c\t",i,'d'); break;
         default:break;
      }
      if(i%\0==0)
         printf("\n");
   }
```

```
    printf("\n");
    return 0;
}
```

程序运行结果如下：

```
 1 a   2 b   3 c   4 d   5 a   6 b   7 c   8 d   9 a  10 b
11 c  12 d  13 a  14 b  15 c  16 d  17 a  18 b  19 c  20 d
21 a  22 b  23 c  24 d  25 a  26 b  27 c  28 d  29 a  30 b

Press any key to continue
```

本程序定义了一个数组month，元素全部是枚举型，可以称为枚举数组。通过第一个for循环给元素赋初值，依次将枚举常量a、b、c、d赋给month数组的前四个元素，当枚举变量j的值大于枚举常量d时（超出取值范围），将j重新置为a，再依次将a、b、c、d赋给month数组的第5到8个元素，以此类推。第二个for循环用来输出数据，通过判断month数组中元素的值，来输出元素序号和数组元素值所对应的字符。

【注意】枚举元素不是字符常量也不是字符串常量，使用时不要加单、双引号。为了打印可以用相应字符串代替。

9.9 用typedef定义类型

C语言不仅提供了丰富的数据类型，而且还允许用户自己定义类型说明符，也就是说允许由用户为数据类型取“别名”。使用类型定义符typedef即可实现此功能。例如，有整型变量a、b，其说明如下：

```
int a,b;
```

其中，int是整型变量的类型说明符。int的完整写法为integer，为了增加程序的可读性，可把整型说明符用typedef定义为：

```
typedef int INTEGER
```

这以后就可用INTEGER来代替int作整型变量的类型说明了。例如：

```
INTEGER a,b;
```

等效于：

```
int a,b;
```

用typedef定义数组、指针、结构体等类型不仅使程序书写简单，而且意义更为明确，增强了程序的可读性。例如：

```
typedef char NAME[20];
```

表示NAME是字符数组类型，数组长度为20。然后可用NAME说明变量，如：

```
NAME a1,a2,s1,s2;
```

完全等效于：

```
char a1[20],a2[20],s1[20],s2[20];
```

又如：

```
typedef struct student
{
```

```
  char name[20];
  int age;
  char sex;
} STU;
```

定义 STU 表示 struct student 的结构体类型，然后可用 STU 来说明结构体变量：

STU body1,body2;

typedef 定义的一般形式为：

typedef 原类型名 新类型名

其中，原类型名中应包含要被定义的数据类型，新类型名一般用大写表示，便于区别。

归纳起来，声明一个新类型名的步骤是：

（1）先按定义变量的方法写出定义体（例如：int i;）；

（2）将变量名换成新类型名（例如：将 i 换成 COUNT）；

（3）在最前面加 typedef（例如：typedef int COUNT）；

（4）用新类型名去定义变量（例如：COUNT i,j）。

再以定义数组类型为例说明：

（1）int n[100];

（2）int NUM[100];

（3）typedef int NUM[100];

（4）NUM n;

同样，对字符指针类型，其实现步骤是：

（1）char *p;

（2）char *STRING;

（3）typedef char *STRING;

（4）STRING p;

【说明】

（1）用关键字 typedef 可以声明各种类型名，但不能用来定义变量。

（2）typedef 只是对已经存在的类型增加一个类型名（别名），并没有创造新的类型。

（3）typedef 与 #define 有相似之处，但两者在本质上是不同的。例如："typedef int COUNT;"和"#define COUNT int"的作用都是用 COUNT 代表 int。不同点在于：#define 是在预编译时处理的，它只能作简单的字符串替换；而 typedef 是在编译时处理的，实际上它并不是作简单的字符串替换，而是声明一个新的类型。下面的例子就很好地说明了这一区别。

```
#define pstr1 char*
typedef char* pstr2;
pstr1 s1,s2;
pstr2 s3,s4;
```

在上述的变量定义中，s1、s3、s4 都被定义为 char *，而 s2 则定义成了 char，并不是所预期的指针变量。

define 宏定义的优点：可以使用 #ifdef、#ifndef 等来进行逻辑判断，还可以使用 #undef 来取消其定义。

typedef的优点：它符合范围规则，使用typedef定义的变量类型，其作用范围限制在所定义的函数或者文件内(取决于此变量定义的位置)，而宏定义则没有这种特性。

(4) typedef的另一个用途是：当不同源文件中用到同一类型数据(尤其是像数组、指针、结构体、共用体等类型)时，常用typedef声明一些数据类型，把它们单独放在一个文件中，然后在需要用到它们的文件中用#include命令把它们包含进来。

(5) 使用typedef可以定义与机器无关的类型，以增加程序的通用性和可移植性。例如，有的计算机系统int型数据用2个字节存放，有的则用4个字节存放。如果把一个C程序从一个用4个字节存放整型数据的计算机系统移植到用2个字节存放整型数据的系统中，按一般方法需要将定义变量中的每个int改为long。如果有多处int变量，显然比较麻烦。现在可以用一个INTEGER来声明int：

```
typedef int INTEGER;
```

在移植时只需改动typedef定义体即可，即

```
typedef long INTEGER;
```

习 题

1. 定义结构体的关键字是__________，定义共用体的关键字是__________。

2. 设有下面的结构类型说明和变量定义，则变量a在内存中所占字节数是________。如果将该结构改成共用体，结果为________。

```
struct stud
{ char num[6]; int s[4]; double ave;} a;
```

3. 下面对结构体变量s定义合法的是__________。

```
A. typedef struct st     B. struct          C. struct s         D. typedef stu
   { double m;             { float m;          { double a;         { double a;
     char n;                 char n;             char b;             char b;
   }s;                     }s;                 }s;                 }stu s;
```

4. 阅读下面的程序，写出程序结果__________。

```
struct info
{ char a,b,c;};
void main()
{ struct info s[2]={{'a','b','c'},{'d','e','f'}};
  int t;
  t=(s[0].b-s[1].a)+(s[1].c-s[0].b);
  printf("%d\n",t);
  return 0;
}
```

5. 请用结构体变量表示平面上的一个点(包括横坐标和纵坐标两个成员)，输入两个点的横坐标和纵坐标，求两点之间的距离。

6. 请定义一个结构体变量，其成员包括系别(dept)、姓名(name)、性别(sex)、年龄(age)、联系电话(tel)和地址(addr)。对于上述定义的变量，从键盘输入所需的数据，然后将其输出。

7. 编制一个简单的成绩查询系统。请先定义一个结构体数组 stu[3]，其成员包括排名(int rank)、姓名(char *name)和成绩(float score)，并对其初始化。按学生姓名查询，并输出其姓名、排名和成绩。查询可连续进行，直到输入 q 时结束。

【提示】内层循环根据输入的姓名，依次对比每个学生的姓名，匹配则输出其姓名、排名和成绩，并终止循环；若都不匹配，则提示“none is matched”。第二层循环判断输入是否为“q”，如果是，则退出查询系统。

8. 有 5 个学生，每个学生的数据包括学号(num)、姓名(name)、3 门课程成绩(score[3])。要求编写一个程序，输入每个学生的数据，计算并输出每个学生的总分和平均分。

9. 题目与上题相同，请使用结构体指针变量作为函数参数来实现。

【提示】主函数负责输入每个学生的数据，另外定义一个输出函数 printf()，以结构体指针变量作为参数。

10. 假设有 5 个学生，每个学生的数据包括学号、姓名、成绩。要求按成绩从高到低的顺序输出学生的学号和姓名。

【提示】首先定义结构体数组并初始化，然后对学生的成绩进行冒泡排序，排序时如果要交换两个学生的成绩，应同时交换该成绩对应学生的学号和姓名(使用 strcpy 实现交换)。这样可在结构体数组中实现学生信息按照成绩的高低排序，最后输出结构体数组的元素即可。

11. 已知一无符号整数占用了 4 个字节的内存空间，现将其每个字节作为单独的一个 ASCII 字符输出，请利用共用体实现上述转换。

【提示】先声明一个共用体类型，其成员包括一个长整型变量和一个长度为 4 个字节的字符数组，将长度为 4 个字节的整数存放到共用体的长整型变量中，然后依次输出字符数组的每个单元。

12. 请定义枚举类型 score，用枚举元素代表成绩的等级，如 90 分以上为“优”(excellent)、80 分到 89 分之间为“良”(good)、60 分到 79 分之间为“中”(general)、60 分以下为“差”(fail)，通过键盘输入一个学生的成绩，输出该学生成绩的等级。

13. 用 typedef 定义新的类型说明符能实现第 8 题的要求。

第10章 文　件

在前面章节中，程序中的数据保存依靠变量来实现，变量存储在内存单元中，数据的处理完全通过程序来控制。当程序终止运行时，所有变量的值就消失。当程序输入输出数据量不大时，通过键盘和显示设备可以方便地解决输入输出问题。但是当输入输出数据量较大时，这种方法的局限性是显而易见的。

文件是解决上述问题的有效方法。存储在外存储器上的文件可以长久保存。当有大量数据输入时，可通过编辑工具将输入的数据事先存放到文件中，程序运行时不再通过键盘输入数据，而是从指定的文件中读入，数据可以一次输入多次使用。同样，当有大量的数据输出时，也可以将其输出到指定的文件。

文件操作是程序设计语言的重要内容，在很多语言中都有专门关于文件操作的语句。然而，C语言与其他程序设计语言所不同的是：C语言没有单独的文件操作语句，而是通过库函数进行的。本章除了介绍文件的基本概念外，还介绍了与文件相关的函数。

本章学习目标

- ✧ 掌握文件和文件指针的基本概念。
- ✧ 掌握文件的组织形式及定义方法。
- ✧ 学会使用库函数完成文件的打开、关闭、读写和定位操作。
- ✧ 学会利用文件完成信息存取。

10.1　C文件概述

10.1.1　文件的基本概念

所谓“文件”，是指存储于外存储器上的一组相关数据的有序集合。这个数据集有一个名称，叫作文件名。实际上在前面的各章中已经多次使用了文件，例如源程序文件、目标文件、可执行文件、库文件（头文件）等。程序所需要的数据可以直接写在程序中，或从键盘输入，或随机产生，而最有效的方法是利用数据文件。文件通常是保存在外部介质（如磁盘等）上的，在使用时才调入内存中来，也可以将内存数据输出到数据文件，以永久保存，实现多程序共享。

操作系统对文件的管理是通过目录（或文件夹）将文件组织成树状结构来实现的。

10.1.2 文件的分类

从不同的角度可对文件进行不同的分类。

（1）从用户的角度看，文件可分为普通文件和设备文件两种。

普通文件是指保存在磁盘或其他外部介质上的一个有序数据集，可以是源文件、目标文件、可执行程序，也可以是一组待输入处理的原始数据，或者是一组已输出的结果数据。源文件、目标文件、可执行程序等可称为程序文件，输入、输出数据可称为数据文件。

设备文件是指与主机相连的各种外部设备，如显示器、打印机、键盘等。在操作系统中，把外部设备也看作是一个文件来进行管理，把它们的输入、输出等同于对磁盘文件的读和写。 通常把显示器定义为标准输出文件，一般情况下，在屏幕上显示有关信息就是向标准输出文件中输出数据。如 printf()、putchar() 函数就是这类输出。键盘通常被看作标准的输入文件，从键盘上输入就意味着从标准输入文件上输入数据，如 scanf()、getchar() 函数就属于这类输入。

（2）从文件的编码方式来看，文件可分为 ASCII 文件和二进制文件两种。

ASCII 文件也称为文本文件，这种文件在磁盘中存放时每个字符对应一个字节，用于存放对应的 ASCII 码。存取时没有字段的概念，也没有记录的概念，前后数据依序相连，没有其他的分隔符。

例如，数据 1678 的存储形式为：

ASCII 码：　00110001 00110110 00110111 00111000

　　　　　　　↓　　　　↓　　　　↓　　　　↓

十进制码：　　1　　　　6　　　　7　　　　8　共占用 4 个字节。

ASCII 文件的优点表现在对字符数据的处理上：

① 每个字节对应一个字符，便于逐个处理。

② 用 DOS 命令 TYPE 可显示文件的内容，由于是按字符显示，因此能读懂文件内容。

③ 由于 ASCII 码值的标准是统一的，文件易于移植。

ASCII 文件的缺点：数据在内存中不是按字符存储的，如果要保存为 ASCII 类型的文件，存入时要将二进制转化为十进制，读出时要将十进制转化为二进制，都增加了系统的开销。

二进制文件是按二进制编码方式来存储文件的，和内存的存储形式一样。例如，数据 1678 的存储形式为：00000110 10001110。二进制文件虽然也可在屏幕上显示，但其内容无法读懂。C 编译系统在处理这些文件时，并不区分类型，都看成是字符流，按字节进行处理。输入、输出字符流的开始和结束只受程序控制而不受物理符号（如回车符）的控制。

二进制文件的优点：占用外存空间少；从内存到文件或从文件到外存，可直接传输，提高了文件的存取效率。

二进制文件的缺点：一个字节不对应一个字符，不能直接输出字符形式，用户很难读懂其中的含义。

C 语言中使用的 ASCII 文件和二进制文件统称为“流式文件”。输出时，系统不添加任何信息；输入时，逐一读入数据，C 语言对文件的存取不是以记录为单位，而是精确到字符，增加了处理的灵活性。

10.1.3 文件的缓冲系统

ANSI C 标准库使用缓冲文件系统,这是计算机领域常用的方式。

缓冲文件系统是指能够自动地在内存中为每一个文件开辟新的存储区的系统,新的存储区也称为数据缓冲区,作为文件和使用数据的中介。

这样做的目的可以减少对磁盘的读写次数。如执行 512 次写命令,要进行 512 次写盘操作,建立输出文件缓冲区后,对写入的数据先由系统暂存到输出文件缓冲区,等缓冲区满了或文件关闭了,再将缓冲区中的数据写入磁盘。

10.1.4 文件指针类型

文件的缓冲系统为在内存中每一个要使用的文件开辟一个存储区,用于存放文件的有关信息,这些信息用一个结构体变量保存,该结构体类型的名字为 FILE,在头文件 stdio.h 中对文件类型做了详细的声明和解释。

其声明如下:

```
typedef struct
{
  short level;                // 缓冲区使用量
  unsigned flags;             // 文件状态标识
  char fd;                    // 文件描述符
  unsigned char hold;         // 缓冲区大小
  short bsize;                // 文件缓冲区的首地址
  unsigned char *buffer;      // 指向文件缓冲区的工作指针
  unsigned ar *curp;          // 其他信息
  unsigned istemp;
  short token;
}FILE;
```

其内部定义的成员包含了文件缓冲区的信息,具体情况请读者自行查阅相关参考资料。

定义说明文件指针的一般形式为:

```
FILE *指针变量标识符;
```

例如:

```
FILE *fp;
```

表示 fp 是指向 FILE 结构的指针变量,通过 fp 即可找到存放某个文件信息的结构体变量,然后按结构体变量提供的信息找到文件,对文件进行操作。习惯上也笼统地把 fp 称为指向一个文件的指针。

【说明】 FILE 应为大写,它实际上是由系统定义的一个结构体,该结构体中含有文件名、文件状态和文件当前位置等信息。在编写源程序时不必关心 FILE 结构的细节。

10.2 文件的打开与关闭

在 C 语言中，文件操作都是由库函数来完成的。

文件操作必须遵循“先打开，再使用，最后关闭”的原则。所谓打开文件，实际上是建立文件的各种有关信息，并使文件指针指向该文件，以便进行其他操作。关闭文件则断开指针与文件之间的联系，也就禁止再对该文件进行操作。

C 语言规定了标准输入输出函数库，用 fopen() 函数打开一个文件，用 fclose() 函数关闭一个文件。

10.2.1 文件的打开—— fopen() 函数

fopen() 函数用来打开一个文件，其调用的一般形式为：

文件指针名=fopen(文件名，使用文件方式);

其中：

“文件指针名”必须是被说明为 FILE 类型的指针变量；

“文件名”是被打开文件的文件名，它是字符串常量或字符串数组；

“使用文件方式”是指打开的文件的类型和操作要求。

例如：

```
FILE *fp;
fp=fopen("x.txt","w");
```

表示在当前目录下打开文本文件 x.txt，w 表示写文本文件，即：如文件 x.txt 已存在则打开它，不存在则建立此文件。函数带回的指向 x.txt 文件的指针赋给指针变量 fp。

使用文件的方式共有 12 种，表 10-1 给出了它们的符号和意义。

表 10-1 文件使用方式

文件使用方式	意 义
"r"	只读打开一个文本文件，只允许读数据
"w"	只写打开或建立一个文本文件，只允许写数据
"a"	追加打开一个文本文件，并在文件末尾写数据
"rb"	只读打开一个二进制文件，只允许读数据
"wb"	只写打开或建立一个二进制文件，只允许写数据
"ab"	追加打开一个二进制文件，并在文件末尾写数据
"r+"	读写打开一个文本文件，允许读和写
"w+"	读写打开或建立一个文本文件，允许读写
"a+"	读写打开一个文本文件，允许读，或在文件末追加数据
"rb+"	读写打开一个二进制文件，允许读和写
"wb+"	读写打开或建立一个二进制文件，允许读和写
"ab+"	读写打开一个二进制文件，允许读，或在文件末追加数据

【说明】

(1) 文件使用方式由“r”“w”“a”“t”“b”“+”6个字符组成,各字符的含义是:

r(read):读;

w(write):写;

a(append):追加;

t(text):文本文件,可省略不写;

b(binary):二进制文件;

+:读和写。

(2) "r" 以只读的方式打开一个文件,该文件必须已经存在,而且只能读取该文件,而不能对文件进行写操作。文件打开后,指针指向第一个数据。

(3) "w" 只允许以写的方式打开一个文件。若要打开的文件不存在,则以指定的文件名建立该文件,若打开的文件已经存在,则将该文件删去,重建一个同名新文件。使用这种方式要避免文件重名,防止误删文件。

(4) 若要向一个已存在的文件追加新的信息,只能用 "a" 方式打开文件。但此时该文件必须是存在的,否则将会出错。

(5) 用 "+" 方式打开的文件可以读,也可以写。

(6) 如果文件打开成功,返回指向 FILE 结构的指针;如果文件打开出错,fopen 返回空指针。为增强程序的可靠性,常用下面的方法打开一个文件:

```
if((fp=fopen("文件名","操作方式"))==NULL)
{
        printf("can not open this file\n");
        exit(0);
}
```

(7) 一个文本文件读入内存时,要将 ASCII 码转换成二进制码,而把文件以文本方式写入磁盘时,也要把二进制码转换成 ASCII 码,因此文本文件的读写要花费较多的转换时间。二进制文件的读写不存在这种转换。

10.2.2 文件的关闭—— fclose() 函数

文件使用完必须及时关闭,使文件名与指针脱离关系,释放文件信息区和文件缓冲区。

fclose() 函数调用的一般形式是:

```
    fclose(文件指针);
```

例如:“fclose(fp);”,正常完成关闭文件操作时,fclose() 函数返回值为 0。如返回非 0 值则表示有错误发生。

【例 10.1】打开文件并进行判断及关闭文件。

```
#include <stdio.h>
int main()
{
  FILE *fp;
  fp=fopen("c:\\temp\\test.txt","r");
  if(fp==NULL)
```

```
        printf("fail to open the file!\n");
    else
    {
        printf("The file is open!\n");
        fclose(fp);
    }
    return 0;
}
```

10.3 文件的读写

文件打开之后，就可以对它进行读与写的操作了。系统提供了很多函数来实现文件的读写操作。

字符读写函数：fgetc() 和 fputc()。

字符串读写函数：fgets() 和 fputs()。

数据块读写函数：fread() 和 fwrite()。

格式化读写函数：fscanf() 和 fprintf()。

使用以上函数都要求包含头文件 stdio.h。

假设已经定义文件指针：

FIEL *fp;

且 fp 已经指向有关文件，下面以此来介绍各函数的用法。

10.3.1 读 / 写文件中的一个字符—— fgetc() 和 fputc() 函数

字符读写函数是以字符（字节）为单位的读写函数。每次可从文件读出或向文件写入一个字符。

1. 读字符函数 fgetc()

fgetc() 函数的功能是从指定的文件中读一个字符，函数调用的形式为：

字符变量=fgetc(文件指针)；

例如：

ch=fgetc(fp);

其意义是从打开的文件 fp 中读取一个字符并送入 ch 中。

【说明】

（1）在 fgetc() 函数调用中，读取的文件必须是以读或读写方式打开的。

（2）读取字符的结果也可以不向字符变量赋值，例如“fgetc(fp);”，但此时读出的字符不能保存。

（3）在文件内部有一个位置指针。用来指向文件的当前读写字节。在文件打开时，该指针总是指向文件的第一个字节。使用 fgetc() 函数后，该位置指针将向后移动一个字节，因此可连续多次使用 fgetc() 函数，读取多个字符。应注意文件指针和文件内部的位置指针并不相同。文件指针是指向整个文件的，须在程序中定义说明，只要不重新赋值，文件指针的值是不变的。而文件内部的位置指针用于指示文件内部的当前读写位置，每读写一次，该指针要向后移动，它无须在程序中定义说明，而是由系统自动设置的。

2. 写字符函数 fputc()

fputc() 函数的功能是把一个字符写入指定的文件中，函数调用的形式为：

fputc(字符量，文件指针);

其中，待写入的字符量可以是字符常量或变量，例如：

fputc('a',fp);

其意义是把字符“a”写入 fp 所指向的文件中。

对于 fputc() 函数的使用也要说明几点：

（1）被写入的文件可以用写、读写或追加方式打开，用写或读写方式打开一个已存在的文件时将清除原有的文件内容，写入的字符从文件首开始。如需保留原有文件内容，希望写入的字符从文件尾开始存放，必须以追加的方式打开文件。被写入的文件若不存在，则创建该文件。

（2）每写入一个字符，文件内部位置指针向后移动一个字节。

（3）fputc() 函数有一个返回值，如写入成功则返回写入的字符，否则返回一个 EOF。可用此来判断写入是否成功。

【例 10.2】键入字符，写入磁盘文件 f1，直到遇到符号“@”为止。

```
#include <stdio.h>
#include <stdlib.h>
int main()
{
  FILE *fp;
  char ch;
  if((fp=fopen("f1","w"))==NULL)
  {
    printf("Cannot open file strike any key exit!");
    exit(0);
  }
  while((ch=getchar())!='@')
    fputc(ch,fp);
  fclose(fp);
  return 0;
}
```

程序运行结果如下：

```
12345
ABCDE@
Press any key to continue
```

在程序工程文件目录下，产生一个名为“f1”的文件，用记事本打开后看到如下结果：

关于 exit() 函数：

（1）用法：[void] exit([程序状态值]);

（2）功能：关闭已打开的所有文件，结束程序运行，返回操作系统，并将“程序状态值”返回给操作系统。当“程序状态值”为 0 时，表示程序正常退出；非 0 值时，表示程序出错退出。

10.3.2 读 / 写文件中的一个字符串—— fgets() 函数和 fputs() 函数

1. 读字符串函数 fgets()

fgets() 函数的功能是从指定的文件中读一个字符串到字符数组中，函数调用的形式为：

```
fgets(字符数组名,n,文件指针);
```

其中的 n 是一个正整数，表示从文件中读出的字符串不超过 n-1 个字符。在读入的最后一个字符后自动加上字符串结束标志 '\0'。例如：

```
fgets(str,n,fp);
```

它表示从 fp 所指的文件中读出 n-1 个字符送入字符数组 str 中。

2. 写字符串函数 fputs()

fputs() 函数的功能是向指定的文件写入一个字符串，其调用形式为：

```
fputs(字符串,文件指针);
```

其中字符串可以是字符串常量，也可以是字符数组名或指针变量。例如：

```
fputs("abcd",fp);
```

其意义是把字符串“abcd”写入 fp 所指的文件中。

10.3.3 读 / 写文件中的数据块—— fread() 和 fwrite() 函数

实际应用中，常常要求 1 次读 / 写 1 个数据块。数据块可以是一个整型、实型或结构体变量的值。ANSI C 标准设置了 fread() 和 fwrite() 函数来读或写数据块。

（1）调用形式。

```
int fread(void *buffer,int size,int count,FILE *fp);
int fwrite(void *buffer,int size,int count,FILE *fp);
```

（2）功能。

fread() 函数是从 fp 所指向文件的当前位置开始，一次读入 size 个字节，重复 count 次，并将读入的数据存放到从 buffer 开始的内存中；同时将读写位置指针向后移动 size*count 个字节。

fwrite() 函数是从 buffer 开始，一次输出 size 个字节，重复 count 次，并将输出的数据存放到 fp 所指向的文件中；同时，将读写位置指针向后移动 size*count 个字节。

其中：buffer 是一个指针，在 fread() 函数中，它表示存放输入数据的首地址；在 fwrite()

函数中，它表示存放输出数据的首地址。

size：数据块的字节数。

count：要读写的数据块块数。

fp：文件指针。

如果调用 fread() 或 fwrite() 成功，则函数返回值等于 count。fread() 和 fwrite() 函数一般用于二进制文件的处理。例如：

```
fread(fa,4,5,fp);
```

其意义是从 fp 所指的文件中，每次读 4 个字节（一个实数）送入实数组 fa 中，连续读 5 次，即读 5 个实数到 fa 中。

【例 10.3】从键盘输入两个学生数据，并写入一个文件中，然后从文件中读出他们的数据并显示在屏幕上。

```
#include <stdio.h>
#include <stdlib.h>
int main()
{
   struct student
   {
     char name[10];
     int num;
     int age;
     char addr[15];
   }boya[2],boyb[2],*pp,*qq;
   FILE *fp;
   int i;
   pp=boya;
   qq=boyb;
       if((fp=fopen("stu_list","wb+"))==NULL){
     printf("Cannot open file strike any key exit!");
     getchar();
     exit(1);
   }
   printf("\ninput data\n");
   for(i=0;i<2;i++,pp++)
       scanf("%s%d%d%s",pp->name,&pp->num,&pp->age,pp->addr);
   pp=boya;
   fwrite(pp,sizeof(struct student),2,fp);
   rewind(fp);
   fread(qq,sizeof(struct student),2,fp);
   printf("\n\nname\tnumber age addr\n");
   for(i=0;i<2;i++,qq++)
```

```
        printf("%s\t%5d%7d\t%s\n",qq->name,qq->num,qq->age,qq->addr);
    fclose(fp);
    return 0;
}
```

程序中定义了两个结构体类型为 struct student 的结构体数组 boya 和 boyb，还定义了两个结构体指针 pp 和 qq，并分别指向 boya 和 boyb。程序以读写方式打开二进制文件“stu_list”，程序运行时输入两个学生的姓名、学号、年龄和地址，并写入该文件中，然后把文件内部位置指针移到文件首部，读入两个学生的数据后，在屏幕上显示出来。

10.3.4　对文件进行格式化读 / 写—— fscanf() 和 fprintf() 函数

fscanf() 和 fprintf() 函数与 scanf() 和 printf() 函数的功能相似，区别在于：fscanf() 和 fprintf() 函数的操作对象是指定文件，而 scanf() 和 printf() 函数的操作对象是标准输入、输出文件。

调用形式：

```
int fscanf(文件指针,"格式符",输入变量首地址表);
int fprintf(文件指针,"格式符",输出参量表);
```

例如：……

```
int i=5; float f=9.60;
……
fprintf(fp,"%2d,%6.2f", i, f);
……
```

fprintf() 函数的作用是将变量 i 按 %2d 格式、变量 f 按 %6.2f 格式，以逗号作分隔符，输出到 fp 所指向的文件中：□ 5, □□ 9.60（□表示 1 个空格）。

10.3.5　读 / 写函数的选用原则

从功能角度来说，fread() 和 fwrite() 函数可以完成文件的任何数据读 / 写操作。但为方便起见，依据下列原则选用：

（1）读 / 写 1 个字符（或字节）数据时选用 fgetc() 和 fputc() 函数。

（2）读 / 写 1 个字符串时选用 fgets() 和 fputs() 函数。

（3）读 / 写 1 个（或多个）不含格式的数据时选用 fread() 和 fwrite() 函数。

（4）读 / 写 1 个（或多个）含格式的数据时选用 fscanf() 和 fprintf() 函数。

10.4　位置指针与文件定位

前面介绍的对文件的读写方式都是顺序读写，即读写文件只能从头开始，顺序读写各个数据。但在实际应用中，常常要求只读写文件中某一指定的部分。为了解决这个问题，可移动文件内部的位置指针到需要读写的位置，然后再进行读写，这种读写方式称为随机读写。

实现随机读写的关键是要按要求移动位置指针，称为文件的定位。文件中有一个读写位置指针，指向当前的读写位置。每次读写 1 个（或多个）数据后，系统自动将位置指针移动到下一个读写位置上。

如果想改变这种系统读写规律，可使用有关文件定位的函数。

10.4.1 位置指针复位函数 rewind()

（1）调用形式为：rewind(文件指针);

（2）功能：使文件的位置指针返回到文件首。

10.4.2 随机读写函数 fseek()

所谓随机读写，是指读写完当前数据后，可通过调用 fseek() 函数，将位置指针移动到文件中的任何一个地方。

（1）调用形式为：

fseek(文件指针, 位移量, 参照点);

（2）功能：将指定文件的位置指针，从参照点开始，移动指定的字节数。

【说明】

（1）“文件指针”指向被移动的文件。

（2）“位移量”表示移动的字节数，要求位移量是 long 型数据，以便在文件长度大于 64 KB 时不会出错。当用常量表示位移量时，要求加后缀“L”。

（3）“参照点”表示从何处开始计算位移量，规定的参照点有 3 种：文件首、当前位置和文件尾，其表示方法见表 10-2。

表 10-2 参照点的表示方法

参照点	表示符号	数字表示
文件首	SEEK_SET	0
当前位置	SEEK_CUR	1
文件尾	SEEK_END	2

例如：

fseek(fp,100L,0);

其意义是把位置指针移到离文件首 100 个字节处。

还要说明的是，fseek() 函数一般用于二进制文件。由于在文本文件中要进行编码转换，故计算的位置会出现错误。

【例 10.4】fseek() 函数的应用举例。

```
#include <stdio.h>
int main()
{
  FILE *fp;
  fpos_t pos;
  fp=fopen("/etc/passwd","r");
  fseek(fp,5l,SEEK_SET);
```

```
    printf("offset=%ld\n",ftell(fp));
    rewind(fp);
    fgetpos(fp,&pos);
    printf("offset=%ld\n",pos);
    pos=10;
    fsetpos(fp,&pos);
    printf("offset=%ld\n",ftell(fp));
    fclose(fp);
    return 0;
}
```

fpos_t：用来表示文件读写指针位置的类型，用来指明正在操作的文件中读或写的位置。

fgetpos() 函数：获得当前文件的指针所指的位置，并把该指针所指的位置信息存放到 pos 所指的对象中。fgetpos() 的原型为：

```
int fgetpos(FILE *fp, fpos_t *pos);
```

其中 fp 为当前文件流的指针，pos 为指向 fpos_t 类型的指针。

fsetpos() 函数：功能与 fgetpos() 相反，用来设置当前文件的指针。

10.4.3 返回文件当前位置的函数 ftell()

由于文件的位置指针可以任意移动，也经常移动，编程时很难掌握文件的当前位置，ftell() 函数就是用来解决这个问题的。

（1）用法：long ftell(文件指针);

（2）功能：返回文件位置指针的当前位置（用相对于文件首的位移量表示）。如果返回值为 -1L，则表明调用出错。

例如：

```
i=ftell(fp);
    if(i==-1L)
        printf("ftell() error\n");
```

10.5 其他文件操作函数

1. clearerr() 函数

函数功能：清除文件流的错误标识。

函数定义：void clearerr(FILE *fp);

函数说明：clearerr() 清除参数 fp 指定的文件流所使用的错误标识。

2. feof() 函数

函数功能：检查文件流是否读到了文件尾。

函数定义：int feof(FILE *fp);

函数说明：feof() 用来侦测是否读取到了文件尾，参数 fp 为 fopen() 所返回的文件指针。如果已到文件尾，则返回非 0 值，其他情况返回 0。返回为非 0 值时，则表示已到达文件尾。

3. mktemp() 函数

函数功能：产生唯一的临时文件名。

函数定义：char *mktemp(char *template);

函数说明：mktemp() 用来产生唯一的临时文件名。参数 template 所指的文件名字符串中最后六个字符必须是 XXXXXX。产生后的文件名会借字符串指针返回。文件顺利打开后，指向该流的文件指针就会被返回。如果文件打开失败则返回 NULL，并把错误代码存在 errno 中。

附加说明：参数 template 所指的文件名称字符串必须声明为数组，如“char template[]="template-XXXXXX";”，不可用“char *template="template-XXXXXX";”。

4. ungetc() 函数

函数功能：指定字符写回文件流中。

函数定义：int ungetc(char c,FILE *fp);

函数说明：ungetc() 将参数 c 字符写回参数 fp 所指定的文件流。这个写回的字符会由下一个读取文件流的函数取得。成功则返回 c 字符；若有错误，则返回 EOF。

习 题

1. 标准库函数 fgets(s,n,f) 的功能是 ________。
   A. 从文件 f 中读取长度为 n 的字符串存入指针 s 所指的内存
   B. 从文件 f 中读取长度不超过 n-1 的字符串存入指针 s 所指的内存
   C. 从文件 f 中读取 n 个字符串存入指针 s 所指的内存
   D. 从文件 f 中读取长度为 n-1 的字符串存入指针 s 所指的内存
2. 在 C 语言中，对文件的存取以________为单位。
   A. 记录　　B. 字节　　C. 元素　　D. 簇
3. 下面的变量表示文件指针变量的是 ________。
   A. FILE *fp　　B. FILE fp　　C. FILER *fp　　D. file *fp
4. 在 C 语言中，下面对文件的叙述正确的是 ________。
   A. 用 "r" 方式打开的文件只能向文件写数据
   B. 用 "R" 方式也可以打开文件
   C. 用 "w" 方式打开的文件只能用于向文件写数据，且该文件可以不存在
   D. 用 "a" 方式可以打开不存在的文件
5. 在 C 语言中，当文件指针变量 fp 已指向“文件结束”，则函数 feof(fp) 的值是________。
   A. .t　　B. .F　　C. 0　　D. 1
6. 在 C 语言中，系统自动定义了 3 个文件指针 stdin、stdout 和 stderr 分别指向终端输入、终端输出和标准出错输出，则函数 fputc(ch,stdout) 的功能是________。
   A. 从键盘输入一个字符给字符变量 ch
   B. 在屏幕上输出字符变量 ch 的值
   C. 将字符变量的值写入文件 stdout 中
   D. 将字符变量 ch 的值赋给 stdout

7. 打开一个存在的文件 file1,并将内容显示在屏幕上。

8. 编写一个程序,显示已存在文件 file1 的长度。

9. 编写一个程序,将一浮点数 5.36 写入文件 data.dat 中。

10. 编写一个程序,从键盘上键入 10 个字符,形成一个名为 test.dat 的文件。

11. 编写一个程序,从键盘输入文件名,将文件打开,然后把键盘输入的字符存入文件,遇到“#”结束。

12. 编写一个函数,它接收一个文件名字符串,判别该文件是否存在:若存在则返回 1,否则返回 0。

13. 已知文件 file1,编写一个程序,要求 file1 文件中的字符连续显示两次。

第 11 章　预处理命令

编译预处理是 C 语言编译程序的组成部分，主要用于解释处理 C 语言源程序中的各种预处理命令。如前面章节介绍过的 #include 和 #define，它们在形式上均以字符 # 开头，不属于 C 语言中的真正语句，但它们增强了 C 语言的编程功能，提高了编程效率。C 语言的编译处理功能主要包括三种：宏定义、文件包含和条件编译。

本章学习目标

- ✧ 理解宏定义的概念。
- ✧ 掌握文件包含的处理方式。
- ✧ 灵活使用 C 语言的预处理命令来解决实际问题。

11.1 概　述

用编译系统把源程序编译成为可执行程序的过程称为源程序的加工。C 语言源程序的加工分为三步：预处理、编译和连接，图 11-1 描述了这个过程。各个源文件可以分别进行预处理和编译，得到一组目标文件；最后用连接程序把这些目标文件和系统库函数、程序基本运行系统等连接起来，形成最后的可执行文件。

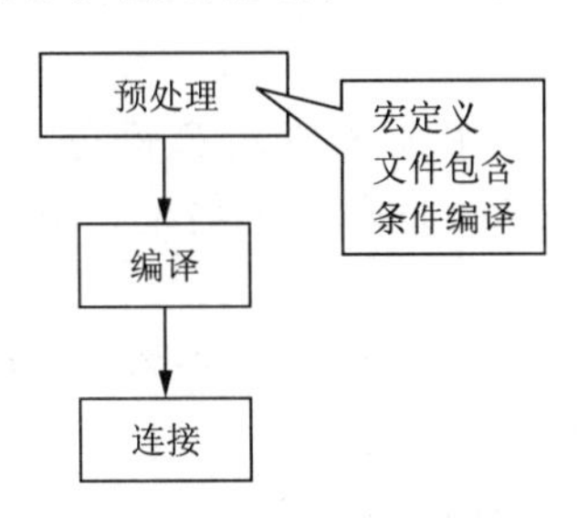

图 11-1　C 语言源程序的加工过程

预处理是 C 语言的一个重要功能，它最先由预处理程序完成。预处理程序是 C 语言系统的组成部分，用于处理 C 语言源程序中所有的预处理命令，得到不含预处理命令的源程序，C 语言提供的预处理命令使得编程更加方便。

在前面各章中，已多次使用过以“#”开头的预处理命令。如包含命令 #include，宏定义命令 #define 等。预处理命令以独立的预处理命令行的形式出现。“#”是特殊引导符号，如果 C 语言源程序里某行的第一个非空格符号是“#”，那么这行就是预处理命令行。预处理命令的作用是要求预处理程序完成某些操作。在 C 语言源程序中，这些命令都放在函数之外，而且一般都放在源文件的前面，它们称为预处理部分。C语言提供了多种预处理功能，如宏定义、文件包含、条件编译等。合理地使用预处理功能编写的程序，便于阅读、修改、移植和调试，也有利于模块化程序的设计。

11.2 宏定义

宏定义又称宏替换，就是定义一些简单的符号来代替另一些比较复杂的符号，它只是在编译前做的一个简单替换，这个替换过程称为宏展开。使用宏定义，可以减少程序中重复输入某些复杂符号的工作量，还可以提高程序的可移植性。宏定义是由宏定义命令来实现的，由 #define 开始的行称为宏定义命令行。宏定义命令有两种类型：不带参数的宏定义和带参数的宏定义，下面分别介绍它们。

11.2.1 不带参数的宏定义

不带参数的宏定义的一般形式：

    #define 标识符 替换列表

功能：用一个指定的标识符（也称宏名）来代表一个替换列表，标识符和替换列表之间要用空格分隔。

替换列表是一系列 C 语言记号，包括标识符、关键字、数、字符常量、字符串常量、运算符和标点符号。当预处理器遇到一个宏定义时，会做一个"标识符"代表"替换列表"的记录。在文件后面的内容中，不管标识符在任何位置出现，预处理器都会用替换列表替换它。

【说明】

（1）在使用宏定义时，标识符一般用大写字母，以便与变量名相区别，这只是习惯而并非规定，也可以用小写字母。

（2）不要在宏定义中放置任何额外的符号，否则它们会被作为替换列表的一部分。此类问题常见的错误有以下两种。

① 在宏定义末尾使用分号。宏定义并不是 C 语句，所以不要在它的后面加分号。如果加了分号，则会将分号当成字符串的一部分一起进行替换。例如：

```
#define PI 3.14;
```

经替换后，编译系统认为 PI 的值是"3.14;"，而不是"3.14"。

② 在宏定义中使用赋值运算符。例如：

```
#define N=100                // WRONG
int a[N];                    // 等价于 int a[=100];
```

在上面的例子中，实际上是把 N 定义成一对记号（= 和 100）。

（3）#define 命令一般放在函数外面，其作用域从其定义位置起到源程序结束。在使用时，一般放在程序的最前面。如要终止其作用域，可使用 #undef 命令。例如：

```
#define PI 3.14
int main()
{
  ……
```

```
}
#undef PI
f1()
{
  ……
}
```

本例中，PI 只在 main() 函数中有效，而在 f1() 函数中无效。

（4）在进行宏定义时，可以使用已定义的宏名。后面例子中会涉及。

（5）宏名在源程序中若用引号括起来，则预处理程序不对其做宏替换。

【例 11.1】定义宏名 OK 表示 100。

```
#include <stdio.h>
#define OK 100
int main()
{
  printf("OK");
  printf("\n%d\n",OK);
  return 0;
}
```

程序运行结果如下：

```
OK
100
Press any key to continue
```

本例中定义宏名 OK 表示 100，但在第一个 printf 语句中 OK 被引号括起来，因此不做宏替换，即把前一个“OK”当字符串处理。第二个 printf 语句中 OK 没有被引号括起来，就表示宏 OK，要做宏替换。

（6）宏定义只是在编译前做一个简单的替换，并不进行错误检查。要等到编译开始后，才能对替换的字符串进行错误检查。编译器会将错误定位到每一处使用这个宏的地方，而不会直接找到错误的根源——宏定义本身。

（7）宏定义是专门用于预处理命令的一个专用名词，它与定义变量的含义不同，只做字符替换，不分配内存空间。

【例 11.2】求圆的周长、面积及球的体积。

算法一：只用一个宏来实现。

```
#include <stdio.h>
#define PI 3.1415926
int main()
{
  float l,s,r,v;
  printf("input radius:");
  scanf("%f",&r);              // 输入圆的半径
```

```
    l=2.0*PI*r;                 // 圆周长
    s=PI*r*r;                   // 圆面积
    v=4.0/3.0*PI*r*r*r;         // 球体积
    printf("l=%10.4f\ns=%10.4f\nv=%10.4f\n",l,s,v);
    return 0;
}
```

算法二：用多个宏来实现，在进行宏定义时，使用已定义的宏名。

```
#include <stdio.h>
#define R 3.0
#define PI 3.1415926
#define L 2*PI*R
#define S PI*R*R
#define V 4.0/3.0*PI*R*R*R
int main()
{
    printf("L=%f\nS=%f\nV=%f\n",L,S,V);
    return 0;
}
```

11.2.2 带参数的宏定义

C语言允许宏带有参数。在宏定义中的参数称为形式参数(形参)，在宏调用中的参数称为实际参数(实参)。对带参数的宏，在调用中不仅要展开宏，还要用实参去替换形参。

1. 带参数的宏定义的一般形式

带参数的宏定义的一般形式为：

    #define 宏名(形参表)替换列表

其中，当形参表的参数多于一个时，要用逗号隔开，在替换列表中也应含有多个形参。

带参数的宏调用的一般形式为：

    宏名(实参表)

功能：带参数的宏在展开时，不是进行简单的字符串替换，而是进行参数替换。

例如：

```
#define M(y) y*y+3*y         // 宏定义
……
k=M(5);                      // 宏调用
……
```

在宏调用时，用实参5去替换形参y，经预处理宏展开后的语句为：k=5*5+3*5。

【说明】

(1) 宏名和形参表之间不能有空格。若有空格出现，则认为是无参数的宏。

(2) 宏定义中的形参是标识符，而宏调用中的实参可以是表达式。

【例11.3】计算圆的面积。

```
#include <stdio.h>
```

```
#define PI 3.1415926
#define S(r) PI*r*r
int main()
{
   float a,area;
   a=3.6;
   area=S(a);
   printf("r=%f\narea=%f\n",a,area);
   return 0;
}
```

本例中，在宏调用时，用实参 a 去替换形参 r，经预处理宏展开后的语句为：area=PI*a*a。

【例 11.4】求两个值中的较大值。

```
#include <stdio.h>
#define MAX(a,b) (a>b)?a:b
int main()
{
   int x,y,max;
   printf("input two numbers:");
   scanf("%d%d",&x,&y);
   max=MAX(x,y);
   printf("max=%d\n",max);
   return 0;
}
```

本例程序的第 2 行是带参数的宏定义，用宏名 MAX 表示条件表达式“(a>b)?a:b”，形参 a、b 均出现在条件表达式中。程序行“max=MAX(x,y)”为宏调用，实参是 x、y，将分别替换形参 a、b。宏展开后该语句为“max=(x>y)?x:y;”，用于计算 x、y 中的较大值。

（3）宏定义也可用来定义多条语句，在宏调用时，把这些语句替换到源程序内。

【例 11.5】用宏定义定义多条语句的例子。

```
#include <stdio.h>
#define SSSV(s1,s2,s3,v) s1=l*w;s2=l*h;s3=w*h;v=w*l*h;
int main()
{
   int l=3,w=4,h=5,sa,sb,sc,vv;
   SSSV(sa,sb,sc,vv);
   printf("sa=%d\nsb=%d\nsc=%d\nvv=%d\n",sa,sb,sc,vv);
   return 0;
}
```

程序第 2 行为宏定义，用宏名 SSSV 表示 4 条赋值语句，4 个形参分别为 4 个赋值符左边的变量。在宏调用时，把 4 条语句展开用实参替换形参，并将计算结果送入实参中。

（4）在宏定义中，字符串内的形参通常要用括号括起来。因为在带参数的宏展开时，只是单纯地用实参字符串替换形参字符串，而在某些情况下，如果不使用括号，可能会得到错误的答案。

【例 11.6】计算圆的面积。

```
#include <stdio.h>
#define PI 3.14
#define S(R) PI*R*R
#define S1(R) PI*(R)*(R)
int main()
{
    printf("S=%f\n",S(7));
    printf("S1=%f\n",S1(7));
    printf("S=%f\n",S(4+3));
    printf("S1=%f\n",S1(4+3));
    return 0;
}
```

经替换后的程序：

```
#include <stdio.h>
#define PI 3.14
#define S(R) 3.14*R*R
#define S1(R) 3.14*(R)*(R)
int main()
{
    printf("S=%f\n",3.14*7*7);
    printf("S1=%f\n",3.14*(7)*(7));
    printf("S=%f\n",3.14*4+3*4+3);
    printf("S1=%f\n",3.14*(4+3)*(4+3));
    return 0;
}
```

【注意】这里用到的 R 值不同，一个是整型常量“7”，一个是表达式“4+3”，虽然表达式的结果也是 7，但是用 S 宏和 S1 宏计算出的面积却不相同。因此，若要计算以“3+4”为半径的圆的面积，用 S 宏就得不到正确的结果，而用 S1 宏就能得到正确结果。

下面再来看一个使用带参数的宏的例子，希望读者仔细体会说明(4)的含义。

【例 11.7】使用带参数的宏的例子。

```
#include <stdio.h>
#define SQ1(y) y*y
#define SQ2(y) (y)*(y)
#define SQ3(y) (y)*(y)
#define SQ4(y) ((y)*(y))
```

```
int main()
{
   int a,sq1,sq2,sq3,sq4;
   printf("input a number:");
   scanf("%d",&a);
   sq1=SQ1(a+1);
   sq2=SQ2(a+1);
   sq3=160/SQ3(a+1);
   sq4=160/SQ4(a+1);
   printf("sq1=%d\n",sq1);
   printf("sq2=%d\n",sq2);
   printf("sq3=%d\n",sq3);
   printf("sq4=%d\n",sq4);
   return 0;
}
```

经替换后的程序：

```
#include <stdio.h>
#define SQ1(y) y*y
#define SQ2(y) (y)*(y)
#define SQ3(y) (y)*(y)
#define SQ4(y) ((y)*(y))
int main()
{
   int a,sq1,sq2,sq3,sq4;
   printf("input a number:");
   scanf("%d",&a);
   sq1=a+1*a+1;
   sq2=(a+1)*(a+1);
   sq3=160/(a+1)*(a+1);
   sq4=160/((a+1)*(a+1));
   printf("sq1=%d\n",sq1);
   printf("sq2=%d\n",sq2);
   printf("sq3=%d\n",sq3);
   printf("sq4=%d\n",sq4);
   return 0;
}
```

程序运行结果如下：

```
input a number:3
sq1=7
sq2=16
sq3=160
sq4=10
Press any key to continue
```

由运行结果可以看出，在实参值相同的情况下，sq1、sq2、sq3 和 sq4 的结果却各不相同。通过替换后的程序，可以看出问题出在哪里。因此，在某种情况下，不但宏定义中参数两边的括号不能少，而且整个字符串外的括号也不能少。

2. 带参数的宏定义和函数调用的区别

带参数的宏调用形式与函数调用类似，容易混淆。它们之间的确有相似之处，在调用时都要在宏名或函数名后的括号内写实参，都要求实参与形参的数目相等。二者的作用似乎也相似，但实际上却不同。主要体现在以下几个方面：

（1）在带参数的宏定义中，形式参数不分配内存单元，因此不必做类型定义。而宏调用中的实参有具体的值，要用它们去替换形参，因此必须做类型说明。这与函数中的情况不同。在函数中，形参和实参是两个不同的量，有各自的作用域，在程序运行时，要为形参分配临时的内存单元，调用时要把实参的值赋予形参，进行值传递。而在带参数的宏中，只是符号替换，对实参表达式不做计算，不存在值传递的问题。

（2）对函数中的实参和形参都要定义类型，二者的类型要求一致，如果不一致，应进行类型转换。而宏不存在类型的问题，宏名无类型，其参数也无类型，只是一个符号。宏定义时，字符串可以是任何类型的数据。

宏参数没有类型检查。预处理器不会检查宏参数的类型，也不会进行类型转换。当一个函数被调用时，编译器会检查每一个参数来确认它们是否是正确的类型。如果不是，或者将参数转换成正确的类型，或者由编译器产生一个出错信息。

（3）使用宏的程序编译后，代码通常会变大。每一处宏调用都要插入替换列表，导致程序的源代码增加，因此编译后的代码会变大。宏使用得越频繁，这种问题就越明显。当宏调用嵌套时，这个问题会相互叠加从而使程序更加复杂。宏占用的是编译时间，函数调用占用的是运行时间。在多次调用时，宏使得程序变长，而函数调用则不明显。

（4）C 语言允许指针指向函数，但却无法用指针来指向宏。宏会在预处理过程中被删除，所以不存在类似的“指向宏的指针”。

（5）宏可能会不止一次地计算其参数。函数则只会计算一次。如果参数有副作用，多次计算参数的值可能会产生意外的结果。例如：

```
n=MAX(i++, j);
```

其中 MAX 的一个参数有副作用。

下面是这条语句在预处理之后的结果：n=((i++)>(j)?(i++):(j));

如果 i 大于 j，那么 i 可能会被（错误地）增加两次，同时 n 可能被赋予了错误的值。

由于多次计算宏的参数而导致的错误可能难以发现，因为宏调用和函数调用看起来是一样的。更糟糕的是，这类宏大多数情况下可能会正常工作，仅在特定参数有副作用时失效。所以在宏定义中，最好避免使用带有副作用的参数。

11.3 “文件包含”处理

11.3.1 文件包含命令的形式

以 #include 开始的行就是文件包含命令行，其作用是把指定文件的全部内容包含到当前源文件中来。文件包含命令有两种形式：

```
#include <文件名>
#include "文件名"
```

两者的差异在于查找文件的方式不同。对第一种形式，预处理程序直接到某些指定目录中查找所需文件，目录指定方式由具体系统确定，通常指定几个系统目录，该形式又称为标准方式。对第二种形式，预处理程序先在源文件所在目录中查找，找不到时再到指定目录查找。因此，在包含系统文件（如标准库文件）时一般应该用第一种形式；如果要包含用户自定义的文件，显然应该用第二种形式。

文件包含命令的处理过程是：首先查找所需文件，找到后就用该文件的内容替换当前文件里的包含命令行。替换进来的文件里仍可能有预处理命令，它们也将被处理，如图 11–2 所示。

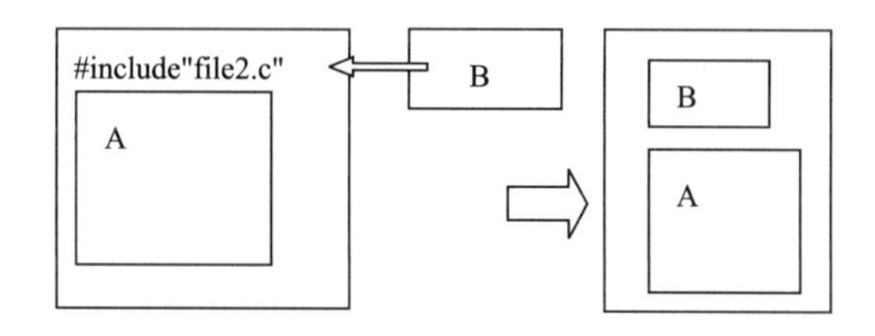

图 11–2 文件包含命令的处理过程

一般情况下，#include 命令都写在源文件的头部，所以，也将被包含的文件称为头文件。而且常用“h”作为头文件的扩展名（实际上头文件是文本文件，用什么扩展名均可）。

前面例子中基本都用了包含命令引用标准头文件。标准头文件通常以文本文件的形式存在 C 语言系统目录的某子目录里（子目录名通常为 include），其内容主要是标准库函数的原型说明、标准符号常量的定义等。用 #include 命令包含这种文件，相当于在源程序文件的开始写这些函数原型，这对保证编译程序正确处理标准库函数调用是至关重要的。

11.3.2 文件包含的优点

一个大程序通常分为多个模块，并由多个程序员分别完成。有了文件包含功能，就可以将多个模块共用的数据（如符号常量和数据结构）或函数，集中到一个单独的文件中。这样，程序员若要使用其中的数据或调用其中的函数，只要使用文件包含处理命令，将所需文件包含进来即可，不必再重复定义它们，从而减少重复劳动。

11.3.3 说明

（1）文件包含的处理方法。

① 处理时间：文件包含是以“#”开头，也就是说它是在编译预处理阶段进行处理的。

② 处理方法：在预处理阶段，系统自动处理 #include 命令。具体做法是将包含文件的内容复制到包含语句（#include）处，得到新的文件，然后再对这个新的文件进行编译。

（2）一条 #include 只能包含一个头文件，如果要包含多个头文件则使用多条 #include 命令。

（3）文件包含允许嵌套，即在一个被包含的文件中又可以包含另一个文件。

（4）一般情况下文件包含分为两种：包含 .h 文件和包含 .c 文件。包含 .c 文件和编译多文件程序是不同的。多文件程序是在源文件编译时把多个文件进行编译、连接在一起生成一个可执行文件，而包含 .c 文件是把多个文件合并为一个文件进行编译。

【例 11.8】文件包含的应用。

```
/*file1.c*/
#include "file2.c"
#include <stdio.h>
int main()
{
    int i,sum=0;
    for(i=1;i<=100;i++)
        sum=sum+f(i);
    printf("The sum is %d",sum);
    return 0;
}
/*file2.c*/
int f(int x)
{
   return (x*2);
}
```

本例是采用包含 .c 文件的方法实现的。file1.c 中使用了文件包含预处理命令，其作用相当于将 file2.c 的内容复制过来，当编译器将这条命令处理完毕后，呈现在编译器面前的是如下程序，即在编译时，相当于直接去编译新的 file1.c 文件，从而编译生成一个目标文件 file1.obj。

```
/*file1.c*/
#include <stdio.h>
int f(int x)
{
    return(x*2);
}
int main()
{
    int i,sum=0;
    for (i=1;i<=100;i++)
```

```
    sum=sum+f(i);
  printf("The sum is %d",sum);
  return 0;
}
```

程序运行结果如下：

```
The sum is 10100
```

11.4 条件编译

在默认情况下，源程序中的所有行都要被编译。但是我们常常希望某些语句行在某些条件满足的情况下才进行编译，这就是条件编译。按不同的条件编译不同的程序部分时，可产生不同的目标代码文件。条件编译有助于程序的移植和调试。条件编译命令有以下几种形式：

1. 第一种形式

```
#ifdef 标识符
  程序段 1
#else
  程序段 2
#endif
```

功能：如果标识符已经被定义过(用 #define 命令)，则对程序段 1 进行编译，否则对程序段 2 进行编译。如果没有程序段 2（即为空），本格式中的 #else 可以省略，即可以写为：

```
#ifdef 标识符
  程序段
#endif
```

【说明】

（1）在上面的两种格式中，都要判断一个条件：标识符是否用 #define 定义过。

（2）在上面的格式中，“程序段”可以是多条语句，可以是命令行，也可以是预编译命令。

【例 11.9】分析程序并写出运行结果。

```
#include <stdio.h>
#define R 10.0
int main()
{
  float r,s;
  #ifdef R
    s=3.14159*R*R;
    printf("area of round is: %f\n", s);
  #else
    r=R*R;
```

```
    printf("area of square is: %f\n",r);
  #endif
  return 0;
}
```

本例采用了第一种形式的条件编译。在程序第一行宏定义中，定义 R 为 10.0，因此在条件编译时，因为标识符 R 已经被定义过，所以计算并输出圆面积。如果程序开头没有“#define R 10.0”，对程序做适当的修改后，则可计算并输出正方形的面积。

2. 第二种形式

```
#ifndef 标识符
  程序段 1
#else
  程序段 2
#endif
```

功能：如果标识符没有被定义，则编译程序段 1，否则编译程序段 2。

【注意】这种方式和第一种形式是有区别的，将“ifdef”改为“ifndef”，功能正好相反。

3. 第三种形式

```
#if 表达式
  程序段 1
#else
  程序段 2
#endif
```

功能：如果指定的表达式的值为“真”(非 0 为“真”，0 为“假”)，则编译程序段 1，否则编译程序段 2。

【注意】这个表达式不是运行时的表达式，必须是在编译时就能知道它的值。

【例 11.10】输入一行字母字符，根据需要设置条件编译，使之能将字母全改为大写字母输出，或全改为小写字母输出。

```
#include <stdio.h>
#include <string.h>
#define LETTER 1
int main()
{
  int i,n;char c;
  char ch[20]="C Language!";
  n=strlen(ch);
  for(i=0;i<n;i++)
  {
    c=ch[i];
    #if LETTER
      if(c>='a'&&c<='z')
        c=c-32;
```

```
    #else
      if (c>='A'&&c<='Z')
        c=c+32;
    #endif
    printf("%c",c);
  }
  return 0;
}
```

程序运行结果如下：

```
C LANGUAGE!Press any key to continue
```

若将“#define LETTER 1”变成“#define LETTER 0”，运行结果如何呢？请读者自行分析。

条件编译当然也可以用条件语句来实现。但是用条件语句将会对整个源程序进行编译，生成的目标代码程序很长，而采用条件编译，则根据条件只编译其中的程序段1或程序段2，生成的目标程序较短。如果条件选择的程序段很长，采用条件编译的方法是十分必要的。

习 题

1. 设有以下宏定义：#define A 20

   #define B A+30

则执行赋值语句“v=B*2;”后(假设v为整型)，v的值为______。

2. 编译预处理是以______符号开头。

   A. {　　B. #　　C. !　　D. &

3. 有下面的程序，执行语句后sum的结果是______。

```
#define ADD(x) x+x
sum=ADD(1+2)*3
```

   A. 9　　B. 10　　C. 12　　D. 18

4. 带参数的宏定义，若输入3、4，则程序的运行结果为______。

```
#define MAX(a,b) (a>b)?a:b
#include <stdio.h>
int main()
{
  int x,y,max;
  printf("input two numbers: ");
  scanf("%d%d",&x,&y); max=MAX(x,y);
  printf("max=%d\n",max);
  return 0;
}
```

5. 设有以下两条宏定义命令，则表达式“B/B”的值为______。

```
#define A 3+2
#define B A*A
```

6. 设有宏定义命令“#define ABC(A,B,c)(A)?(B):(c)”，则表达式“ABC(ABC(1,2,3),ABC(2,3,1),ABC(3,2,1))”的运算结果是__________。

【注】“#define ABC(A,B,c)(A)?(B):(c)”中，括号内的字母“c”大写、小写都不影响。

7. 定义一个带参数的宏，使两个参数的值互换，并写出程序。输入两个数作为使用宏时的实参，输出已交换后的两个值。

8. 定义一个不带参数的宏，让它的字符串值中包含有另一个宏的值。

9. 写出下列程序的运行结果。

```
# define XY(X) X?1:0
#include <stdio.h>
int main()
{
    char s[]={"1234567890"},*p=s;
    int i=0;
    do
    {
        printf("%c",*( p+i));
        #if XY(1)
            i+=2;
        #else
            i++;
        #endif
    }while(i<10);
    return 0;
}
```

10. 给出年份 year，定义一个宏，以判别该年份是否为闰年。

【提示】宏名可定义为 LEAP_YEAR，形参为 y，即定义宏的形式为：

#define LEAP_YEAR(y) <读者设计的字符串>

在程序中用以下语句输出结果：

```
if(LEAP_YEAR(year))
    printf("%d is a leap year",year);
else
    printf("%d is not a leap year",year);
```

11. 分别用函数和带参的宏，找出 3 个数中的最大数。

12. 设计所需的各种各样的输出格式（包括整数、实数、字符串等），用一个文件名 "fornat.h"，把信息都放到这个文件内，另编一个程序文件，使用命令“#include "fornat.h"”以确保能使用这些格式。

13. 用条件编译方法实现如下功能：输入一行电报文字，可以任选一种输出，一为原文输出，一为译成密码（将字母变成其下一个字母（如 'a' 变成 'b'，……，'z' 变成 'a'，其他字符不变））。用命令来控制输出方式。例如：#define CHANGE1，则输出密码；#define CHANGE 0，则不译为密码，按原文输出。

14. 编写一个程序，输入两个整数，求它们相除的余数，用带参的宏来实现。

第 12 章　位运算

C 语言中，可以对变量中的单个位进行操作。在底层控制中，经常会读取硬件设备的状态字节来判断设备的当前状态，其中状态字节的每一位可能都有特定的含义。同样地，通常使用代表特定项目的特定位来存储操作系统关于文件的信息。许多压缩和加密操作有时也对单独的位进行操作。C 语言在保留了低级语言（汇编语言）大部分功能的同时，还能抽象得像高级语言一样足以让人读懂代码，这使其成为编写设备驱动程序和嵌入式代码的首选语言。

在计算机内部，数据的存储、运算都是以二进制形式进行的。位运算就是直接对整数在内存中的二进制位进行操作。C 语言主要面向系统程序设计和底层开发，位运算的功能使得 C 语言也能像汇编语言一样直接对二进制位进行操作。

本章学习目标

- ✧ 掌握 6 种常用的位运算符及其运算规则。
- ✧ 灵活使用位运算符解决实际问题。

12.1 位运算符和位运算

C 语言提供了 6 种位运算符，5 种复合赋值运算符，见表 12-1 和表 12-2。

表 12-1　位运算符

<table>
<tr><th>运 算 符</th><th>含　义</th><th>举例：设 a=10110010，b=01101001，c</th></tr>
<tr><td>~</td><td>按位取反</td><td>~a=01001101</td></tr>
<tr><td><<</td><td>左移</td><td>a<<2=11001000</td></tr>
<tr><td>>></td><td>右移</td><td>a>>2=00101100</td></tr>
<tr><td>&</td><td>按位与</td><td>c=a&b=00100000</td></tr>
<tr><td>^</td><td>按位异或</td><td>c=a^b=11011011</td></tr>
<tr><td>|</td><td>按位或</td><td>c=a|b=11111011</td></tr>
</table>

表 12–2 复合赋值运算符

运算符	含 义	举例:设 a, b	等价表达式
<<=	左移赋值	a<<=2	a=a<<2
>>=	右移赋值	a>>=2	a=a>>2
&=	按位与赋值	a&=b	a=a&b
^=	按位异或赋值	a^=b	a=a^b
|=	按位或赋值	a|=b	a=a|b

【注意】

(1) 只有“~”为单目运算符,其余全为双目运算符。

(2) 复合赋值运算符是位运算符与赋值运算符(=)的结合,“=”要写在位运算符的右边,“~”不能复合。

(3) 运算对象只能是整型或字符型的数据,不能为实型数据,即只能用于带符号或无符号的 char、short、int 与 long 类型。

下面对各运算符分别介绍。

12.1.1 位运算符

1. 按位与运算符

按位与运算符(&)是双目运算符。其功能是将参与运算的两个对象所对应的二进位相与。只有对应的两个二进位均为 1 时,结果位才为 1,否则为 0。这里的 1 可以理解为逻辑中的 true, 0 可以理解为逻辑中的 false。按位与其实与逻辑上的“与”运算规则一致。参与运算的数以补码形式出现。

运算规则:0&0=0　0&1=0　1&0=0　1&1=1

【例 12.1】9&5 写出补码按位与。

```
  00001001      (9 的二进制补码)
& 00000101      (5 的二进制补码)
  --------
  00000001      (1 的二进制补码)
```

【例 12.2】13&-4 写出补码按位与。

```
  00001101      (13 的二进制补码)
& 11111100      (-4 的二进制补码)
  --------
  00001100      (12 的二进制补码)
```

按位与的用途:

(1) 特定位清零。

如果想将一个二进制数清零,只需这样做:找一个新二进制数,将需要清零的对应位置 0,其他位置 1,然后将两者进行按位与运算,即可达到目的。

【例 12.3】二进制数最高位清零。

```
  xxxxxxxx      (x 表示 0 或 1)
& 01111111      (特定位用 0)
  --------
  0xxxxxxx      (高位被清 0,其余位不变)
```

（2）保留指定位。

保留指定位也称为屏蔽指定位，取指定位，其他位全部清零。对于一个字节数，可以保留其中某几个二进制位。对于一个多字节数可以保留其中某几个字节，如一个 4 字节数，可取 1、2、3 个高字节。

【例 12.4】单字节数取低 4 位或高 4 位。

```
  xxxxxxxx                 xxxxxxxx
& 00001111               & 11110000
----------               ----------
  0000xxxx（取低 4 位）     xxxx0000（取高 4 位）
```

【例 12.5】双字节数取低字节。

```
  xxxxxxxx   xxxxxxxx
& 00000000   11111111
---------------------
  00000000   xxxxxxxx
```

2. 按位或运算符

按位或运算符(|)的功能是将参与运算的两个对象所对应的二进制位相或。只要对应的两个二进制位有一个为 1 时，结果位就为 1。参与运算的两个数均以补码出现。

运算规则：0|0=0　0|1=1　1|0=1　1|1=1

【例 12.6】请写出 9 和 5 的补码按位或的运算结果。

```
  00001001       （9 的二进制补码）
| 00000101       （5 的二进制补码）
----------
  00001101       （13 的二进制补码）
```

【例 12.7】请写出 13 和 -4 的补码按位或运算结果。

```
  00001101       （13 的二进制补码）
| 11111100       （-4 的二进制补码）
----------
  11111101       （-3 的二进制补码）
```

按位或的用途：特定位置 1（也称置位操作），无论原来该位是 1 还是 0，其余各位不变。

【例 12.8】 双字节数低字节全置 1。

```
  11001101   00001111
| 00000000   11111111
---------------------
  11001101   11111111
```

【例 12.9】字节数 15 的前三位置 1。

```
  00001111
| 11100000
----------
  11101111
```

3. 按位异或运算符

按位异或运算符(^)的功能是参与运算的两个对象所对应的二进制位相异或，当两个对应的二进制位相异时，结果为 1，否则为 0。参与运算的数仍以补码出现。

运算规则：0^0=0　0^1=1　1^0=1　1^1=0

【例 12.10】请写出 9 和 5 的补码按位异或的运算结果。

```
  00001001           （9 的二进制补码）
^ 00000101           （5 的二进制补码）
  00001100           （12 的二进制补码）
```

按位异或的用途：

（1）用“1”使特定位翻转。在观察按位异或后发现，将一位二进制数和 1 进行异或结果肯定是与被异或数相反的数。

【例 12.11】将字节数 15 从高位到低位的 1、2、4、6 位翻转。

```
    00001111
^   01101010
    01100101
```

可以看出 15 的 1、2、4、6 位原来分别是 0、0、1、1，按位异或后变成 1、1、0、0。

（2）不需要临时变量就可实现两个数的交换。

在前几章已经知道，交换两个变量值的时候要先定义一个临时变量。将第一个变量的值赋值给临时变量，然后将第二个变量的值赋给第一个变量，最后再将临时变量的值（现在存储的是第一个变量的值）赋给第二个变量从而完成交换。

【例 12.12】用异或运算也可以完成两个变量值的交换。

```
#include <stdio.h>
int main()
{
  int a,b,c;
  a=3;
  b=5;
  printf("a=%d b=%d\n",a,b);
  a=a^b;
  b=b^a;
  a=a^b;
  printf("a=%d b=%d\n",a,b);
  return 0;
}
```

程序运行结果如下：

```
a=3 b=5
a=5 b=3
Press any key to continue
```

本例通过三条语句“a=a^b;b=b^a;a=a^b;”，完成了 a、b 两个变量值的交换，但是这样交换变量的值可读性不好。

4. 按位取反运算符

将一个二进制数的每一位都取反，即 0 变 1，1 变 0。

【例 12.13】单字节数 21　　00010101

按位取反　　　　~

得单字节数 234　11101010

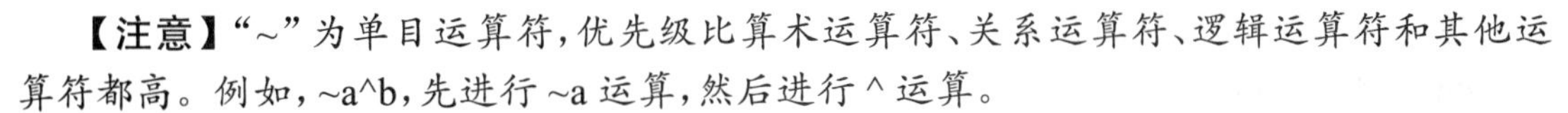

【注意】"~"为单目运算符,优先级比算术运算符、关系运算符、逻辑运算符和其他运算符都高。例如,~a^b,先进行 ~a 运算,然后进行 ^ 运算。

5. 左移运算符

左移运算符(<<)是双目运算符。其功能是把"<<"左边运算数的各二进制位全部左移若干位,由"<<"右边的数指定移动的位数,左移时高位丢弃,低位补 0。

【例 12.14】单字节数 21　　00010101　　(21 的二进制数)
　　　　　　左移两位　　01010100　　(移出两位 0,低位补两个 0)

当左移的移出位是 0 的时候,左移一位相当于乘 2,左移两位相当于乘 4,左移比乘法运算快得多,尤其是没有浮点运算处理器的时候,常常用左移运算代替乘法运算。

6. 右移运算符

右移运算符(>>)是双目运算符。其功能是把">>"左边运算数的各二进制位全部右移若干位,由">>"右边的数指定移动的位数。应该说明的是,对于有符号数,在右移时,符号位将随同移动。当为正数时,最高位补 0,而为负数时,符号位补 1,最高位补 0 还是补 1 取决于编译系统的规定。Turbo C 和很多系统都规定补 1。

(1) 无符号数。

【例 12.15】单字节数 21　　00010101
　　　　　　右移 1 位　　00001010　　(低位 1 舍弃,高位补 0)

(2) 带符号数。

正数右移高位补 0,负数右移高位补 1。因为正数高位必定是 0,右移相当于除 2,高位只能补 0。负数用补码表示,高位必定是 1,如果右移补 0 就变成了正数,这显然是不合理的。

【例 12.16】单字节数 -128　　10000000
　　　　　　右移 1 位　　11000000　　(值为 -64)

12.1.2 复合赋值运算符

位运算符可以和赋值运算符(=)组合成复合赋值运算符,总共有 5 种:

a&=b 即 a=a&b;　　a^=b 即 a=a^b
a|=b 即 a=a|b　　a<<=2 即 a=a<<2
a>>=2 即 a=a>>2

12.2 位运算实例

在程序设计中,位运算的应用比较广泛。下面通过一些实例来体会位运算中的奇妙算法。

【例 12.17】从键盘上输入 1 个正整数给 int 变量 a,输出其二进制数的 8~11 位所构成的十六进制数。

算法分析:

(1) 根据题意是取 8~11 位平移到最低位,高位补 0,组成一个新数;

(2) 构造 1 个低 4 位为 1,其余各位为 0 的整数;

（3）与 a 进行按位与运算。

```
#include <stdio.h>
int main()
{
    int a, mask;
    printf("input a integer number: ");
    scanf("%d",&a);
    a>>=8;                          // 右移 8 位，将 8~11 位移到低 4 位上
    mask=~ (~0<<4);                 // 间接构造 1 个低 4 位为 1、其余各位为 0 的整数
    printf("result=0x%x\n",a&mask);
    return 0;
}
```

程序运行结果如下：

```
Input a integer number: 32767
result=0xf
Press any key to continue
```

程序说明：

表达式“~(~0<<4)”完成如下一系列操作：按位取 0 的反，得到全 1 的数；左移 4 位后，其低 4 位为 0，其余各位为 1；再按位取反，则其低 4 位为 1，其余各位为 0。

【例 12.18】从键盘上输入 1 个正整数给 short 变量 num，按二进制位输出该数。

```
#include <stdio.h>
int main()
{
   short num, mask, i;
   printf("Input a unsigned integer number: ");
   scanf("%d",&num);
   mask=1<<15;                      //构造 1 个最高位为 1，其余各位为 0 的整数（屏蔽字）
   printf("%d=", num);
   for(i=1; i<=16; i++)
   { putchar(num&mask ? '1': '0');  // 输出最高位的值（1/0）
     num<<=1;                       // 将次高位移到最高位上
     if( i%4==0) putchar(',');      // 四位一组，用逗号分开
   }
   printf("\bB\n");
   return 0;
}
```

程序运行结果如下：

```
Input a unsigned integer number: 19
19=0000,0000,0001,0011B
Press any key to continue
```

请读者根据注释自行分析该程序。

习 题

1. 以下程序中，c 的二进制值是________。

   char a=2,b=4,c;

   c=a^b>>2

   A. 00000011　　B. 00010100　　C. 00011100　　D. 00011000

2. 设“int b=2;”表达式“(b>>2)/(b>>1)”的值是________。

   A. 0　　B. 2　　C. 4　　D. 8

3. 在位运算中，操作数每右移一位，其结果相当于________。

   A. 操作数乘以 2　　B. 操作数除以 2

   C. 操作数除以 4　　D. 操作数乘以 4

4. 在位运算中，操作数每左移一位，其结果相当于________。

   A. 操作数乘以 2　　B. 操作数除以 2

   C. 操作数除以 4　　D. 操作数乘以 4

5. 取一个整数 a 从右端开始的 4~9 位（位号从 0 开始，例如：16 位数的位为 0~15 位）。

6. 从键盘上输入一个正整数给整型变量 a，按二进制位输出该数。

附录Ⅰ C语言中的常用关键字

关键字	说明	用途
char	一个字节长的字符值	数据类型
short	短整型	
int	整型	
unsigned	无符号类型,最高位不作符号位	
long	长整型	
float	单精度实型	
double	双精度实型	
struct	用于定义结构体的关键字	
union	用于定义共用体的关键字	
void	空类型,用它定义的对象不具有任何值	
enum	定义枚举类型的关键字	
signed	有符号类型,最高位作符号位	
const	表明这个量在程序执行过程中不可变	
volatile	表明这个量在程序执行过程中可被隐含地改变	
typedef	用于定义同义数据类型	
auto	自动变量	存储类别
register	寄存器类型	
static	静态变量	
extern	外部变量声明	
break	退出当前层的循环或 switch 语句	流程控制
case	switch 语句中的情况选择	
continue	跳到下一轮循环	
default	switch 语句中其余情况标号	
do	在 do-while 循环中的循环起始标记	
else	if 语句中的另一种选择	
for	带有初值、测试和增量的一种循环	
goto	转移到标号指定的地方	
if	语句的条件执行	
return	返回到调用函数	
switch	从所有列出的动作中做出选择	
while	在 while 和 do-while 循环中语句的条件执行	
sizeof	计算表达式和类型的字节数	运算符

附录Ⅱ 常用ASCII码与字符对照表

第0~32号及第127号（共34个）是控制字符或通信专用字符；第33~126号（共94个）是字符；128号后的称为扩展ASCII码，目前许多基于x86的系统都支持使用扩展ASCII码。

Dec	Hex	缩写/字符	解释	Dec	Hex	字符	Dec	Hex	字符
0	00	NUL(null)	空字符	43	2B	+	86	56	V
1	01	SOH(start of handling)	标题开始	44	2C	,	87	57	W
2	02	STX (start of text)	正文开始	45	2D	-	88	58	X
3	03	ETX (end of text)	正文结束	46	2E	.	89	59	Y
4	04	EOT (end of transmission)	传输结束	47	2F	/	90	5A	Z
5	05	ENQ (enquiry)	请求	48	30	0	91	5B	[
6	06	ACK (acknowledge)	收到通知	49	31	1	92	5C	\
7	07	BEL (bell)	响铃	50	32	2	93	5D	]
8	08	BS (backspace)	退格	51	33	3	94	5E	^
9	09	HT (horizontal tab)	水平制表符	52	34	4	95	5F	_
10	0A	LF (NL line feed, new line)	换行键	53	35	5	96	60	`
11	0B	VT (vertical tab)	垂直制表符	54	36	6	97	61	a
12	0C	FF (NP form feed, new page)	换页键	55	37	7	98	62	b
13	0D	CR (carriage return)	回车键	56	38	8	99	63	c
14	0E	SO (shift out)	不用切换	57	39	9	100	64	d
15	0F	SI (shift in)	启用切换	58	3A	:	101	65	e
16	10	DLE (data link escape)	数据链路转义	59	3B	;	102	66	f
17	11	DC1 (device control 1)	设备控制1	60	3C	<	103	67	g
18	12	DC2 (device control 2)	设备控制2	61	3D	=	104	68	h
19	13	DC3 (device control 3)	设备控制3	62	3E	>	105	69	i
20	14	DC4 (device control 4)	设备控制4	63	3F	?	106	6A	j
21	15	NAK (negative acknowledge	拒绝接收	64	40	@	107	6B	k
22	16	SYN (synchronous idle)	同步空闲	65	41	A	108	6C	l
23	17	ETB (end of trans. block)	传输块结束	66	42	B	109	6D	m
24	18	CAN (cancel)	取消	67	43	C	110	6E	n
25	19	EM (end of medium)	介质中断	68	44	D	111	6F	o
26	1A	SUB (substitute)	替补	69	45	E	112	70	p
27	1B	ESC (escape)	溢出	70	46	F	113	71	q
28	1C	FS (file separator)	文件分割符	71	47	G	114	72	r
29	1D	GS (group separator)	分组符	72	48	H	115	73	s
30	1E	RS (record separator)	记录分离符	73	49	I	116	74	t
31	1F	US (unit separator)	单元分隔符	74	4A	J	117	75	u
32	20		空格	75	4B	K	118	76	v
33	21	!		76	4C	L	119	77	w
34	22	"		77	4D	M	120	78	x
35	23	#		78	4E	N	121	79	y
36	24	$		79	4F	O	122	7A	z
37	25	%		80	50	P	123	7B	{
38	26	&		81	51	Q	124	7C	|
39	27	'		82	52	R	125	7D	}
40	28	(		83	53	S	126	7E	~
41	29	)		84	54	T	127	7F	DEL
42	2A	*		85	55	U			

扩展表：

Dec	Hex	字符	Dec	Hex	字符	Dec	Hex	字符	Dec	Hex	字符
128	80	Ç	160	A0	á	192	C0	└	224	E0	α
129	81	ì	161	A1	æ	193	C1	┴	225	E1	ß
130	82	ã	162	A2	è	194	C2	┬	226	E2	Γ
131	83	â	163	A3	ë	195	C3	├	227	E3	π
132	84	ä	164	A4	ñ	196	C4	─	228	E4	Σ
133	85	à	165	A5	Ñ	197	C5	┼	229	E5	ζ
134	86	å	166	A6	ª	198	C6	╞	230	E6	μ
135	87	ç	167	A7	º	199	C7	╟	231	E7	η
136	88	ä	168	A8	¿	200	C8	╚	232	E8	Φ
137	89	è	169	A9	⌐	201	C9	╔	233	E9	Θ
138	8A	â	170	AA	¬	202	CA	╩	234	EA	Ω
139	8B	ê	171	AB	½	203	CB	╦	235	EB	δ
140	8C	é	172	AC	¼	204	CC	╠	236	EC	∞
141	8D	å	173	AD	¡	205	CD	═	237	ED	θ
142	8E	Ä	174	AE	«	206	CE	╬	238	EE	ε
143	8F	Å	175	AF	»	207	CF	╧	239	EF	∩
144	90	É	176	B0	░	208	D0	╨	240	F0	≡
145	91	æ	177	B1	▒	209	D1	╤	241	F1	±
146	92	Æ	178	B2	▓	210	D2	╥	242	F2	≥
147	93	ô	179	B3	│	211	D3	╙	243	F3	≤
148	94	ö	180	B4	┤	212	D4	Ô	244	F4	⌠
149	95	ç	181	B5	╡	213	D5	╒	245	F5	⌡
150	96	û	182	B6	╢	214	D6	╓	246	F6	é
151	97	ê	183	B7	╖	215	D7	╫	247	F7	≈
152	98	ÿ	184	B8	╕	216	D8	╪	248	F8	≈
153	99	Ö	185	B9	╣	217	D9	┘	249	F9	·
154	9A	Ü	186	BA	║	218	DA	┌	250	FA	·
155	9B	¢	187	BB	╗	219	DB	█	251	FB	√
156	9C	£	188	BC	╝	220	DC	▄	252	FC	^{n}
157	9D	¤	189	BD	╜	221	DD	▌	253	FD	^{2}
158	9E	Pts	190	BE	╛	222	DE	▐	254	FE	■
159	9F	*f*	191	BF	┐	223	DF	▀	255	FF	

附录Ⅲ C语言运算符优先级列表

优先级	运算符	名称或含义	使用形式	结合方向	说明
1	[]	数组下标	数组名 [整型表达式]	从左向右	
	()	圆括号	(表达式)/ 函数名 (形参表)		
	.	成员选择(对象)	对象 . 成员名		
	->	成员选择(指针)	对象指针 -> 成员名		
2	-	负号运算符	- 表达式	从右向左	单目运算符
	(类型)	强制类型转换	(数据类型) 表达式		
	++	自增运算符	++ 变量名 / 变量名 ++		单目运算符
	--	自减运算符	-- 变量名 / 变量名 --		单目运算符
	*	取值运算符	* 指针表达式		单目运算符
	&	取地址运算符	& 左值表达式		单目运算符
	!	逻辑非运算符	! 表达式		单目运算符
	~	按位取反运算符	~ 表达式		单目运算符
	sizeof	长度运算符	sizeof 表达式 /sizeof(类型)		
3	/	除	表达式 / 表达式	从左向右	双目运算符
	*	乘	表达式 * 表达式		双目运算符
	%	余数(取模)	整型表达式 % 整型表达式		双目运算符
4	+	加	表达式 + 表达式	从左向右	双目运算符
	-	减	表达式 - 表达式		双目运算符
5	<<	左移	表达式 << 表达式	从左向右	双目运算符
	>>	右移	表达式 >> 表达式		双目运算符
6	>	大于	表达式 > 表达式	从左向右	双目运算符
	>=	大于等于	表达式 >= 表达式		双目运算符
	<	小于	表达式 < 表达式		双目运算符
	<=	小于等于	表达式 <= 表达式	从左向右	双目运算符
7	==	等于	表达式 == 表达式	从左向右	双目运算符
	!=	不等于	表达式 != 表达式	从左向右	双目运算符
8	&	按位与	整型表达式 & 整型表达式	从左向右	双目运算符
9	^	按位异或	整型表达式 ^ 整型表达式	从左向右	双目运算符

续表

<table>
<tr><th>优先级</th><th>运算符</th><th>名称或含义</th><th>使用形式</th><th>结合方向</th><th>说　明</th></tr>
<tr><td>10</td><td>|</td><td>按位或</td><td>整型表达式 | 整型表达式</td><td>从左向右</td><td>双目运算符</td></tr>
<tr><td>11</td><td>&&</td><td>逻辑与</td><td>表达式 && 表达式</td><td>从左向右</td><td>双目运算符</td></tr>
<tr><td>12</td><td>||</td><td>逻辑或</td><td>表达式 || 表达式</td><td>从左向右</td><td>双目运算符</td></tr>
<tr><td>13</td><td>?:</td><td>条件运算符</td><td>表达式 1? 表达式 2: 表达式 3</td><td>从右向左</td><td>三目运算符</td></tr>
<tr><td rowspan="11">14</td><td>=</td><td>赋值运算符</td><td>变量 = 表达式</td><td rowspan="11">从右向左</td><td></td></tr>
<tr><td>/=</td><td>除后赋值</td><td>变量 /= 表达式</td><td></td></tr>
<tr><td>*=</td><td>乘后赋值</td><td>变量 *= 表达式</td><td></td></tr>
<tr><td>%=</td><td>取模后赋值</td><td>变量 %= 表达式</td><td></td></tr>
<tr><td>+=</td><td>加后赋值</td><td>变量 += 表达式</td><td></td></tr>
<tr><td>-=</td><td>减后赋值</td><td>变量 -= 表达式</td><td></td></tr>
<tr><td><<=</td><td>左移后赋值</td><td>变量 <<= 表达式</td><td></td></tr>
<tr><td>>>=</td><td>右移后赋值</td><td>变量 >>= 表达式</td><td></td></tr>
<tr><td>&=</td><td>按位与后赋值</td><td>变量 &= 表达式</td><td></td></tr>
<tr><td>^=</td><td>按位异或后赋值</td><td>变量 ^= 表达式</td><td></td></tr>
<tr><td>|=</td><td>按位或后赋值</td><td>变量 |= 表达式</td><td></td></tr>
<tr><td>15</td><td>,</td><td>逗号运算符</td><td>表达式 , 表达式 ,……</td><td>从左向右</td><td>从左向右顺序运算</td></tr>
</table>

附录Ⅳ　C语言常用的库函数

1. 数学函数

使用数学函数时，应该在源文件中使用预编译命令：

#include <math.h> 或 #include "math.h"

函数名	函数原型	功　能	返回值
acos	double acos(double x);	计算 arccos x 的值，其中 -1<=x<=1	计算结果
asin	double asin(double x);	计算 arcsin x 的值，其中 -1<=x<=1	计算结果
atan	double atan(double x);	计算 arctan x 的值	计算结果
atan2	double atan2(double x, double y);	计算 arctan x/y 的值	计算结果
cos	double cos(double x);	计算 cos x 的值，其中 x 的单位为弧度	计算结果
cosh	double cosh(double x);	计算 x 的双曲余弦 cosh x 的值	计算结果
exp	double exp(double x);	求 e^x 的值	计算结果
fabs	double fabs(double x);	求 x 的绝对值	计算结果
floor	double floor(double x);	求出不大于 x 的最大整数	该整数的双精度实数
fmod	double fmod(double x, double y);	求整除 x/y 的余数	返回余数的双精度实数
frexp	double frexp(double val, int *eptr);	把双精度数 val 分解成数字部分（尾数）和以 2 为底的指数，即 val=$x*2^n$，n 存放在 eptr 指向的变量中	数字部分 x 满足 0.5<=x<1
log	double log(double x);	求 ln x 的值	计算结果
$\log_{10}$	double $\log_{10}$(double x);	求 $\log_{10} x$ 的值	计算结果
modf	double modf(double val, int *iptr);	把双精度数 val 分解成数字部分和小数部分，把整数部分存放在 iptr 指向的变量中	val 的小数部分
pow	double pow(double x, double y);	求 x^y 的值	计算结果
sin	double sin(double x);	求 sin x 的值，其中 x 的单位为弧度	计算结果
sinh	double sinh(double x);	计算 x 的双曲正弦函数 sinh x 的值	计算结果
sqrt	double sqrt (double x);	计算 $\sqrt{x}$，其中 x>=0	计算结果
tan	double tan(double x);	计算 tan x 的值，其中 x 的单位为弧度	计算结果
tanh	double tanh(double x);	计算 x 的双曲正切函数 tanh x 的值	计算结果

2. 字符函数

使用字符函数时，应该在源文件中使用预编译命令：

#include <ctype.h> 或 #include "ctype.h"

函数名	函数原型	功　能	返回值
isalnum	int isalnum(int ch);	检查 ch 是否是字母或数字	是字母或数字返回 1，否则返回 0
isalpha	int isalpha(int ch);	检查 ch 是否是字母	是字母返回 1，否则返回 0
iscntrl	int iscntrl(int ch);	检查 ch 是否是控制字符（其 ASCII 码在 0 和 0xlF 之间）	是控制字符返回 1，否则返回 0
isdigit	int isdigit(int ch);	检查 ch 是否是数字	是数字返回 1，否则返回 0
isgraph	int isgraph(int ch);	检查 ch 是否是可打印字符（其 ASCII 码在 0x21 和 0x7e 之间），不包括空格	是可打印字符返回 1，否则返回 0
islower	int islower(int ch);	检查 ch 是否是小写字母（a~z）	是小写字母返回 1，否则返回 0
isprint	int isprint(int ch);	检查 ch 是否是可打印字符（其 ASCII 码在 0x21 和 0x7e 之间），不包括空格	是可打印字符返回 1，否则返回 0
ispunct	int ispunct(int ch);	检查 ch 是否是标点字符（不包括空格），即除字母、数字和空格以外的所有可打印字符	是标点字符返回 1，否则返回 0
isspace	int isspace(int ch);	检查 ch 是否是空格、跳格符（制表符）或换行符	是，返回 1，否则返回 0
isupper	int isupper(int ch);	检查 ch 是否是大写字母（A~Z）	是大写字母返回 1，否则返回 0
isxdigit	int isxdigit(int ch);	检查 ch 是否是一个十六进制数（即 0~9，或 A 到 F，a~f）	是，返回 1，否则返回 0
tolower	int tolower(int ch);	将 ch 字符转换为小写字母	返回 ch 对应的小写字母
toupper	int toupper(int ch);	将 ch 字符转换为大写字母	返回 ch 对应的大写字母

3. 字符串函数

使用字符串函数时，应该在源文件中使用预编译命令：

#include <string.h> 或 #include "string.h"

函数名	函数原型	功　能	返回值
memchr	void *memchr(void *buf, char ch, unsigned count);	在 buf 的前 count 个字符里搜索字符 ch 首次出现的位置	返回指向 buf 中 ch 第一次出现的位置指针。若没有找到 ch，返回 NULL
memcmp	int memcmp(void*buf1, void *buf2, unsigned count);	按字典顺序比较由 buf1 和 buf2 指向的数组的前 count 个字符	buf1<buf2，为负数 buf1=buf2，返回 0 buf1>buf2，为正数

续表

函数名	函数原型	功　能	返回值
memcpy	void *memmcpy(void *to, void *from, unsigned count);	将 from 指向的数组中的前 count 个字符拷贝到 to 指向的数组中。from 和 to 指向的数组不允许重叠	返回指向 to 的指针
memset	void *memset(void *buf, char ch, unsigned count);	将字符 ch 拷贝到 buf 指向的数组前 count 个字符中	返回 buf
memmove	void *memmove(void *to, void *from, unsigned count);	将 from 指向的数组中的前 count 个字符拷贝到 to 指向的数组中。from 和 to 指向的数组不允许重叠	返回指向 to 的指针
strcat	char *strcat(char *str1,char *str2);	把字符 str2 接到 str1 后面，取消原来 str1 最后面的串结束符 '\0'	返回 str1
strchr	char *strchr(char *str,int ch);	找出 str 指向的字符串中第一次出现字符 ch 的位置	返回指向该位置的指针，如找不到，则返回 NULL
strcmp	int strcmp(char *str1,char *str2);	比较字符串 str1 和 str2	若 str1<str2，为负数 若 str1=str2，返回 0 若 str1>str2，为正数
strcpy	char *strcpy(char *str1,char *str2);	把 str2 指向的字符串拷贝到 str1 中去	返回 str1
strlen	unsigned int strlen(char *str);	统计字符串 str 中字符的个数（不包括终止符 '\0'）	返回字符个数
strncat	char *strncat(char *str1,char *str2, unsigned count);	把字符串 str2 指向的字符串中最多 count 个字符连到字符串 str1 后面，并以 NULL 结尾	返回 str1
strncmp	int strncmp(char *str1,char *str2, unsigned count);	比较字符串 str1 和 str2 中至多前 count 个字符	若 str1<str2，为负数 若 str1=str2，返回 0 若 str1>str2，为正数
strncpy	char *strncpy(char *str1,char *str2, unsigned count);	把 str2 指向的字符串中最多的前 count 个字符拷贝到字符串 str1 中去	返回 str1
strnset	char *strnset(char *buf,char ch, unsigned count);	将字符 ch 拷贝到 buf 指向的数组前 count 个字符中	返回 buf
strset	char *strset(char *buf,char ch);	将 buf 所指向的字符串中的全部字符都变为字符 ch	返回 buf
strstr	char *strstr(char *str1,*str2);	寻找 str2 指向的字符串在 str1 指向的字符串中首次出现的位置	返回 str2 指向的字符串首次出现的地址，否则返回 NULL

4. 输入输出函数

使用输入输出函数时，应该在源文件中使用预编译命令：

#include <stdio.h> 或 #include "stdio.h"

函数名	函数原型	功 能	返回值
clearerr	void clearerr(FILE *fp);	清除文件指针错误指示器	无
close	int close(int fp);	关闭文件（非 ANSI 标准）	关闭成功返回 0，不成功返回 -1
creat	int creat(char *filename, int mode);	以 mode 所指定的方式建立文件（非 ANSI 标准）	成功返回正数，否则返回 -1
eof	int eof(int fp);	判断 fp 所指的文件是否结束	文件结束返回 1，否则返回 0
fclose	int fclose(FILE *fp);	关闭 fp 所指的文件，释放文件缓冲区	关闭成功返回 0，不成功返回非 0
feof	int feof(FILE *fp);	检查文件是否结束	文件结束返回非 0，否则返回 0
ferror	int ferror(FILE *fp);	测试 fp 所指文件是否有错误	无错返回 0，否则返回非 0
fflush	int fflush(FILE *fp);	将 fp 所指的文件的全部控制信息和数据存盘	存盘正确返回 0，否则返回非 0
fgets	char *fgets(char *buf, int n, FILE *fp);	从 fp 所指的文件读取一个长度为 n-1 的字符串，存入起始地址为 buf 的空间	返回地址 buf，若遇文件结束或出错则返回 EOF
fgetc	int fgetc(FILE *fp);	从 fp 所指的文件中取得下一个字符	返回所得到的字符，出错返回 EOF
fopen	FILE *fopen(char *filename, char *mode);	以 mode 指定的方式打开名为 filename 的文件	成功则返回一个文件指针，否则返回 0
fprintf	int fprintf(FILE *fp, char *format,args,…);	把 args 的值以 format 指定的格式输出到 fp 所指的文件中	实际输出的字符数
fputc	int fputc(char ch, FILE *fp);	将字符 ch 输出到 fp 所指的文件中	成功则返回该字符，出错返回 EOF
fputs	int fputs(char str, FILE *fp);	将 str 指定的字符串输出到 fp 所指的文件中	成功则返回 0，出错返回 EOF
fread	int fread(char *pt, unsigned size, unsigned n, FILE *fp);	从 fp 所指定的文件中读取长度为 size 的 n 个数据项，存到 pt 所指向的内存区	返回所读的数据项个数，若文件结束或出错返回 0
fscanf	int fscanf(FILE *fp, char *format,args,…);	从 fp 指定的文件中按给定的 format 格式将读入的数据送到 args 所指向的内存变量中（args 是指针）	已输入的数据个数

续表

函数名	函数原型	功　能	返回值
fseek	int fseek(FILE *fp, long offset, int base);	将 fp 指定的文件的位置指针移到以 base 所指出的位置为基准、以 offset 为位移量的位置	返回当前位置，否则返回 -1
ftell	long ftell(FILE *fp);	返回 fp 所指定的文件中的读写位置	返回文件中的读写位置，否则返回 0
fwrite	int fwrite(char *ptr, unsigned size, unsigned n, FILE *fp);	把 ptr 所指向的 n*size 个字节输出到 fp 所指向的文件中	写到 fp 文件中的数据项的个数
getc	int getc(FILE *fp);	从 fp 所指向的文件中读出下一个字符	返回读出的字符，若文件出错或结束返回 EOF
getchar	int getchar();	从标准输入设备中读取下一个字符	返回字符，若文件出错或结束返回 -1
gets	char *gets(char *str);	从标准输入设备中读取字符串存入 str 指向的数组	成功返回 str，否则返回 NULL
open	int open(char *filename, int mode);	以 mode 指定的方式打开已存在的名为 filename 的文件（非 ANSI 标准）	返回文件号（正数），如打开失败返回 -1
printf	int printf(char *format,args,…);	在 format 指定的字符串的控制下，将输出列表 args 的值输出到标准设备	输出字符的个数，若出错返回负数
prtc	int prtc(int ch, FILE *fp);	把一个字符 ch 输出到 fp 所指的文件中	输出字符 ch，若出错返回 EOF
putchar	int putchar(char ch);	把字符 ch 输出到 fp 标准输出设备	返回换行符，若失败返回 EOF
puts	int puts(char *str);	把 str 指向的字符串输出到标准输出设备，将 '\0' 转换为回车行	返回换行符，若失败返回 EOF
putw	int putw(int w, FILE *fp);	将一个整数 i（即一个字）写到 fp 所指的文件中（非 ANSI 标准）	返回读出的字符，若文件出错或结束返回 EOF
read	int read(int fd, char *buf, unsigned count);	从文件号 fd 所指定的文件中读出 count 个字节到由 buf 知识的缓冲区（非 ANSI 标准）	返回真正读出的字节个数，若文件结束返回 0，出错返回 -1
remove	int remove(char *fname);	删除以 fname 为文件名的文件	成功返回 0，出错返回 -1
rename	int rename(char *oname, char *nname);	把 oname 所指的文件名改为由 nname 所指的文件名	成功返回 0，出错返回 -1
rewind	void rewind(FILE *fp);	将 fp 指定的文件指针置于文件头，并清除文件结束标志和错误标志	无

续表

函数名	函数原型	功 能	返回值
scanf	int scanf(char *format,args,…);	从标准输入设备按 format 指示的格式字符串规定的格式，输入数据给 args 所指定的单元。args 为指针	读入并赋给 args 数据个数。若文件结束返回 EOF，出错返回 0
write	int write(int fd, char *buf, unsigned count);	从 buf 指示的缓冲区输出 count 个字符到 fd 所指的文件中（非 ANSI 标准）	返回实际写入的字节数，若出错返回 -1

5. 动态存储分配函数

使用动态存储分配函数时，应该在源文件中使用预编译命令：

#include <stdlib.h> 或 #include "stdlib.h"

函数名	函数原型	功 能	返回值
calloc	void *calloc(unsigned n, unsigned size);	分配 n 个数据项的内存连续空间，每个数据项的大小为 size	分配内存单元的起始地址，若不成功，返回 0
free	void free(void *p);	释放 p 所指内存区	无
malloc	void *malloc(unsigned size);	分配 size 字节的内存区	所分配的内存区地址，若内存不够，返回 0
realloc	void *realloc(void *p, unsigned size);	将 p 所指的已分配的内存区的大小改为 size，size 可以比原来分配的空间大或小	返回指向该内存区的指针，若重新分配失败，返回 NULL

6. 其他函数

有些函数由于不便归入某一类，所以单独列出。使用这些函数时，应该在源文件中使用预编译命令：

#include <stdlib.h> 或 #include "stdlib.h"

函数名	函数原型	功 能	返回值
abs	int abs(int num);	计算整数 num 的绝对值	计算结果
atof	double atof(char *str);	将 str 指向的字符串转换为一个 double 型的值	双精度计算结果
atoi	int atoi(char *str);	将 str 指向的字符串转换为一个 int 型的值	转换结果
atol	long atol(char *str);	将 str 指向的字符串转换为一个 long 型的值	转换结果
exit	void exit(int status);	中止程序运行，将 status 的值返回调用的过程	无
itoa	char *itoa(int n, char *str, int radix);	将整数 n 的值按照 radix 进制转换为等价的字符串，并将结果存入 str 指向的字符串中	一个指向 str 的指针
labs	long labs(long num);	计算 long 型整数 num 的绝对值	计算结果
ltoa	char *ltoa(long n,char *str, int radix);	将长整数 n 的值按照 radix 进制转换为等价的字符串，并将结果存入 str 指向的字符串	一个指向 str 的指针

续表

函数名	函数原型	功　能	返回值
srand	void srand(unsigned seed);	随机数发生器的初始化函数，它需要提供一个种子，这个种子会对应一个随机数，如果使用相同的种子，后面的 rand() 函数会出现一样的随机数	无
rand	int rand();	需要先调用 srand() 函数初始化，一般用当前日历时间初始化随机数种子，这样每行代码都可以产生不同的随机数	一个伪随机(整)数

附录Ⅴ 计算机基础知识

一、计算机技术概述

（一）计算机的起源与发展

1. 计算机的起源

第一台真正意义上的数字电子计算机 ENIAC（Electronic Numerical Integrator And Calculator）于 1946 年 2 月在美国的宾夕法尼亚大学正式投入运行。ENIAC 的诞生奠定了电子计算机的发展基础，开辟了信息时代，把人类社会推向了第三次产业革命的新纪元。

2. 计算机的发展

计算机的发展过程见表 V–1。

表 V–1 计算机的发展过程

年 代	名 称	元 件	语 言	应 用
第一代（1946—1958 年）	电子管计算机	电子管	机器语言、汇编语言	科学计算
第二代（1958—1964 年）	晶体管计算机	晶体管	高级程序设计语言	数据处理
第三代（1964—1971 年）	集成电路计算机	中小规模集成电路	高级程序设计语言	各个领域
第四代（1971 年至今）	超大规模集成电路计算机	集成电路	面向对象的高级语言	网络时代
第五代	未来计算机	光子、量子、DNA 等		

（二）计算机的特点及分类

1. 计算机的特点

（1）运算速度快、精度高。现代计算机每秒钟可运行几百万条指令，数据处理的速度相当快，是其他任何工具无法比拟的。

（2）具有存储与记忆能力。计算机的存储器类似于人的大脑，可以“记忆”（存储）大量的数据和计算机程序。

（3）具有逻辑判断能力。具有可靠的逻辑判断能力是计算机能实现信息处理自动化的重要原因。能进行逻辑判断使得计算机不仅能对数值数据进行计算，也能对非数值数据进行处理，使计算机能广泛应用于非数值数据处理领域，如信息检索、图形识别以及各种多媒体应用等。

（4）自动化程度高。利用计算机解决问题时，启动计算机输入编制好的程序后，计算机可以自动执行，一般不需要人直接干预运算、处理和控制过程。

（5）通用性强。任何复杂的任务都可以分解为大量的基本的算术运算和逻辑操作。

2. 计算机的分类

根据不同的分类标准，可以把计算机分成不同的类型，见表V–2。

表V–2 计算机的分类

根据处理的对象划分	模拟计算机、数字计算机和混合计算机
根据用途划分	专用计算机和通用计算机
根据规模划分	巨型机、大型机、小型机、微型机和工作站

（三）计算机的应用

1. 科学计算

科学计算指科学和工程中的数值计算。主要应用于航天工程、气象、地震、核能技术、石油勘探和密码解译等涉及复杂数值计算的领域。

2. 信息管理

信息管理指非数值形式的数据处理，是以计算机技术为基础，对大量数据进行加工处理，形成有用的信息。信息管理被广泛应用于办公自动化、事务处理、情报检索、企业管理和知识系统等领域，是计算机应用最广泛的领域。

3. 过程控制

过程控制又称实时控制，指用计算机及时采集检测数据，按最佳值迅速地对对象进行自动控制或自动调节。目前已广泛应用于冶金、石油、化工、纺织、水电、机械和航天等部门。

4. 计算机辅助系统

计算机辅助系统是指通过人机对话，使计算机辅助人们进行设计、加工、计划和学习等工作。如计算机辅助设计（CAD）、计算机辅助制造（CAM）、计算机辅助教育（CBE）、计算机辅助教学（CAI）、计算机辅助教学管理（CMI）。另外还有计算机辅助测试（CAT）和计算机集成制造系统（CIMS）等。

5. 人工智能

人工智能研究怎样让计算机做一些通常认为需要智能才能做的事情，又称机器智能，主要研究使智能机器执行通常是人类智能的有关功能，如判断、推理、证明、识别、感知、理解、设计、思考、规划、学习和问题求解等思维活动。人工智能是计算机当前和今后相当长的一段时间的重要研究领域。

6. 计算机网络与通信

利用通信技术，将不同地理位置的计算机互联，可以实现世界范围内的信息资源共享，并能交互式地交流信息。Internet深刻地改变了我们的生活、学习和工作方式。

二、计算机中信息的表示方法

（一）数制及其转换

1. 术语

数制：用进位的方式进行计数称为进位计数制，简称数制。

数码：一组用来表示某种数制的符号。如 1、2、3、4、A、B、C、Ⅰ、Ⅱ、Ⅲ、Ⅳ等。

基数：数制所使用的数码个数称为“基数”或“基”，常用“R”表示，称为 R 进制。如二进制的数码是 0、1，基为 2。

位权：指数码在不同位置上的权值。在进位计数制中，处于不同数位的数码代表的数值不同。如十进制数 111，个位上 1 的权值为 10^0，十位上 1 的权值为 10^1，百位上 1 的权值为 10^2。

2. 常见的几种进位计数制

十进制（Decimal System）：由 0、1、2、…、8、9 十个数码组成，即基数为 10。十进制的特点为：逢十进一，借一当十。用字母 D 表示。

二进制（Binary System）：由 0、1 两个数码组成，即基数为 2。二进制的特点为：逢二进一，借一当二。用字母 B 表示。

八进制（Octal System）：由 0、1、2、3、4、5、6、7 八个数码组成，即基数为 8。八进制的特点为：逢八进一，借一当八。用字母 O 表示。

十六进制（Hexadecimal System）：由 0、1、2、…、9、A、B、C、D、E、F 十六个数码组成，即基数为 16。十六进制的特点为：逢十六进一，借一当十六。用字母 H 表示。

各种进制之间的对应关系见表 V-3。

表 V-3　进制之间的对应关系

十进制	二进制	八进制	十六进制	十进制	二进制	八进制	十六进制
0	0	0	0	9	1001	11	9
1	1	1	1	10	1010	12	A
2	10	2	2	11	1011	13	B
3	11	3	3	12	1100	14	C
4	100	4	4	13	1101	15	D
5	101	5	5	14	1110	16	E
6	110	6	6	15	1111	17	F
7	111	7	7	16	10000	20	10
8	1000	10	8	17	10001	21	11

3. 数制的转换

（1）二进制数、八进制数、十六进制数转换为十进制数。

对于任何一个二进制数、八进制数、十六进制数，均可以先写出它的位权展开式，然后再按十进制进行加法计算，将其转换为十进制数。

【示例 V-1】把下列数字转换为十进制数。

$(1111.11)_2=1\times2^3+1\times2^2+1\times2^1+1\times2^0+1\times2^{-1}+1\times2^{-2}=15.75$

$(A10B.8)_{16}=10\times16^3+1\times16^2+0\times16^1+11\times16^0+8\times16^{-1}=41\ 227.5$

【注意】在不至于产生歧义时，可以不注明十进制数的进制，如上例。

（2）十进制数转换为二进制数。

十进制数的整数部分和小数部分在转换时需作不同的计算，分别求值后再组合。

整数部分采用除 2 取余法，即逐次除以 2，直至商为 0，得出的余数倒排，即为二进制各

位的数码。小数部分采用乘 2 取整法，即逐次乘以 2，取每次乘积的整数部分得到二进制数各位的数码(参见下例)。

【示例 V-2】将十进制数 100.125 转换为二进制数。

步骤一：先对整数 100 进行转换。

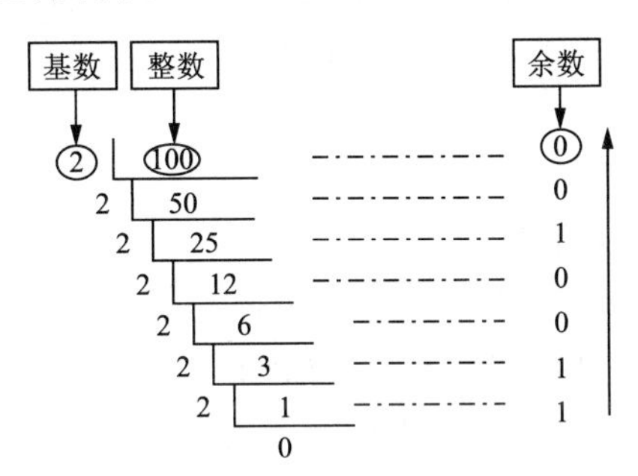

由此得出：100D=1100100B。

步骤二：对于小数部分 0.125 的转换。

$0.125 \times 2=0.25$ $0 \cdots\cdots a_{-1}$

$0.25 \times 2=0.5$ $0 \cdots\cdots a_{-2}$

$0.5 \times 2=1$ $1 \cdots\cdots a_{-3}$

由此得出，0.125D=0.001B。

将整数和小数部分组合，得出：100.125D=1100100.001B。

相应地，十进制转换为八进制，整数部分除 8 取余，小数部分乘 8 取整；十进制转换为十六进制，整数部分除 16 取余，小数部分乘 16 取整。

(3)二进制数与八进制数的相互转换。

二进制数转换为八进制数的方法是：将二进制数从小数点开始，对二进制整数部分向左每 3 位分成一组，不足 3 位的向高位补 0 凑成 3 位；对二进制小数部分向右每 3 位分成一组，不足 3 位的向低位补 0 凑成 3 位。把每一组 3 位二进制数分别转换为八进制数码中的一个数字，全部连接起来即可。

八进制数转换为二进制数，只要将每一位八进制数转换为 3 位二进制数，然后依次连接起来即可。

【示例 V-3】把二进制数 11111101.101 转换为八进制数。

$(11111101.101)_2=(011\ 111\ 101.101)_2=(375.5)_8$

(4)二进制数与十六进制数的相互转换。

二进制数转换为十六进制数，方法与八进制类似，只要把每 4 位分成一组，再分别转换为十六进制数码中的一个数字，不足 4 位的分别向高位或低位补 0 凑成 4 位，全部连接起来即可。

十六进制数转换为二进制数，只要将每一位十六进制数转换为 4 位二进制数，然后依次连接起来即可。

【示例 V-4】将二进制数 10110001.101 转换为十六进制数。

$(10110001.101)_2=(1011\ 0001.1010)_2=(B1.A)_{16}$

（二）二进制的运算规则

1. 算术运算规则

加法规则：0+0=0；0+1=1；1+0=1；1+1=10（向高位进位）。

减法规则：0-0=0；10-1=1（向高位借位）；1-0=1；1-1=0。

乘法规则：0×0=0；0×1=0；1×0=0；1×1=1。

除法规则：0/1=0；1/1=1。

2. 逻辑运算规则

非运算（NOT）：1 变 0，0 变 1。

与运算（AND）：0∧0=0；0∧1=0；1∧0=0；1∧1=1。

或运算（OR）：0∧0=0；0∧1=1；1∧0=1；1∨1=1。

异或运算（XOR）：0⊕0=0；0⊕1=1；1⊕0=1；1⊕1=0。

（三）信息的编码

1. 数据的单位

（1）位（bit）。

位也称为比特，简记为 b，是计算机存储数据的最小单位。一个二进制位只能表示 0 或 1。

（2）字节（Byte）。

字节简记为 B，是存储信息的基本单位。规定 1 B=8 bit。

1 KB=2^{10} B=1 024 B　　1 MB=2^{20} B=1 024 KB

1 GB=2^{30} B=1 024 MB　　1 TB=2^{40} B=1 024 GB

（3）字（Word）。

一个字通常由一个字节或若干个字节组成。字长是计算机一次所能处理的实际位数长度，是衡量计算性能的一个重要指标。

2. 数值的表示

（1）机器数。

一个数在计算机中的二进制表示形式叫作这个数的机器数。机器数是带符号的，计算机用一个数的最高位存放符号，正数为 0，负数为 1。

比如，十进制中的数 3，假设计算机字长为 8 位，转换为二进制就是 00000011。如果是 -3，就是 10000011。这里的 00000011 和 10000011 就是机器数。

（2）真值。

因为第一位是符号位，所以机器数的形式值不等于真正的数值。例如上面的有符号数 10000011，其最高位 1 代表负，其真正数值是 -3 而不是形式值 131（10000011 转换为十进制等于 131）。所以，为区别起见，将带符号位的机器数对应的真正数值称为机器数的真值。

比如：0000 0001 的真值 = +000 0001= +1

1000 0001 的真值 = -000 0001= -1

（3）原码。

原码就是符号位加上真值的绝对值，即用第一位表示符号，其余位表示值。假设计算机字长为 8 位：

$[+1]_{原}$ = 0000 0001　$[-1]_{原}$ = 1000 0001

其中，第1位是符号位，因为第1位是符号位，所以8位二进制数的取值范围就是：

$$[11111111 \sim 01111111]$$

即：[-127~127]。

原码是人脑最容易理解和计算的表示方式。

（4）反码。

反码的表示方法是：正数的反码是其本身；负数的反码是在其原码的基础上，符号位不变，其余各位取反。

$$[+1]=[00000001]_{原}=[00000001]_{反}$$

$$[-1]=[10000001]_{原}=[11111110]_{反}$$

可见，如果一个反码表示的是负数，无法直观地看出来它的数值，通常要将其转换为原码再计算。

（5）补码。

补码的表示方法是：正数的补码就是其本身；负数的补码是在其原码的基础上，符号位不变，其余各位取反，最后 +1（即在反码的基础上 +1）。

$$[+1]=[00000001]_{原}=[00000001]_{反}=[00000001]_{补}$$

$$[-1]=[10000001]_{原}=[11111110]_{反}=[11111111]_{补}$$

对于负数，补码表示方式也是无法直观看出其数值的，通常也需要转换为原码再计算其数值。

【思考】为什么计算机中的数值要用补码表示？

【解答】首先引入另一个概念——模数。比如钟表，其模数为12，即每到12就重新从0开始，数学上叫取模或求余(mod)，例如：14%12=2。

如果某时刻的正确时间为6点，而你的手表指向的是8点，如何把表调准呢？有两种方法：一是把表逆时针拨2个小时；二是把表顺时针拨10个小时，即：8-2=6，(8+10)%12=6，也就是说，在此模数系统里面有8-2=8+10。

这是因为2跟10对模数12互为补数。因此可以得出结论：在模数系统中，A-B或A+(-B)等价于A+$[B]_{补}$，即：8-2=8+(-2)=8+10。我们把10叫作-2在模12下的补码。这样用补码来表示负数就可以将加减法统一成加法来运算，简化了运算的复杂程度。

采用补码进行运算有两个好处，一是统一加减法；二是可以让符号位作为数值直接参加运算，而最后仍然可以得到正确的结果。

3. 字符编码

目前采用的字符编码主要是ASCII码，它是American Standard Code for Information Interchange（美国标准信息交换代码）的缩写，已被国际标准化组织(ISO)采纳，作为国际通用的信息交换标准代码。ASCII码是一种西文机内码，有7位ASCII码和8位ASCII码两种，7位ASCII码称为标准ASCII码，8位ASCII码称为扩展ASCII码。7位标准ASCII码用一个字节(8位)表示一个字符，并规定其最高位为0，实际只用到7位，因此可表示128个不同字符。同一个字母的ASCII码值小写字母比大写字母大32（20H)。

4. 汉字编码

（1）汉字交换码。

由于汉字数量极多，一般用连续的两个字节(16个二进制位)来表示一个汉字。1980年，我国颁布了第一个汉字编码字符集标准，即《信息交换用汉字编码字符集基本集》(GB 2312—80),该标准编码简称国标码,是我国内地及新加坡等海外华语区通用的汉字交换码。GB 2312—80 收录了 6 763 个汉字以及 682 个符号,共 7 445 个字符,奠定了中文信息处理的基础。

(2) 汉字机内码。

国标码不能直接在计算机中使用,因为它没有考虑与基本的信息交换代码 ASCII 码的冲突。比如:“大”的国标码是 3473H,与字符组合“4S”的 ASCII 码相同;“嘉”的汉字编码为 3C4EH,与码值为 3CH 和 4EH 的两个 ASCII 字符“,”和“N”混淆。为了能区分汉字与 ASCII 码,在计算机内部表示汉字时把交换码(国标码)两个字节的最高位改为 1,称为机内码。这样,当某字节的最高位是 1 时,必须和下一个最高位同样为 1 的字节合起来代表一个汉字,而某字节的最高位是 0 时,就代表一个 ASCII 码字符。

(3) 汉字字形码。

汉字字形码是用来将汉字显示到屏幕上或打印到纸上所需要的图形数据。汉字字形码记录汉字的外形,是汉字的输出形式。记录汉字字形通常有点阵法和矢量法两种方法,分别对应两种字形编码:点阵码和矢量码。所有的不同字体、字号的汉字字形构成汉字库。

(4) 汉字输入码。

将汉字通过键盘输入到计算机中采用的代码称为汉字输入码,也称为汉字外部码(外码)。汉字输入码的编码原则是:应该易于接受、学习、记忆和掌握,重码少,码长尽可能短。

目前我国的汉字输入码编码方案已有上千种,但是在计算机中常用的只有几种。根据编码规则,这些汉字输入码可分为流水码、音码、形码和音形结合码四种。智能 ABC、微软拼音、搜狗拼音和谷歌拼音等汉字输入法为音码,五笔字型为形码。音码重码多,单字输入速度慢,但容易掌握;形码重码少,单字输入速度快,但是学习和掌握较困难。

三、计算机系统结构

(一) 计算机工作原理

1. 指令

指示计算机执行某种操作的命令称为指令,它由一串二进制数码组成,这串二进制数码包括操作码和地址码两部分。操作码规定了操作的类型,即进行什么样的操作;地址码规定了要操作的数据(操作对象)存放在什么地址中,以及操作结果存放到哪个地址中去。

一台计算机有许多指令,作用也各不相同。所有指令的集合称为计算机指令系统。计算机系统不同,指令系统也不同,目前常见的指令系统有复杂指令系统(CISC)和精简指令系统(RISC)。

2.“存储程序”工作原理

计算机能够自动完成运算或处理过程的基础是“存储程序”工作原理。“存储程序”工作原理是美籍匈牙利科学家约翰·冯·诺依曼(John von Neumann)提出来的,故称为冯·诺依曼原理,其基本思想是存储程序与程序控制。存储程序是指人们必须事先把计算机的执行步骤序列(即程序)及运行中所需的数据,通过一定的方式输入并存储在计算机的存储器中;程序控制是指计算机运行时能自动地逐一取出程序中的一条条指令,加以分析并执行

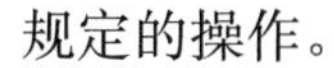

规定的操作。

到目前为止，尽管计算机发展到了第四代，但其基本工作原理仍然没有改变。根据存储程序和程序控制的原理，在计算机运行过程中，实际上有数据流和控制信号两种信息在流动。

3. 计算机的工作过程

计算机的工作过程可以归结为以下几步：

（1）取指令：即按照指令计数器中的地址从内存储器中取出指令，并送到指令寄存器中。

（2）分析指令：即对指令寄存器中存放的指令进行分析，确定执行什么操作，并由地址码确定操作数的地址。

（3）执行指令：即根据分析的结果，由控制器发出完成该操作所需要的一系列控制信息，去完成该指令所要求的操作。

（4）上述步骤完成后，指令计数器加 1，为执行下一条指令做好准备。

（二）计算机硬件系统

1. 硬件系统的组成

硬件是指计算机系统中由电子、机械和光电元件等组成的各种计算机部件和计算机设备。这些部件和设备依据计算机系统结构的要求构成一个有机整体，称为计算机硬件系统。

冯·诺依曼提出的“存储程序”工作原理决定了计算机硬件系统由以下五个基本部分组成。

（1）输入设备（Input Device）。

输入设备的主要功能是，把原始数据和处理这些数据的程序转换为计算机能够识别的二进制代码，通过输入接口输入到计算机的存储器中，供 CPU 调用和处理。常用的输入设备有鼠标、键盘、扫描仪、数字化仪、数码摄像机、条形码阅读器、数码相机、A/D 转换器等。

（2）运算器（Arithmetic Unit）。

运算器负责对信息进行加工和运算，它的速度决定了计算机的运算速度。参加运算的数（称为操作数）由控制器指示从存储器或寄存器中取出到运算器。

（3）控制器（Controller）。

控制器是整个计算机系统的控制中心，它指挥计算机各部分协调工作，保证计算机按照预先规定的目标和步骤有条不紊地进行操作及处理。控制器从内存储器中顺序取出指令，并对指令代码进行翻译，然后向各个部件发出相应的命令，完成指令规定的操作。它一方面向各个部件发出执行指令的指令，另一方面又接收执行部件向控制器发回的有关指令执行情况的反馈信息，并根据这些信息来决定下一步发出哪些操作命令。这样逐一执行一系列的指令，就使计算机能够按照这一系列的指令组成的程序的要求自动完成各项任务。因此，控制器是指挥和控制计算机各个部件进行工作的“神经中枢”。

通常把控制器和运算器合称为中央处理器（Central Processing Unit，CPU）。它是计算机的核心部件。

（4）存储器（Memory）。

存储器是具有“记忆”功能的设备，由具有两种稳定状态的物理器件（也称为记忆元件)来存储信息。记忆元件的两种稳定状态分别表示为“0”和“1”。存储器是由成千上万个存储单元构成的,每个存储单元存放一定位数(微机上为8位)的二进制数,每个存储单元都有唯一的地址。存储单元是基本的存储单位,不同的存储单元是用不同的地址来区分的。计算机采用按地址访问的方式到存储器中存数据和取数据,程序在执行的过程中,每当需要访问数据时,就向存储器送去数据位置的地址,同时发出一个“存”命令或者“取”命令(伴以待存放的数据)。

(5)输出设备(Output Device)。

输出设备是计算机硬件系统的终端设备,用来进行计算机数据的输出显示、打印,声音的播放等,也是把各种计算结果数据或信息以数字、字符、图像、声音等形式表现出来的设备。常见的输出设备有显示器、打印机、绘图仪、影像输出系统、语音输出系统、磁记录设备等。

2. 内存储器

内存储器(简称内存)是CPU可直接访问的存储器,是计算机的工作存储器,当前正在运行的程序与数据都必须存放在内存中。内存储器分为ROM、RAM和Cache。

(1)只读存储器(ROM)。

ROM中的数据或程序一般是在将ROM装入计算机前事先写好的。一般情况下,计算机工作过程中只能从ROM中读出事先存储的数据,而不能改写数据。ROM常用于存放固定的程序和数据,并且断电后仍能长期保存。ROM的容量较小,一般存放系统的基本输入输出系统(BIOS)等。

(2)随机存储器(RAM)。

RAM的容量与ROM相比要大得多,CPU从RAM中既可读出信息又可写入信息,但断电后所存的信息就会丢失。微机中的内存一般指RAM。目前常用的内存有SDRAM、DDR SDRAM、DDR2、DDR3等。

(3)高速缓存(Cache)。

随着CPU主频的不断提高,CPU对RAM的存取速度加快了,而RAM的响应速度相对较慢,这就造成了CPU等待,降低了处理速度,浪费了CPU的能力。为协调二者之间的速度差,在内存和CPU之间设置一个与CPU速度接近的、高速的、容量相对较小的存储器,把正在执行的指令地址附近的一部分指令或数据从内存调入这个存储器,供CPU在一段时间内使用。这对提高程序的运行速度有很大的帮助。这个介于内存和CPU之间的高速小容量存储器称作高速缓冲存储器,一般简称为缓存。

3. 外存储器

外存储器(简称外存)是主机的外部设备,存取速度较内存慢得多,用来存储大量的暂时不参加运算或处理的数据和程序,一旦需要,可成批地与内存交换信息。

外存是内存的后备和补充,不能和CPU直接交换数据。

(三)计算机软件系统

软件是指使计算机运行所需的程序、数据和有关文档的总和。计算机软件通常分为系统软件和应用软件两大类,系统软件一般由软件厂商提供,应用软件是为解决某一问题而由用户或软件公司开发的。

1. 系统软件

系统软件是管理、监控和维护计算机软 / 硬件资源、开发应用软件的软件。系统软件居于计算机系统中最靠近硬件的一层，主要包括操作系统、语言处理程序、数据库管理系统及系统支撑和服务软件等。

（1）操作系统。

操作系统是一组对计算机资源进行控制与管理的系统化的程序集合，是用户和计算机硬件系统之间的接口。

操作系统是直接运行在裸机（即没有安装任何软件的计算机）上的最基本的系统软件，任何其他软件必须在操作系统的支持下才能运行。

（2）语言处理程序。

用高级语言或汇编语言编写的源程序，计算机是不能直接执行的，必须翻译成机器可执行的二进制语言程序，这些翻译程序就是语言处理程序，包括汇编程序、编译程序和解释程序（对汇编语言源程序是汇编，对高级语言源程序则是编译或解释）。

（3）数据库管理系统。

数据库管理系统主要用来建立存储各种数据资料的数据库，并进行操作和维护。常用的数据库管理系统有 Oracle、DB2、Sybase、SQL Server、FoxPro、FoxBASE+、Access 等，它们都是关系型数据库管理系统。

（4）系统支撑和服务程序。

系统支撑和服务程序又称为工具软件，如系统诊断程序、调试程序、排错程序、编辑程序和查杀病毒程序等，都是为维护计算机系统的正常运行或支持系统开发所配置的软件系统。

2. 应用软件

为解决计算机各类应用问题而编写的软件称为应用软件。应用软件具有很强的实用性，随着计算机应用领域的不断拓展和计算机应用的广泛普及，各种各样的应用软件与日俱增，比如：办公类软件 Microsoft Office、WPS Office、永中 Office、谷歌在线办公系统等；图形处理软件 Photoshop、Adobe Illustrator 等；三维动画软件 3DMAX、Maya 等；即时通信软件 QQ、MSN、UC 和 Skype 等。除此之外，针对某行业、某用户的特定需求而专门开发的软件，如某个公司的管理系统等，也是应用软件。

（四）程序设计语言

1. 程序设计基础

算法和数据结构是程序最主要的两个方面，通常可以认为：程序 = 算法 + 数据结构。

（1）算法。

算法可以看作是由有限个步骤组成的用来解决问题的具体过程，实质上反映的是解决问题的思路。其主要性质包括有穷性、确定性、可行性。

（2）数据结构。

数据结构是从问题中抽象出来的数据之间的关系，它代表信息的一种组织方式，用来反映一个数据的内部结构。数据结构是信息的一种组织方式，其目的是提高算法的效率。它通常与一组算法的集合相对应，通过这组算法集合可以对数据结构中的数据进行某种操作。典型的数据结构包括线性表、堆栈、队列、数组、树和图。

2. 程序设计语言

（1）机器语言。

机器语言是计算机系统唯一能识别的、不需要翻译，直接供机器使用的程序设计语言。用机器语言编写程序难度大、直观性差、容易出错，修改、调试也不方便。由于不同计算机的指令系统不同，针对某一种型号的计算机所编写的程序就不能在另一计算机上运行，所以机器语言的通用性和可移植性较差，但用机器语言编写的程序可以充分发挥硬件的功能，程序编写紧凑，运行速度快。

（2）汇编语言。

汇编语言是机器语言的“符号化”。汇编语言和机器语言基本是一一对应的，但在表示方法上做了改进，用一种助记符来代替操作码，用符号来表示操作数地址（地址码）。例如，用“ADD”表示加法，用“MOV”表示传送等。用助记符和符号地址来表示指令，容易辨认，给程序的编写带来了很大的方便。

汇编语言比机器语言直观，容易记忆和理解，用汇编语言编写的程序比机器语言程序易读、易检查、易修改，但是它仍然是属于面向机器的语言，依赖于具体的机器，很难在系统间移植，所以这样的程序的编写仍然比较困难，程序的可读性也比较差。

机器语言和汇编语言一般都被称为低级语言。

（3）高级语言。

高级语言屏蔽机器的细节，具有与计算机指令系统无关的表达方式和接近于人的求解过程的描述方式，易于理解和掌握。高级语言分为解释型和编译型两类。

① 解释型。

解释程序接收由某种程序设计语言（如 Basic 语言）编写的源程序，然后对源程序的每条语句逐句进行解释并执行，最后得出结果。解释程序对源程序是一边翻译，一边执行，不产生目标程序。

② 编译型。

编译程序将由高级语言编写的源程序翻译成与之等价的用机器语言表示的目标程序，其翻译过程称为编译。编译型语言系统在执行速度上优于解释型语言系统。但是，编译程序比较复杂，这使得开发和维护费用较高。

四、微型计算机系统

（一）微型计算机分类

微型计算机按其性能、结构、技术特点等可分为：

1. 单片机

将微处理器（CPU）、一定容量的存储器以及 I/O 接口电路等集成在一个芯片上，就构成了单片机。

2. 单板机

将微处理器、存储器、I/O 接口电路安装在一块印刷电路板上，称为单板机。

3. PC（Personal Computer，个人计算机）

供单个用户使用的微机一般称为 PC，是目前使用最多的一种微机。

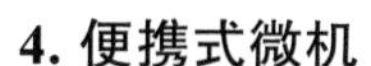

4. 便携式微机

便携式微机包括笔记本电脑和个人数字助理(PDA)等。

(二)微机的主要性能指标

1. 主频

主频即时钟频率,是指计算机 CPU 在单位时间内发出的脉冲数,它在很大程度上决定了计算机的运算速度,主频的单位是赫兹(Hz)。

2. 字长

字长指计算机的运算部件能同时处理的二进制数据的位数,它与计算机的功能和用途有很大的关系。

3. 内核数

CPU 内核数指 CPU 内执行指令的运算器和控制器的数量。所谓多核心处理器,简单地说,就是在一块 CPU 基板上集成两个或两个以上的处理器核心,并通过并行总线将各处理器核心连接起来。多核心处理技术的推出,大大地提高了 CPU 的多任务处理性能,并已成为市场的主流。

4. 内存容量

内存容量指内存储器中能存储信息的总字节数。一般来说,内存容量越大,计算机的处理速度越快。随着更高性能的操作系统的推出,计算机的内存容量会继续增加。

5. 运算速度

运算速度指单位时间内执行的计算机指令数。它的单位有 MIPS (Million Instructions Per Second,每秒 10^6 条指令)和 BIPS (Billion Instructions Per Second,每秒 10^9 条指令)。影响机器运算速度的因素很多,一般来说,主频越高,字长越长,内存容量越大,存取周期越小,运算速度越快。

6. 其他性能指标

除上述因素外,影响计算机性能的因素还有机器的兼容性(包括数据和文件的兼容、程序兼容、系统兼容和设备兼容)、系统的可靠性(平均无故障工作时间 MTBF)和系统的可维护性(平均修复时间 MTTR)等,另外,性价比也是一项综合性的评价计算机性能的指标。

附录Ⅵ 软件工程基础知识

一、软件工程概述

（一）软件和软件工程

1. 软件

软件是计算机系统中与硬件相互依存的另一部分，包括程序、数据及其相关文档的完整集合。

2. 软件工程

软件工程是指导计算机软件开发和维护的工程学科。它采用工程的概念、原理、技术和方法来开发与维护软件，把经过时间考验而证明正确的管理技术和当前能够得到的最好的技术方法结合起来。

（二）软件危机

1. 软件危机的定义

软件危机是指在计算机软件的开发和维护过程中所遇到的一系列严重问题。主要有：

（1）如何开发软件，以满足用户对软件日益增长的需求。

（2）如何维护数量不断膨胀的已有软件。

2. 产生软件危机的原因

（1）与软件本身的特点有关。软件不同于硬件，它是计算机系统的逻辑部件而不是物理部件。在写出程序代码并在计算机中运行之前，软件开发过程的进展情况较难衡量，软件开发的质量也较难评价。因此，管理和控制软件开发过程相当困难。

（2）软件不易于维护。软件维护通常意味着改正或修改原来的设计，客观上使软件较难维护。软件不同于一般程序，它的规模大，不易于维护。

（3）在软件开发过程中，或多或少地采用了错误的方法和技术。

（4）在对用户需求没有完整准确认识的情况下，就匆忙着手编写程序。

（三）软件生命周期

软件生命周期一般分为软件定义（问题定义、可行性研究、需求分析）、软件开发（总体设计、详细设计、编码、软件测试）和软件的使用与维护三个时期八个阶段。

1. 软件定义

（1）问题定义：要解决什么问题？

（2）可行性研究："上一个阶段所确定的问题是否有行得通的解决办法"，目的是用最小的代价在尽可能短的时间内确定问题是否能够解决。

（3）需求分析："系统必须做什么"，对于开发软件提出的需求进行分析并给出详细的定

义、编写软件需求规格说明书、提交管理机构评审。

2. 软件开发

（1）总体设计。把各项需求转换成软件的体系结构。结构中的每一个组成部分都是意义明确的模块，每个模块都和某些需求相对应。

（2）详细设计。对每个模块要完成的工作进行具体的描述，为源程序编写打下基础，编写设计说明书，提交评审。

（3）编码。把软件设计转换成计算机可以接收的程序代码，即写成以某一种特定程序设计语言表示的“源程序清单”，写出的程序应当是结构良好、清晰易读，且与设计相一致的。

（4）软件测试。

① 单元测试：查找各模块在功能和结构上存在的问题并加以纠正。

② 组装测试：将已测试过的模块按一定的顺序组装起来，根据需求规格说明书的各项需求，逐项进行有效性测试，判定已开发的软件是否合格，能否交付用户使用。

3. 软件的使用与维护

（1）改正性维护：指运行中发现了软件中的错误需要修正。

（2）适应性维护：指为了适应软件工作环境或用户需求的变化，需做适当变更。

（3）完善性维护：指为了扩充软件的功能需做变更。

二、可行性分析

（一）可行性分析概述

1. 可行性分析的定义

可行性分析是解决一个项目是否有可行解以及是否值得去解的问题。

2. 可行性分析的主要任务

该阶段的主要任务就是用最小的代价在尽可能短的时间内确定问题是否能够得到解决。具体地说，分析员应从下面三个方面对项目做出可行性分析：

（1）技术可行性：使用现有的技术能实现这个系统目标吗？

（2）经济可行性：这个系统的经济效益能超过它的开发成本吗？

（3）操作可行性：系统的操作方式在该用户组织内行得通吗？必要时还应该从法律、社会效益等更广泛的角度进一步研究每种解法的可行性，进行成本 / 效益分析。

（二）可行性分析报告

1. 可行性分析报告的主要内容

（1）项目的背景：问题描述、实现环境和限制条件等。

（2）管理概要与建议：重要的研究结果（结论）、说明、劝告和影响等。

（3）推荐的方案（不止一个）：候选系统的配置与选择最终方案的原则。

（4）简略的系统范围描述：分配元素的可行性。

（5）经济可行性分析结果：经费概算和预期的经济效益等。

（6）技术可行性（技术风险评价）分析结果：技术实力分析、已有的工作及技术基础和设备条件等。

（7）法律可行性分析结果。

(8) 可用性评价:汇报用户的工作制度和人员的素质,确定人机交互功能界面需求。

(9) 其他项目相关的问题:如可能会发生的变更等。

2. 可行性分析报告的要点

可行性分析报告由系统分析员撰写,交由项目负责人审查,再上报给上级主管审阅。在可行性研究报告中,应当明确项目"可行还是不可行",如果认为可行,接下来还要制定项目开发计划书。

三、软件需求分析

(一) 软件需求分析的定义

软件需求分析指准确地定义未来系统的目标,确定为了满足用户的需求,系统必须做什么。用《需求规格说明书》规范的形式准确地表达用户的需求。

(二) 软件需求分析的任务

软件需求分析的主要任务为:确定对系统的综合要求、分析系统的数据要求、导出系统的逻辑模型、修正系统开发计划。

1. 确定对系统的综合要求

(1) 功能需求:指定系统必须提供的服务。通过需求分析应该划分出系统必须完成的所有功能。

(2) 性能需求:指定系统必须满足的定时约束或容量约束,通常包括速度(响应时间)、信息量速率、主存容量、磁盘容量、安全性等方面的需求。

(3) 可靠性和可用性需求:定量地指定系统的可靠性。

(4) 出错处理需求:说明系统对环境错误应该怎样响应。

(5) 接口需求:描述应用系统与它的环境通信的格式。常见的接口需求有用户接口需求、硬件接口需求、软件接口需求和通信接口需求。

(6) 约束:设计约束或实现约束,描述在设计或实现应用系统时应遵守的限制条件。常见的约束有精度、工具和语言约束,设计约束,应该使用的标准和应该使用的硬件平台。

(7) 逆向需求:说明软件系统不应该做什么。

(8) 将来可能提出的要求:应该明确地列出那些虽然不属于当前系统开发范畴,但是根据分析将来很可能会提出来的要求。

2. 分析系统的数据要求

分析系统的数据要求,这是软件需求分析的一个重要任务。分析系统的数据要求通常采用建立数据模型的方法(E-R 图、数据字典、层次方框图、Wariner 图等工具)。

3. 导出系统的逻辑模型

综合上述两项分析的结果可以导出系统的详细的逻辑模型,通常用数据流图、实体-联系图、状态转换图、数据字典和主要的处理算法描述这个逻辑模型。

4. 修正系统开发计划

根据在分析过程中获得的对系统更深入更具体的了解,可以比较准确地估计系统的成本和进度,修正以前制订的开发计划。

（三）软件需求分析模型

1. 模型的定义

所谓模型，就是为了理解事物而对事物做出的一种抽象，是对事物的一种无歧义的书面描述。通常，模型由一组图形符号和组织这些符号的规则组成。模型化或模型方法是通过抽象、概括和一般化，把研究的对象或问题转化为本质（关系或结构）相同的另一对象或问题，从而加以解决的方法。

2. 常用模型

（1）数据字典。

数据字典（Data Dictionary，DD），是对所有与系统相关的数据元素的一个有组织的列表，以及精确的、严格的定义，使得用户和系统分析员对于输入、输出、存储成分和中间计算有共同的理解。数据字典是结构化分析方法中采用的表达数据元素的工具，它对数据流图中所有自定义的数据元素、数据结构、数据文件、数据流等进行严密而精确的定义。

（2）实体-联系图（E-R 图）。

实体-联系图描述数据对象间的关系，是用来进行数据建模活动的。

（3）数据流图。

数据流图指明数据在系统中移动时如何被变换，描述对数据流进行变换的功能（和子功能），它可以用于信息域的分析，作为功能建模的基础。

（4）状态转换图。

状态转换图指明系统将如何动作，表示系统的各种行为模式（称为“状态”），以及在状态间进行变迁的方式。它可以作为行为建模的基础。

四、总体设计

（一）总体设计概述

1. 总体设计的定义

总体设计（也称概要设计）确定软件的结构以及各组成成分（子系统或模块）之间的相互关系。

2. 总体设计阶段

（1）系统设计阶段，确定系统的具体实现方案。

（2）结构设计阶段，确定软件结构。

（3）设想供选择的方案、选取合理的方案、推荐最佳方案、功能分解、设计软件结构、设计数据库、制订测试计划、书写文档、审查和复查。

3. 总体设计遵循的原则

（1）模块化。

模块是由数据说明、可执行语句等程序对象构成并执行相对独立功能的逻辑实体，它可以单独命名而且可以实现按名访问。例如，过程、函数、子程序、宏等，都可以看作模块。模块化是指把大型软件按照规定的原则划分为一个个较小的、相对独立但又相关的模块。模块化是一种“分而治之，各个击破”式的问题求解方式，它降低了问题的复杂程度，简化了软件的设计过程。

（2）抽象。

软件系统进行模块设计时，可有不同的抽象层次。抽象是人类特有的一种思维方法，其原理是从事物的共性中抽取出所关注的本质特征而暂时忽略事物的有关细节。

（3）逐步求精。

逐步求精指为了能集中精力解决主要问题而尽量推迟对问题细节的考虑。事实上，可以把它看作是一项把一个时期内必须解决的种种问题按优先级排序的技术。

（4）信息隐藏和局部化。

模块所包含的信息，不允许其他不需要这些信息的模块访问，独立的模块间仅仅交换为完成系统功能而必须交换的信息。目的是提高模块的独立性，减少修改或维护时的影响面，把关系密切的软件元素物理地放得彼此靠近。优点是可维护性好、可靠性好、可理解性好。

（5）模块独立。

所谓模块独立是指模块完成它自身规定的功能而与系统中其他模块保持一定的相对独立，主要是指模块完成独立的功能、符合信息隐蔽和信息局部化原则、模块间关联和依赖程度尽量减小。

（二）模块独立性度量

模块独立性取决于模块的内部和外部特征。SD 储量计算法（SD method，简称 SD 法）提出的定性的度量标准是模块之间的耦合度和模块自身的内聚度。

1. 耦合度

耦合度是模块之间的互相连接的紧密程度的度量，是影响软件复杂程度和设计质量的重要因素。

2. 内聚度

内聚度是模块功能强度（一个模块内部各个元素彼此结合的紧密程度）的度量。

模块独立性比较强的模块应是高内聚低耦合的模块。耦合度由低到高依次为：无直接耦合、数据耦合、标记耦合、控制耦合、外部耦合、公共耦合和内容耦合。

五、详细设计

（一）详细设计概述

详细设计阶段是逻辑上将系统的每个功能都设计出来，并保证设计出的处理过程应该尽可能的简明易懂。

1. 结构化程序设计

如果一个程序的代码块仅仅通过顺序、选择和循环这三种基本控制进行连接，并且只有一个入口和一个出口，则称这个程序是结构化的。

2. 过程设计工具

（1）程序流程图。

程序流程图又称为程序框图，它是使用最广泛的描述过程设计的方法。

（2）盒图。

盒图又称为 N-S 图，是一种严格遵循结构程序设计精神的图形工具。

（3）PAD 图。

PAD 图（Problem Analysis Diagram），又称为问题分析图，使用二维树形结构图来表示程序的控制流。

（4）判定表。

判定表能够简洁而无歧义地描述复杂的条件组合与应做的动作的对应关系。

（5）判定树。

判定树是判定表的变种，它也能清晰地表示复杂的条件组合与应做的动作之间的对应关系，同时判定树比判定表的形式简单，让人很容易看出其含义。

（6）过程设计语言。

过程设计语言（Process Design Language，PDL），又称为伪码，具有严格的关键字外部语法，用于定义控制结构和数据结构。

（7）流图。

流图实际上是程序流程图的简化版，它仅仅描绘程序的控制流程，完全不表现对数据的具体操作以及分支和循环的具体条件。流图包含三个元素：结点、区域和控制流。

（二）详细设计的主要任务

1. 确定每个模块的具体算法

根据体系结构设计所建立的系统软件结构，为划分的每个模块确定具体的算法，并选择某种表达工具将算法的详细处理过程描述出来。

2. 确定每个模块的内部数据结构及数据库的物理结构

为系统中的所有模块确定并构造算法实现所需的内部数据结构；根据前一阶段确定的数据库的逻辑结构，对数据库的存储结构、存取方法等物理结构进行设计。

3. 确定模块接口的具体细节

按照模块的功能要求，确定模块接口的详细信息，包括模块之间的接口信息、模块与系统外部的接口信息及用户界面等。

4. 为每个模块设计一组测试用例

由于负责详细设计的软件人员对模块的实现细节十分清楚，因此由他们在完成详细设计后提出模块的测试要求是非常恰当和有效的。

5. 编写文档，参加复审

详细设计阶段的成果主要以详细设计说明书的形式保留下来，再通过复审对其进行改进和完善后作为编码阶段进行程序设计的主要依据。

六、编码

（一）编码概述

1. 编码的定义

编码即把软件设计转换成计算机可以接收的程序代码。

2. 选择合适的编程语言

为开发一个特定项目选择程序设计语言时，必须从技术特性、工程特性和心理特性几个方面考虑。在选择语言时，从问题入手，确定它的要求是什么，以及这些要求的相对重要性。选择易学、使用方便的编程语言，有利于减少出错的概率和提高软件的可靠性。

3. 编码应当遵循的原则

以下从三个方面介绍一些编码的指导性原则：

（1）控制结构。

要使程序容易阅读；根据模块化的块来构建程序；不要让代码太过特殊，也不要太过普通；用参数名和注释来展现构件之间的耦合度；构件之间的关系必须是可见的。

（2）算法。

注重性能和效率，但不应该忽略代码更快运行可能伴随的一些隐藏代价，不要牺牲代码的清晰性和正确性来换取速度。

（3）数据结构。

保持程序简单，用数据结构来决定程序结构。

（二）编程风格

编程风格是在不影响软件性能的前提下，有效地组织和编写程序，提高软件的易读性、易测试性和易维护性。

1. 源程序文档化

（1）标识符的命名。

名字不是越长越好，应当选择精练的、意思明确的名字。必要时可使用缩写名字，但这时要注意缩写规则要一致，并且要给每一个名字加注释。同时，在一个程序中，一个变量只应用于一种用途。

（2）安排注释。

夹在程序中的注释是程序员与日后的程序读者之间通信的重要手段。注释绝不是可有可无的。一些正规的程序文本中，注释行的数量占到整个源程序的1/3到1/2，甚至更多。

（3）程序的视觉组织。

恰当地利用空格，可以突出运算的优先性，避免发生运算的错误。对于选择语句和循环语句，把其中的程序段语句向右做阶梯式移行，使程序的逻辑结构更加清晰。

2. 语句结构

在设计阶段确定了软件的逻辑流结构，但构造单个语句则是编码阶段的任务。语句构造力求简单、直接，不能为了片面追求效率而使语句复杂化。另外，程序编写首先应当考虑清晰性，不要刻意追求技巧性，使程序编写得过于紧凑。

3. 输入／输出方法

输入和输出信息是与用户的使用直接相关的。输入和输出的方式和格式应当尽可能方便用户的使用。一定要避免因设计不当给用户带来的麻烦。因此，在软件需求分析阶段和设计阶段，就应基本确定输入和输出的风格。系统能否被用户接受，有时就取决于输入和输出的风格。

七、软件测试

（一）软件测试概述

1. 软件测试的定义

软件测试是检测程序的执行过程，目的在于发现错误。一个好的测试用例在于尽可能发现至今未发现的错误。

2. 测试人员在软件开发过程中的任务

（1）尽可能早地找出系统中的 Bug。

（2）避免软件开发过程中缺陷的出现。

（3）衡量软件的品质，保证系统的质量。

（4）关注用户的需求，并保证系统符合用户需求。

（二）软件测试步骤

1. 模块测试

模块测试也称为单元测试，是指把每个模块作为一个单独的实体来测试。通常比较容易设计的是检验模块正确性的测试方案，目的是保证每个模块作为一个单元能正确运行，所发现的往往是编码和详细设计的错误。

2. 子系统测试

子系统测试是指把经过单元测试的模块放在一起形成一个子系统来测试。模块相互间的协调和通信是这个测试过程中的主要问题，因此，这个步骤着重测试模块的接口。

3. 系统测试

系统测试是指把经过测试的子系统装备成一个完整的系统来测试。在这个过程中不仅应该发现设计和编码的错误，还应该验证系统确实能提供《需求规格说明书》中指定的功能，而且系统的动态特性也应符合预定要求。发现的往往是软件设计中的错误，也可能发现需求说明中的错误。

4. 验收测试

验收测试是指把软件系统作为单一的实体进行测试，测试内容与系统测试基本类似，但它是在用户的积极参与下进行的，且可能主要使用实际数据进行测试。目的是验证系统确实能够满足用户的需要，发现的往往是系统《需求规格说明书》中的错误，又称确认测试。

5. 平行测试

平行测试是指同时运行新开发出来的系统和将被它取代的旧系统，以便比较两个系统的处理结果。

（三）软件测试方法

1. 黑盒测试

黑盒测试是把测试对象看作一个黑盒子，测试人员完全不考虑程序内部的逻辑结构和特性，只依据程序的《需求规格说明书》，检查程序的功能是否符合它的功能说明。黑盒测试又叫作功能测试或数据驱动测试。

2. 白盒测试

白盒测试是把测试对象看作一个透明的盒子，它允许测试人员利用程序内部的逻辑结构及有关信息，设计或选择测试用例，对程序所有逻辑路径进行测试。通过在不同点检查程序的状态，确定实际的状态是否与预期的状态一致。白盒测试又称为结构测试或逻辑驱动测试。

八、软件维护

（一）软件维护概述

1. 软件维护的定义

软件维护是软件的开发工作完成以后，在用户使用期间对软件所做的补充、修改和增加工作。

2. 软件维护的分类

软件维护工作分成以下四类：

（1）纠错性维护。

（2）适应性维护。

（3）改善性维护。

（4）预防性维护。

（二）软件的可维护性

1. 影响因素

软件的易理解性、易测试性和易修改性是决定软件可维护性的基本因素。

2. 提高软件可维护性的方法

（1）建立明确的软件质量目标和优先级。

（2）使用提高软件质量的技术和工具。

（3）进行明确的质量保证审查。

（4）选择可维护的程序设计语言。

（5）改进程序的文档。